中级注册安全工程师职业资格考试辅导教材

# 安全生产专业实务

## 煤矿安全技术

全国安全工程师考试研究组 编

黄河水利出版社

**图书在版编目(CIP)数据**

安全生产专业实务. 煤矿安全技术 / 全国安全工程师考试研究组编. — 郑州 : 黄河水利出版社, 2019.3 (2023.1 修订重印)

中级注册安全工程师职业资格考试辅导教材

ISBN 978 - 7 - 5509 - 2307 - 2

Ⅰ. ①安… Ⅱ. ①全… Ⅲ. ①矿山安全 - 安全技术 - 资格考试 - 教材 Ⅳ. ①X93

中国版本图书馆 CIP 数据核字(2019)第 048255 号

---

出 版 社:黄河水利出版社

地　　址:郑州市金水区顺河路黄委会综合楼 14 层

邮　　编:450003

发行单位:黄河水利出版社

发行电话:0371 - 56623217　66026940

承印单位:河南承创印务有限公司

开　　本:16K

印　　张:16

字　　数:378 千字

版　　次:2019 年 3 月第 1 版

印　　次:2023 年 1 月第 5 次印刷

---

定　　价:68.00 元

# 前 言

为贯彻落实习近平新时代中国特色社会主义思想，适应我国经济社会安全发展需要，提高安全生产专业技术人员素质，客观评价中级安全生产专业技术人员的知识水平和业务能力，同时根据《注册安全工程师分类管理办法》规定，要求相关企业必须配备相应数量和级别的安全工程师。为满足国家对安全工程师的需求，国务院人力资源社会保障和应急管理部门共同组织实施中级注册安全工程师职业资格考试，考试合格者，可取得中华人民共和国注册安全工程师职业资格证书（中级）。由此可知，注册安全工程师的地位进一步得到提升，重视安全生产已成为政府和社会各领域的基本共识。

全国注册安全工程师职业资格考试实行全国统一大纲、统一命题的考试制度，原则上每年举行一次。

为了帮助考生顺利通过全国注册安全工程师职业资格考试，安全工程师考试研究组在深入研究考试大纲的基础上，剖析大纲要求，紧抓考试重点、难点，精心编写了本套教材。教材包括三门公共课《安全生产法律法规》《安全生产管理》《安全生产技术基础》和七门专业课《煤矿安全技术》《金属非金属矿山安全技术》《化工安全技术》《金属冶炼安全技术》《建筑施工安全技术》《道路运输安全技术》《其他安全技术（不包括消防安全）》。

本书具有以下特点：

## 一、紧贴大纲，内容全面，有利于考生掌握考点

本书包含了考试大纲要求的重难知识点和考点，内容翔实，层次分明。本书分为两部分，第一部分共十二章，每章由知识框架、考点精讲、案例分析和参考答案及解析四部分组成；第二部分共七章，第一至第六章由知识框架、考点精讲两部分组成，第七章由案例分析题组成。有利于考生掌握考试内容，把握重点，全

面复习。

**二、考点明确，语言简洁，具有很强的实用性**

本书对大纲要求的重要知识点进行精简汇编，考点以表格形式呈现，有利于考生理清学习重点，高效掌握知识的重难点，从而提高学习效率，备考更得力，达到最佳的学习效果。

**三、添加知识框架，章节思维脉络清晰，方便考生理清思路**

本书每一章前面都添加有知识框架。知识框架是对章节考试要点的提炼，能帮助考生快速掌握考试要点，理清自己的学习思路，从而达到快速备考、科学备考的目的。

**四、添加案例分析，方便考生检验学习成果**

本书添加了案例分析练习题，并且题后有详细的参考答案及解析，方便考生快速检验对知识点的掌握程度和学习效果。

由于时间和编者水平有限，本书难臻完善，不足之处，敬请广大考生予以指正。同时希望本书能够帮助各位考生顺利通过考试！

编　者

# 目 录

## 第一部分 专业安全技术

## 第二部分　安全生产案例分析

# 第一部分

## 专业安全技术

# 第一章　煤矿开采技术基础

## 知识框架

- 煤矿开采技术基础
  - 煤矿开采基础知识
    - 煤矿安全生产综述
  - 煤矿开采安全技术措施
    - 煤矿地质保障
    - 煤矿建设
    - 矿井开采

## 考点精讲

## 第一节　煤矿开采基础知识

### 考点　煤矿安全生产综述

| 项目 | 具体内容 |
| --- | --- |
| 煤矿安全生产规范与制度 | (1)煤炭生产实行安全生产许可证制度。未取得安全生产许可证的，不得从事煤炭生产活动。<br>(2)从事煤炭生产与煤矿建设的企业(以下统称煤矿企业)必须遵守国家有关安全生产的法律、法规、规章、规程、标准和技术规范。<br>(3)煤矿企业必须加强安全生产管理，建立健全各级负责人、各部门、各岗位安全生产与职业病防治责任制。<br>(4)煤矿企业必须建立健全安全生产与职业病危害防治目标管理、投入、奖惩、技术措施审批、培训、办公会议制度，安全检查制度，事故隐患排查、治理、报告制度，事故报告与责任追究制度等。<br>(5)煤矿企业必须建立各种设备、设施检查维修制度，定期进行检查维修，并做好记录。煤矿必须制定本单位的作业规程和操作规程 |
| 煤矿安全生产基本措施 | (1)煤矿企业必须设置专门机构负责煤矿安全生产与职业病危害防治管理工作，配备满足工作需要的人员及装备。<br>(2)煤矿建设项目的安全设施和职业病危害防护设施，必须与主体工程同时设计、同时施工、同时投入使用 |

续表

| 项目 | 具体内容 |
| --- | --- |
| 煤矿安全生产基本措施 | (3)对作业场所和工作岗位存在的危险有害因素及防范措施、事故应急措施、职业病危害及其后果、职业病危害防护措施等,煤矿企业应当履行告知义务,从业人员有权了解并提出建议。<br>(4)煤矿安全生产与职业病危害防治工作必须实行群众监督。煤矿企业必须支持群众组织的监督活动,发挥群众的监督作用。<br>(5)煤矿企业必须对从业人员进行安全教育和培训。培训不合格的,不得上岗作业。<br>(6)煤矿使用的纳入安全标志管理的产品,必须取得煤矿矿用产品安全标志。未取得煤矿矿用产品安全标志的,不得使用。<br>(7)煤矿企业在编制生产建设长远发展规划和年度生产建设计划时,必须编制安全技术与职业病危害防治发展规划和安全技术措施计划。<br>(8)煤矿必须编制年度灾害预防和处理计划,并根据具体情况及时修改。灾害预防和处理计划由矿长负责组织实施。入井(场)人员必须戴安全帽等个体防护用品,穿带有反光标识的工作服。<br>(9)井工煤矿必须制定停工停产期间的安全技术措施,保证矿井供电、通风、排水和安全监控系统正常运行,落实 24 h 值班制度。复工复产前必须进行全面安全检查。<br>(10)煤矿企业必须建立应急救援组织,健全规章制度,编制应急救援预案,储备应急救援物资、装备并定期检查补充。煤矿必须建立矿井安全避险系统,对井下人员进行安全避险和应急救援培训,每年至少组织 1 次应急演练。<br>(11)煤矿企业应当有创伤急救系统为其服务。创伤急救系统应当配备救护车辆、急救器材、急救装备和药品等。<br>(12)煤矿发生事故后,煤矿企业主要负责人和技术负责人必须立即采取措施组织抢救,矿长负责抢救指挥,并按有关规定及时上报。<br>(13)国家实行资质管理的,煤矿企业应当委托具有国家规定资质的机构为其提供鉴定、检测、检验等服务,鉴定、检测、检验机构对其提供出的结果负责。<br>(14)煤矿闭坑前,煤矿企业必须编制闭坑报告,并报省级煤炭行业管理部门批准。矿井闭坑报告必须有完善的各种地质资料,在相应图件上标注采空区、煤柱、井筒、巷道、火区、地面沉陷区等,情况不清的应当予以说明 |

## 第二节　煤矿开采安全技术措施

### 考点 1　煤矿地质保障

| 项目 | 具体内容 |
| --- | --- |
| 规章制度 | 煤矿企业应当设立地质测量(简称地测)部门,配备所需的相关专业技术人员和仪器设备,及时编绘反映煤矿实际的地质资料和图件,建立健全煤矿地测工作规章制度 |

续表

| 项目 | 具体内容 |
| --- | --- |
| 具体措施 | (1)井筒设计前,必须按下列要求施工井筒检查孔:<br>①立井井筒检查孔距井筒中心不得超过25 m,且不得布置在井筒范围内,孔深应当不小于井筒设计深度以下30 m。地质条件复杂时,应当增加检查孔数量。<br>②斜井井筒检查孔距井筒纵向中心线不大于25 m,且不得布置在井筒范围内,孔深应当不小于该孔所处斜井底板以下30 m。检查孔的数量和布置应当满足设计和施工要求。<br>③井筒检查孔必须全孔取芯,全孔数字测井;必须分含水层(组)进行抽水试验,分煤层采测煤层瓦斯、煤层自燃、煤尘爆炸性煤样;采测钻孔水文地质及工程地质参数,查明地质构造和岩(土)层特征;详细编录钻孔完整地质剖面。<br>(2)新建矿井开工前必须复查井筒检查孔资料;调查核实钻孔位置及封孔质量、采空区情况,调查邻近矿井生产情况和地质资料等。<br>(3)井筒施工期间应当验证井筒检查孔取得的各种地质资料。当发现影响施工的异常地质因素时,应当采取探测和预防措施。<br>(4)煤矿建设、生产阶段,必须对揭露的煤层、断层、褶皱、岩浆岩体、陷落柱、含水岩层,矿井涌水量及主要出水点等进行观测及描述,综合分析,实施地质预测、预报。<br>(5)井巷揭煤前,应当探明煤层厚度、地质构造、瓦斯地质、水文地质及顶底板等地质条件,编制揭煤地质说明书。<br>(6)基建矿井、露天煤矿移交生产前,必须编制建井(矿)地质报告,并由煤矿企业技术负责人组织审定。<br>(7)掘进和回采前,应当编制地质说明书,掌握地质构造、岩浆岩体、陷落柱、煤层及其顶底板岩性、煤(岩)与瓦斯(二氧化碳)突出(简称突出)危险区、受水威胁区、技术边界、采空区、地质钻孔等情况。<br>(8)煤矿必须结合实际情况开展隐蔽致灾地质因素普查或探测工作,并提出报告,由矿总工程师组织审定。<br>(9)生产矿井应当每5年修编矿井地质报告。地质条件变化影响地质类型划分时,应当在1年内重新进行地质类型划分 |

## 考点2 煤矿建设

| 项目 | 具体内容 |
| --- | --- |
| 一般规定 | (1)煤矿建设单位和参与建设的勘察、设计、施工、监理等单位必须具有与工程项目规模相适应的能力。<br>(2)有突出危险煤层的新建矿井必须先抽后建。矿井建设开工前,应当对首采区突出煤层进行地面钻井预抽瓦斯,且预抽率应当达到30%以上。<br>(3)建设单位必须落实安全生产管理主体责任,履行安全生产与职业病危害防治管理职责。<br>(4)煤矿建设、施工单位必须设置项目管理机构,配备满足工程需要的安全人员、技术人员和特种作业人员 |

续表

| 项目 | 具体内容 |
|---|---|
| 一般规定 | (5)单项工程、单位工程开工前,必须编制施工组织设计和作业规程,并组织相关人员学习。<br>(6)矿井建设期间必须按规定填绘反映实际情况的井巷工程进度交换图、井巷工程地质实测素描图及通风、供电、运输、通信、监测、管路等系统图 |
| 井巷掘进与支护 | (1)开凿平洞、斜井和立井时,井口与坚硬岩层之间的井巷必须砌碹或者用混凝土砌(浇)筑,并向坚硬岩层内至少延深 5 m。<br>(2)立井永久或者临时支护到井筒工作面的距离及防止片帮的措施必须根据岩性、水文地质条件和施工工艺在作业规程中明确。<br>(3)立井井筒穿过冲积层、松软岩层或者煤层时,必须有专门措施。<br>(4)冻结站必须采用不燃性材料建筑,并装设通风装置。定期测定站内空气中的氨气浓度,氨气浓度不得大于 0.004%。站内严禁烟火,必须备有急救和消防器材。<br>(5)立井井筒穿过预测涌水量大于 10 $m^3/h$ 的含水岩层或者破碎带时,应当采用地面或者工作面预注浆法进行堵水或者加固。注浆前,必须编制注浆工程设计书和施工组织设计书。<br>(6)采用注浆法防治井壁漏水时,应当制定专项措施并遵守相关规定。<br>(7)开凿或者延深立井、安装井筒装备的施工组织设计中,必须有天轮平台、翻矸平台、封口盘、保护盘、吊盘以及凿岩、抓岩、出矸等设备的设置、运行、维修的安全技术措施。<br>(8)延深立井井筒时,必须用坚固的保险盘或者留保护岩柱与上部生产水平隔开。只有在井筒装备完毕、井筒与井底车场连接处的开凿和支护完成,制定安全措施后,方可拆除保险盘或者掘凿保护岩柱 |

## 考点 3　矿井开采

| 项目 | 具体内容 |
|---|---|
| 一般规定 | (1)新建非突出大中型矿井开采深度(第一水平)不应超过 1 000 m,改、扩建大中型矿井开采深度不应超过 1 200 m,新建、改扩建小型矿井开采深度不应超过 600 m。矿井同时生产的水平不得超过 2 个。<br>(2)每个生产矿井必须至少有 2 个能行人的通达地面的安全出口,各出口间距不得小于 30 m。采用中央式通风的新建和改扩建矿井,设计中应当规定井田边界的安全出口。<br>(3)井下每一个水平到上一个水平和各个采(盘)区都必须至少有 2 个便于行人的安全出口,并与通达地面的安全出口相连。未建成 2 个安全出口的水平或者采(盘)区严禁回采。<br>(4)主要绞车道不得兼作人行道。提升量不大、保证行车时不行人的,不受此限。<br>(5)采用无轨胶轮车运输的矿井人行道宽度不足 1 m 时,必须制定专项安全技术措施,严格执行“行人不行车,行车不行人”的规定。<br>(6)掘进巷道在揭露老空区前,必须制定探查老空区的安全措施,包括接近老空区时必须预留的煤(岩)柱厚度和探明水、火、瓦斯等内容。<br>(7)采(盘)区结束后、回撤设备时,必须编制专门措施,加强通风、瓦斯、顶板、防火管理 |

续表

| 项目 | 具体内容 |
| --- | --- |
| 回采和顶板控制 | (1)采(盘)区开采前必须按照生产布局和资源回收合理的要求编制采(盘)区设计,并严格按照采(盘)区设计组织施工。<br>(2)采掘工作面回采前必须编制作业规程。情况发生变化时,必须及时修改作业规程或者补充安全措施。<br>(3)采煤工作面必须保持至少2个畅通的安全出口,一个通到进风巷道,另一个通到回风巷道。工作面不得任意留顶煤和底煤,伞檐不得超过作业规程的规定。采煤工作面的浮煤应当清理干净。<br>(4)严格执行敲帮问顶及围岩观测制度。开工前,班组长必须对工作面安全情况进行全面检查,确认无危险后,方准人员进入工作面 |
| 采掘机械 | (1)使用有链牵引采煤机时,在开机和改变牵引方向前,必须发出信号。只有在收到返向信号后,才能开机或者改变牵引方向,防止牵引链跳动或者断链伤人。必须经常检查牵引链及其两端的固定连接件,发现问题,及时处理。采煤机运行时,所有人员必须避开牵引链。<br>(2)使用刨煤机采煤时,工作面倾角在12°以上时,配套的刮板输送机必须装设防滑、锚固装置。<br>(3)使用掘进机、掘锚一体机、连续采煤机掘进作业时,应当使用内、外喷雾装置,内喷雾装置的工作压力不得小于2 MPa,外喷雾装置的工作压力不得小于4 MPa。<br>(4)给料破碎机与输送机之间应当设联锁装置。给料破碎机行走时两侧严禁站人。<br>(5)使用刮板输送机运输时,采煤工作面刮板输送机必须安设能发出停止和启动信号的装置,发出信号点的间距不得超过15 m |
| 建(构)筑物下、水体下、铁路下及主要井巷煤柱开采 | (1)建(构)筑物下、水体下、铁路下及主要井巷煤柱开采,必须设立观测站,观测地表和岩层移动与变形,查明垮落带和导水裂缝带的高度,以及水文地质条件变化等情况。<br>(2)建(构)筑物下、水体下、铁路下,及主要井巷煤柱开采,必须经过试采。试采前,必须按其重要程度以及可能受到的影响,采取相应技术措施并编制开采设计。<br>(3)试采前,必须完成建(构)筑物、水体、铁路,主要井巷工程及其地质、水文地质调查,观测点设置以及加固和保护等准备工作 |
| 井巷维修和报废 | (1)矿井必须制定井巷维修制度,加强井巷维修,保证通风、运输畅通和行人安全。<br>(2)井筒大修时必须编制施工组织设计。维修井巷支护时,必须有安全措施。严防顶板冒落伤人、堵人和支架歪倒。扩大和维修井巷连续撤损支架时,必须保证有冒顶堵塞井巷时人员撤退的出口。在独头巷道维修支架时,必须由外向里逐架进行,严禁人员进入维修地点以里。<br>(3)撤掉支架前,应当先加固作业地点的支架。架设和拆除支架时,在一架未完工之前,不得中止作业。撤换支架的工作应当连续进行;不连续施工时,每次工作结束前,必须接顶封帮,确保工作地点的安全 |

续表

| 项目 | 具体内容 |
| --- | --- |
| 井巷维修和报废 | (4)维修锚网井巷时,施工地点必须有临时支护和防止失修范围扩大的措施。<br>(5)维修倾斜井巷时,应当停止行车;需要通车作业时,必须制定行车安全措施。严禁上、下段同时作业。<br>(6)更换巷道支护时,在拆除原有支护前,应当先加固邻近支护,拆除原有支护后,必须及时除掉顶帮活矸和架设永久支护,必要时还应当采取临时支护措施。在倾斜巷道中,必须有防止矸石、物料滚落和支架歪倒的安全措施。<br>(7)从报废的井巷内回收支架和装备时,必须制定安全措施。<br>(8)报废的巷道必须封闭。报废的暗井和倾斜巷道下口的密闭墙必须留泄水孔。<br>(9)报废的井巷必须做好隐蔽工程记录,并在井上、下对照图上标明,归档备查。<br>(10)报废的立井应当填实,或者在井口浇筑1个大于井筒断面的坚实的钢筋混凝土盖板,并设置栅栏和标志 |
| 防护设施 | (1)立井井口必须用栅栏或者金属网围住,进出口设置栅栏门。井筒与各水平的连接处必须设栅栏。栅栏门只准在通过人员或者车辆时打开。立井井筒与各水平车场的连接处,必须设专用的人行道,严禁人员通过提升间。<br>(2)倾角在25°以上的小眼、煤仓、溜煤(矸)眼、人行道、上山和下山的上口,必须设防止人员、物料坠落的设施。<br>(3)煤仓、溜煤(矸)眼必须有防止煤(矸)堵塞的设施。检查煤仓、溜煤(矸)眼和处理堵塞时,必须制定安全措施 |

## 案例分析

D煤矿采用井工开采方式,设计生产能力450万吨/年,服务年限35年,基建施工年限5年,2009年1月1日开始建设。该煤矿基建工程分别由两家施工企业承担,井下有5个基建工作面。矿井开采的煤层上部岩层中有2个含水层,开采煤层周边有采空区和废弃井巷,并已探明采空区充水。2010年4月25日13时,当班工人在井下第3基建工作面作业时,发现巷道局部有“冒汗”、渗水等透水现象,班长甲立即向调度室报告,但当班调度员接报后未采取任何处置措施。

15时10分,第3基建工作面发生重大透水事故。事发时,井下有作业人员185人,紧急升井101人。经3 d奋力救援,59人获救。事故导致21人死亡,4人失踪。事故发生后,D煤矿深感事故应急救援工作的重要性。D煤矿针对可能发生的事故,编制了安全生产专项应急预案,内容包括:应急处置基本原则、应急组织机构及职责、预防与预警、应急处置、应急物资与装备保障。应急组织机构和人员的联系方式、逃生路线、标识和图样以及相关文件附在预案之后。专项应急预案经企业内部评审后印发,并报当地人民政府备案。之后,D煤矿组织开展了透水事故专项应急救援演练。

根据以上材料，回答下列问题：

1. 说明D煤矿安全生产专项应急预案应补充的内容。

2. 指出D煤矿专项应急预案管理中存在的问题。

3. 说明调度员乙在接到甲报告后应采取的应对措施。

## 参考答案及解析

1. D煤矿安全生产专项应急预案应补充的内容：危险性分析、可能发生的事故特征、预防措施等内容。

2. D煤矿专项应急预案管理中存在的问题：

(1)专项应急预案不能经企业内部评审后印发，应当组织专家对本单位编制的应急预案进行评审，评审应当形成书面纪要并附有专家名单。应急预案经评审后，由煤矿主要负责人签署公布。

(2)专项应急预案报当地人民政府备案不妥，应当报同级人民政府和上一级安全生产监督管理部门备案。

3. 调度员乙在接到甲报告后应采取的应对措施：下达立即停止生产，撤离作业人员的调度指令，让职工在第一时间得知信息。然后根据规定向值班矿领导和矿长以及上级有关部门汇报，启动相应的应急措施。

# 第二章　煤矿通风技术

## 知识框架

- 煤矿通风技术
  - 通风基础知识
    - 地面空气成分及主要大气参数
    - 井下空气成分
    - 矿井气候条件
    - 矿井通风阻力
    - 矿井通风动力
    - 矿井通风压力
  - 煤矿通风技术要求
    - 矿井通风的基本要求
    - 矿井施工的通风要求
    - 进、回风井的布置要求
    - 井下设施的通风要求
    - 矿井建设的通风要求

## 考点精讲

### 第一节　通风基础知识

#### 考点 1　地面空气成分及主要大气参数

| 项目 | 具体内容 |
|---|---|
| 地面空气成分 | (1)弥漫于地球周围的混合气体叫空气,也称大气。包围地球的空气层厚度约 3 000 km,离地面越高,空气越稀薄。<br>(2)地面空气主要由氧、氮和二氧化碳组成,除上述气体外,还有水汽、二氧化硫、一氧化碳、氮氧化物、氩、氖和微尘等 |
| 主要大气参数 | 与矿井通风有关的主要大气参数有:温度、压力(压强)、密度和湿度等。<br>1. 温度<br>温度是描述物体冷热程度的物理量,测量温度的指标(温标)一般有两种 |

续表

| 项目 | 具体内容 |
|---|---|
| 主要大气参数 | 一是热力学温度，用符号 $T$ 表示，单位名称“开尔文”，单位代号为 K。热力学温标规定纯水三态点（汽、液、固三相平衡态时的温度）为基本定点，定义为 273.15 K，1 K 为三相点温度的 1/273.15。<br>二是摄氏温度，用符号 $t$ 表示，单位名称摄氏度，单位代号℃。<br>2. 空气压力（压强）<br>空气具有压力，空气分子不停息、无规则的热运动对容器壁面产生压力，习惯称为大气压力，实际上是空气的绝对静压。<br>3. 密度<br>单位体积空气所具有的质量，叫空气的密度。它是表示空气的疏密程度的一个物理量，与大气压力、温度和湿度有关。在标准状态下，干空气密度为 1.293 $kg/m^3$。实际上，矿井空气与地面空气一样，都是干空气和水蒸气的混合物，是湿空气。<br>4. 湿度<br>空气的湿度是指空气中所含的水蒸气的量，即空气的潮湿程度。空气的潮湿程度一般用“相对湿度”来表示。相对湿度是每立方米空气中含有的水蒸气量和同一温度下饱和水蒸气量之比。<br>空气中的饱和水蒸气量是随温度变化而变化的，空气温度增高，饱和水蒸气量增大。对人体比较适宜的相对湿度为 50% ~60% |

## 考点2 井下空气成分

| 项目 | 具体内容 |
|---|---|
| 井下空气成分 | 进入矿井的地面空气除保留原有成分外，其新增成分和性质发生一系列变化，如氧含量降低、有害气体混入、井下粉尘混入等。尽管井下空气主要成分仍是氧、氮和二氧化碳，但与地面空气相比，还不同程度新增了瓦斯、一氧化碳、硫化氢、二氧化硫、二氧化氮和氨等有害气体。井下气体的主要成分及有害气体的性质和其对人身的危害：<br>1. 氧<br>氧是一种无色、无味、无臭的气体，化学性质活泼，能助燃。氧是人呼吸不可缺少的气体，人体必须不断地吸入氧气，才能将食物氧化而维持生命。<br>《煤矿安全规程》中规定：采掘工作面的进风流中，氧气浓度不低于 20%。<br>2. 氮<br>氮是一种无色、无味的气体，不助燃，有窒息性，在一般情况下对人体无害，但在井下有限的空间里，当空气中含氮量过多时，能使氧气浓度相对减少而使人缺氧窒息。<br>3. 二氧化碳<br>二氧化碳是无色、略带酸臭味、较易溶于水、不助燃也不能供人呼吸、略有毒性的气体，常积聚于巷道底部，有窒息性。在井下通风良好的风流中，二氧化碳含量极少，对人体无害；若通风不良，二氧化碳含量超过正常值时，对人的呼吸有刺激作用，会使人呼吸加快、呼吸量增加。采掘工作面的进风流中，二氧化碳浓度不超过 0.5%。 |

续表

| 项目 | 具体内容 |
| --- | --- |
| 井下空气成分 | 矿井中二氧化碳的主要来源：<br>(1)坑木、煤、岩石的氧化。<br>(2)从煤和围岩中放出或喷出。<br>(3)炸药爆破、井下火灾、瓦斯或煤尘爆炸及人的呼吸等。<br>4. 瓦斯<br>瓦斯的主要成分是甲烷，是无色、无味、无毒的气体，比空气轻一半，故易积聚在顶板处。矿井空气中瓦斯含量增大时，氧气就会相应减少，当空气中的瓦斯浓度达到43%以上时，氧气含量则降到12%以下，会使人窒息，也就是人们说的瓦斯熏人。瓦斯浓度达到一定数值后，遇火源就会发生爆炸或燃烧。<br>5. 一氧化碳<br>一氧化碳俗称煤气，是无色、无味、无臭且具有毒性的气体，相对空气的密度为0.967，与空气的密度相近，故能均匀地散布在矿井空气中，微溶于水，能燃烧，其浓度在13%～75%时，遇火源会发生爆炸。一氧化碳与人体血液中的血色素的亲和力比氧与血色素的亲和力大250～300倍。当空气中一氧化碳达一定浓度时，人体吸入后使血液中毒，严重阻碍氧与血色素的结合，致使人体缺氧而窒息死亡。<br>6. 硫化氢<br>硫化氢无色、微甜、有浓烈的臭鸡蛋味，有剧烈的毒性，相对空气的密度为1.19，易溶于水，能燃烧，当空气中的浓度达4.3%～45.5%时，具有爆炸性。硫化氢能使人血液中毒，浓度达0.02%时，对人的呼吸系统、眼睛、黏膜等有强烈的刺激作用，使人头痛、呕吐、乏力；达到0.05%时，经过0.5～1小时，就能引起严重中毒；达到0.1%时，人在短时间内即有生命危险。<br>7. 二氧化硫<br>二氧化硫是一种无色、具有强烈硫黄气味和剧烈毒性的气体，易溶于水，对空气的相对密度为2.22，易积聚于巷道底部。二氧化硫同人体呼吸道的潮湿表面接触时能产生硫酸，故对眼睛、呼吸器官有强烈的腐蚀作用。<br>8. 二氧化氮<br>二氧化氮是红褐色、具有特殊气味且极毒的气体，极易溶于水而生成亚硝酸、硝酸，对空气的相对密度为1.59，常积聚于巷道底部。二氧化氮对人的眼、鼻、呼吸器官有强烈的腐蚀作用。<br>9. 氨<br>氨是一种无色、有浓烈的臭味和剧毒的气体，对空气的相对密度为0.596，易溶于水。氨对人的上呼吸道、皮肤及眼睛有强烈的刺激作用，会使人咳嗽、流泪、头晕，严重时会失去知觉以至死亡。<br>井下的氨多来源于井下火区附近及岩层。氨、一氧化碳、氢气都是在矿井发生火灾或爆炸时产生的。<br>矿井通风的主要目的之一是将矿井中的有害气体控制到最高允许浓度以内 |

## 考点3 矿井气候条件

| 项目 | 具体内容 |
|---|---|
| 矿井空气温度 | 矿井空气的温度对人体对流散热起着主要作用。温度过高，影响人体散热，破坏身体热平衡，使人感到不舒适；温度过低，人体散热过多，容易引起感冒，严重时引起井筒、巷道结冰，影响提升运输和矿井通风，甚至造成事故。<br>《煤矿安全规程》中规定：进风井口以下的温度必须在2 ℃以上。生产矿井采掘工作面空气温度不得超过26 ℃，机电设备洞室的空气温度不得超过30 ℃；当空气温度超过时，必须缩短超温地点工作人员的工作时间，并给予高温保健待遇。采掘工作面的空气温度超过30 ℃、机电设备洞室的空气温度超过34 ℃时，必须停止作业 |
| 矿井空气湿度 | 矿井空气的相对湿度用手摇式湿度计测定。手摇式湿度计是将2支构造相同的普通温度计装在一个金属框架上，为了加以区分，把其中一个称为干温度计，另一个称为湿温度计（即在温度计水银球上包裹湿纱布）。测定时手握摇把，以150 r/min的速度旋转1～2 min。由于湿纱布水分蒸发，吸收了热量，使湿温度计的指示数值下降，与干温度计之间形成一个差值。根据干、湿温度计显示的读数差值和干温度计指示的数值查表，即可求得相对湿度 |
| 井巷中的风速 | 在矿井井巷中，风流在单位时间内所流经的距离叫风流速度，简称风速，计量单位为米/秒(m/s)。井巷中的风速，与井巷断面的大小及通过该井巷风量的多少有关，井巷断面小、通过风量大，风速就高；井巷断面大、通过风量小，风速就低。井巷中的风速高低直接影响人体的冷暖效果与舒适程度，同时也影响着矿井安全生产 |

## 考点4 矿井通风阻力

| 项目 | 具体内容 |
|---|---|
| 层流与紊流 | 风流的流动状态有层流和紊流2种。层流是指流体各层的质点互不混合，质点流动的轨迹为直线或有规则的平滑曲线，并与管道轴线方向基本平行的流动状态。紊流是指流体的质点强烈互相混合，质点的流动轨迹极不规则，除了沿流动总方向发生位移外，还有垂直于流体流动总方向的位移，且在流体内部存在着时而产生、时而消失的涡流的流动状态。<br>流体的流动状态受流体流动的速度、流体黏性、管道尺寸等影响。流体流动的速度越大，黏性越小，管道尺寸越大，则流体流动越容易成紊流；反之，成为层流。人们把一个无因次参数 $Re$ 取名为雷诺数，根据前人实验，当 $Re \leqslant 2\ 320$ 时，流体为层流状态；约在 $Re > 2\ 320$ 时，流体开始向紊流过渡，故称2 320为临界雷诺数。由于井巷风速高（一般在1 m/s以上）、断面大，故井下风流多数是紊流，只有一部分风流可能处于向完全紊流的过渡状态 |
| 通风阻力 | 通风阻力是摩擦阻力和局部阻力的总称。由风流与井巷壁间的摩擦所产生的阻力，叫摩擦阻力；由风流流速的大小和方向或分布的变化，导致风流剧烈冲击形成涡流而引起的阻力，叫局部阻力 |

续表

| 项目 | 具体内容 |
| --- | --- |
| 通风阻力 | 1. 摩擦阻力<br>摩擦阻力是井下风流流动过程中与井巷壁面摩擦及风流内摩擦产生的能量损失。<br>井巷摩擦阻力越大，矿井通风电耗就越多。降低通风摩擦阻力，一般采取如下措施：<br>(1)降低井巷摩擦阻力系数 α。尽量选择 α 值比较小的巷道壁面平整光滑的砌碹巷道；采用木支架支护的巷道，应尽可能使支架排列整齐，必要时加上背板；锚喷支护巷道要尽可能修整帮顶，最好采用光面爆破。<br>(2)扩大巷道断面 $S$。摩擦阻力与巷道断面积的 3 次方成反比，扩大巷道断面是降低摩擦阻力的最有效措施。必要时可以新开掘并联巷道(配风巷)，但是，开掘并联巷道增加了掘进量，也增加了巷道维护费用，所以应综合考虑。<br>(3)缩短巷道长度 $L$。在满足开采需要的条件下，尽量缩短风路长度。<br>(4)对巷道加强维护。巷道受压变形、冒顶，都会使巷道断面缩小，增加摩擦阻力，因此，必须加强维护，及时修复冒顶巷道，清除巷道内的杂物。<br>2. 局部阻力<br>在风流流动的过程中，遇到巷道断面突然变化、风流分叉与交汇、巷道拐弯以及巷道堵塞等情况时，将会引起风速和风流方向的变化，并产生涡流，从而造成能量损失，因为这类损失都发生在局部地区，故称为局部阻力。<br>个别矿井的局部地段局部阻力较大时，为了减少通风能量消耗，常采取如下措施：<br>(1)要把不同断面巷道的连接处的边缘做成斜线形或圆弧形。<br>(2)尽量不把巷道做成直角拐弯，最好做成“虾米弯”。<br>(3)不要在巷道内堆放煤矸、设备和器材，以防局部巷道断面积缩小。<br>(4)在不可避免产生局部阻力的地段，如回风井和风洞，要降低风速或安设导风板，并尽可能做到连接处壁面光滑。<br>3. 通风阻力<br>通风阻力为摩擦阻力与局部阻力之和 |

## 考点 5　矿井通风动力

| 项目 | 具体内容 |
| --- | --- |
| 通风动力 | 空气能在井巷中流动，是由于风流的始末点间存在着压力差。这种压力差的产生，若是由矿井自然条件产生的，则称自然风压；若是由通风机造成的，则称机械风压。<br>1. 自然通风<br>利用自然风压对矿井或井巷进行通风的方法，叫自然通风。自然通风是依据进、回风井口海拔的差距致使进、回风侧空气温度不同所产生的自然风压而对矿井进行通风的一种方法。由于自然风压受空气温度的影响，随季节的变化而变化，其大小与方向变化无常，会造成井下风流忽大、忽小甚至停滞、反向，通风系统极不稳定，故容易导致重大灾害事故发生 |

续表

| 项目 | 具体内容 |
| --- | --- |
| 通风动力 | 2. 机械通风<br>利用通风机产生的风压，对矿井或井巷进行通风的方法，叫机械通风。机械通风是利用安装在地面的主要通风机的连续运转所产生的风压，对矿井实施通风的一种方法。机械通风能够保障连续不断供给井下所有用风地点足够的新鲜空气，还可以做到根据矿井的需风量进行调整，如在入风井筒、入风大巷发生火灾等灾害时进行矿井反风的救灾措施 |
| 《煤矿安全规程》规定 | 《煤矿安全规程》中规定：矿井必须采用机械通风。主要通风机的安装和使用应符合下列要求：<br>(1)主要通风机必须安装在地面；装有通风机的井口必须封闭严密，其外部漏风率在无提升设备时不得超过5%，有提升设备时不得超过15%。<br>(2)必须保证主要通风机连续运转。<br>(3)必须安装2套同等能力的主要通风机装置，其中1套作备用，备用通风机必须能在10 min内开动。在建井期间可安装1套通风机和1部备用电动机。生产矿井现有的2套不同能力的主要通风机，在满足生产要求时，可继续使用。<br>(4)严禁采用局部通风机或风机群作为主要通风机使用。<br>(5)装有主要通风机的出风井口应安装防爆门，防爆门每6个月检查维修1次。<br>(6)至少每月检查一次主要通风机。改变通风机转数或叶片角度时，必须经矿技术负责人批准。<br>(7)新安装的主要通风机投入使用前，必须进行1次通风机性能测定和试运转工作，以后每5年至少进行1次性能测定 |

## 考点6 矿井通风压力

| 项目 | 具体内容 |
| --- | --- |
| 概念 | 当矿井进风口与出风口之间，由于通风机的作用造成空气的压差时，空气将在井巷中流动，在井巷中形成风流，通常将这一压差称为矿井通风压力，简称风压。<br>井巷风流中任一断面单位体积空气具有的能量有3种，即静压能、动压能和位能。而这3种能量一般又分别由静压、动压和位压来体现 |
| 静压 | 做无规则热运动的空气分子不断撞击器壁所呈现的压力，称为静压。静压的特点是：<br>(1)某点的静压强度在各个方向上相等。<br>(2)静压的作用方向垂直于容器壁。<br>(3)不论空气流动与否均存在静压。<br>(4)静压分为相对静压和绝对静压，地表大气压力就是空气的绝对静压 |
| 动压 | 空气做定向流动时，其动能所呈现的压力称为动压，又称速压。动压只能作用在与风流方向垂直的平面上。人们在巷道内逆风流行走时，迎面所受到的风力就是动压作用的结果。动压有方向性 |

续表

| 项目 | 具体内容 |
| --- | --- |
| 位压 | 空气所处的位置高度不同，就具有不同的压力，这种与位置高度有关的压力叫位压。位压的特点是：<br>(1)位压的大小与基准面选取有关，而且位压可以是正值，也可以是负值。<br>(2)空气的静压和位压是可以互相转化的，即在静止的空气中，位压增加，静压减少；位压减少，静压增加。<br>(3)不论空气是否流动，只要两断面间存在标高差，就有位压 |

# 第二节　煤矿通风技术要求

## 考点1　矿井通风的基本要求

| 项目 | 具体内容 |
| --- | --- |
| 通风管理机构 | 煤矿施工单位应设立通风管理机构，配备足够的通风、瓦斯技术管理人员。通风管理机构由施工单位技术负责人直接领导，负责本单位的“一通三防”技术管理工作 |
| 管理机构人员 | (1)施工矿井一期工程时，项目部必须配备专职通风瓦斯管理人员和检查人员。<br>(2)施工矿井二、三期工程时，项目部必须设立通风瓦斯管理机构并配备相应的专业技术人员，由项目部技术负责人直接领导，负责矿井的通风、防治瓦斯、煤尘、防灭火以及安全监控工作。<br>(3)有煤(岩)与瓦斯(二氧化碳)突出危险的矿井，必须建立专职防突机构；瓦斯抽放矿井必须建立专职瓦斯抽放队伍，并配备足够的专业人员 |
| 井下空气成分的要求 | 井下空气成分必须符合下列要求：<br>(1)采掘工作面的进风流中，氧气浓度不低于20%，二氧化碳浓度不超过0.5%。<br>(2)有害气体的浓度不能超过相关规定。甲烷、二氧化碳和氢气的允许浓度按相关规定执行。矿井中所有气体的浓度均按体积百分比计算 |
| 其他要求 | (1)进风井口以下的空气温度(干球温度)必须在2 ℃以上。<br>(2)矿井需要的风量应当按下列要求分别计算，并选取其中的最大值：<br>①按井下同时工作的最多人数计算，每人每分钟供给风量不得少于4 $m^3$。<br>②按采掘工作面、硐室及其他地点实际需要风量的总和进行计算。各地点的实际需要风量，必须使该地点的风流中的甲烷、二氧化碳和其他有害气体的浓度，风速、温度及每人供风量符合相关规定。<br>③矿井每年安排采掘作业计划时必须核定矿井生产和通风能力，必须按实际供风量核定矿井产量，严禁超通风能力生产 |

## 考点2　矿井施工的通风要求

| 项目 | 具体内容 |
|---|---|
| 立井施工的通风要求 | 立井凿井期间的局部通风应当遵守下列规定：<br>(1)局部通风机的安装位置距井口不得小于20 m，且位于井口主导风向上风侧。<br>(2)局部通风机的安装和使用必须满足相关要求。<br>(3)立井施工应当在井口预留专用回风口，以确保风流畅通，回风口的大小及安全防护措施应当在作业规程中明确 |
| 巷道及硐室施工的通风要求 | 巷道及硐室施工期间的通风应当遵守下列规定：<br>(1)主井、副井和风井布置在同一个工业广场内，主井或者副井与风井贯通后，应当先安装主要通风机，实现全风压通风。不具备安装主要通风机条件的，必须安装临时通风机，但不得采用局部通风机或者局部通风机群代替临时通风机。主井、副井和风井布置在不同的工业广场内，主井或者副井短期内不能与风井贯通的，主井与副井贯通后必须安装临时通风机实现全风压通风。<br>(2)矿井临时通风机应当安装在地面。低瓦斯矿井临时通风机确需安装在井下时，必须制定专项措施。<br>(3)矿井采用临时通风机通风时，必须设置备用通风机，备用通风机必须能在10 min内启动 |

## 考点3　进、回风井的布置要求

| 项目 | 具体内容 |
|---|---|
| 进、回风井的布置要求 | (1)进、回风井之间和主要进、回风巷之间的每条联络巷中，必须砌筑永久性风墙；需要使用的联络巷，必须安设2道联锁的正向风门和2道反向风门。<br>(2)进风井口必须布置在粉尘、有害和高温气体不能侵入的地方。已布置在粉尘、有害和高温气体能侵入的地点的，应当制定安全措施。<br>(3)新建高瓦斯矿井、突出矿井、煤层容易自燃矿井及有热害的矿井应当采用分区式通风或者对角式通风；初期采用中央并列式通风的只能布置一个采区生产。<br>(4)矿井开拓新水平和准备新采区的回风，必须引入总回风巷或者主要回风巷中。在未构成通风系统前，可将此种回风引入生产水平的进风中；但在有瓦斯喷出或有煤(岩)与瓦斯(二氧化碳)突出危险的矿井中，开拓新水平和准备新采区时，必须先在无瓦斯喷出或煤(岩)与瓦斯(二氧化碳)无突出危险的煤(岩)层中掘进巷道并构成通风系统，为构成通风系统的掘进巷道的回风，可以引入生产水平的进风中。上述2种回风流中的瓦斯和二氧化碳浓度都不得超过0.5%，其他有害气体浓度必须符合相关规定，并制定安全措施，报企业技术负责人审批 |

## 考点4　井下设施的通风要求

| 项目 | 具体内容 |
|---|---|
| 井下爆炸物品库通风 | (1)井下爆炸物品库必须有独立的通风系统，回风风流必须直接引入矿井的总回风巷或者主要回风巷中 |

续表

| 项目 | 具体内容 |
| --- | --- |
| 井下爆炸物品库通风 | (2)新建矿井采用对角式通风系统时,投产初期可利用采区岩石上山或者用不燃性材料支护和不燃性背板背严的煤层上山作爆炸物品库的回风巷。必须保证爆炸物品库每小时能有其总容积4倍的风量 |
| 井下充电室通风 | (1)井下充电室必须有独立的通风系统,回风风流应当引入回风巷。<br>(2)井下充电室,在同一时间内,5 t及以下的电机车充电电池的数量不超过3组、5 t以上的电机车充电电池的数量不超过1组时,可不采用独立通风,但必须在新鲜风流中。井下充电室风流中以及局部积聚处的氢气浓度,不得超过0.5% |
| 井下机电设备硐室通风 | (1)井下机电设备硐室应当设在进风风流中;该硐室采用扩散通风的,其深度不得超过6 m,入口宽度不得小于1.5 m,并且无瓦斯涌出。<br>(2)井下个别机电设备设在回风流中的,必须安装甲烷传感器并实现甲烷电闭锁。<br>(3)采区变电所及实现采区变电所功能的中央变电所必须有独立的通风系统 |

## 考点5　矿井建设的通风要求

| 项目 | 具体内容 |
| --- | --- |
| 矿井通风 | (1)矿井必须建立测风制度,每10 d至少进行1次全面测风。对采掘工作面和其他用风地点,应当根据实际需要随时测风,每次测风结果应当记录并写在测风地点的记录牌上。应当根据测风结果采取措施,进行风量调节。<br>(2)矿井必须有足够数量的通风安全检测仪表。仪表必须由具备相应资质的检验单位进行检验。<br>(3)矿井必须有完整的独立通风系统。改变全矿井通风系统时,必须编制通风设计及安全措施,由企业技术负责人审批。<br>(4)矿井必须设有符合规定的主要通风机装置,并有自己独立的进风井筒和回风井筒。新鲜风流由进风井筒流入井底,再分别流向分区的采掘面、洞室等用风地点;然后流入分区回风巷道;最后汇集到矿井总汇风道,经回风井筒排出地面,从而形成一个完善的、独立的通风网络结构 |
| 通风注意事项 | (1)生产水平和采(盘)区必须实行分区通风。采区进、回风巷必须贯穿整个采区,严禁一段为进风巷、一段为回风巷。<br>(2)采掘工作面应当实行独立通风,严禁2个采煤工作面之间串联通风。开采有瓦斯喷出、有突出危险的煤层或者在距离突出煤层垂距小于10 m的区域掘进施工时,严禁任何2个工作面之间串联通风。<br>(3)井下所有煤仓和溜煤眼都应当保持一定的存煤,不得放空;有涌水的煤仓和溜煤眼,可以放空,但放空后放煤口闸板必须关闭,并设置引水管。溜煤眼不得兼作风眼使用。<br>(4)煤层倾角大于12°的采煤工作面采用下行通风时,应当报矿总工程师批准,并遵守下列规定:<br>①采煤工作面风速不得低于1 m/s。<br>②在进、回风巷中必须设置消防供水管路 |

续表

| 项目 | 具体内容 |
|---|---|
| 通风注意事项 | ③有突出危险的采煤工作面严禁采用下行通风。<br>(5)采煤工作面必须采用矿井全风压通风，禁止采用局部通风机稀释瓦斯。采掘工作面的进风和回风不得经过采空区或者冒顶区。无煤柱开采沿空送巷和沿空留巷时，应当采取防止从巷道的两帮和顶部向采空区漏风的措施。矿井在同一煤层、同翼、同一采区相邻正在开采的采煤工作面沿空送巷时，采掘工作面严禁同时作业。水采和连续采煤机开采的采煤工作面由采空区回风时，工作面必须有足够的新鲜风流，工作面及其回风巷的风流中的甲烷和二氧化碳浓度必须符合相关规定。<br>(6)采空区必须及时封闭。必须随采煤工作面的推进逐个封闭通至采空区的连通巷道。采区开采结束后 45 d 内，必须在所有与已采区相连通的巷道中设置密闭墙，全部封闭采区。<br>(7)控制风流的风门、风桥、风墙、风窗等设施必须可靠。不应在倾斜运输巷中设置风门；如果必须设置风门，应当安设自动风门或者设专人管理，并有防止矿车或者风门碰撞人员以及矿车碰坏风门的安全措施。开采突出煤层时，工作面回风侧不得设置调节风量的设施。<br>(8)新井投产前必须进行 1 次矿井通风阻力测定，以后每 3 年至少测定 1 次。生产矿井转入新水平生产、改变一翼或者全矿井通风系统后，必须重新进行矿井通风阻力测定。<br>(9)矿井通风系统图必须标明风流方向、风量和通风设施的安装地点。必须按季绘制通风系统图，并按月补充修改。多煤层同时开采的矿井，必须绘制分层通风系统图。应当绘制矿井通风系统立体示意图和矿井通风网络图 |
| 机械通风 | (1)矿井必须采用机械通风。主要通风机的安装和使用应当符合下列要求：<br>①主要通风机必须安装在地面；装有通风机的井口必须封闭严密，其外部漏风率在无提升设备时不得超过 5%，有提升设备时不得超过 15%。<br>②必须保证主要通风机连续运转。<br>③必须安装 2 套同等能力的主要通风机装置，其中 1 套作备用，备用通风机必须能在 10 min 内开动。<br>④严禁采用局部通风机或者风机群作为主要通风机使用。<br>⑤装有主要通风机的出风井口应当安装防爆门，防爆门每 6 个月检查维修 1 次。<br>⑥至少每月检查 1 次主要通风机。改变主要通风机转数、叶片角度或者对旋式主要通风机运转级数时，必须经矿总工程师批准。<br>⑦新安装的主要通风机投入使用前，必须进行试运转和通风机性能测定，以后每 5 年至少进行 1 次性能测定。<br>⑧主要通风机技术改造及更换叶片后必须进行性能测试。<br>⑨井下严禁安设辅助通风机。<br>(2)生产矿井主要通风机必须装有反风设施，并能在 10 min 内改变巷道中的风流方向；当风流方向改变后，主要通风机的供给风量不应小于正常供风量的 40%。<br>(3)严禁主要通风机房兼作他用。主要通风机房内必须安装水柱计(压力表)、电流表、电压表、轴承温度计等仪表，还必须有直通矿调度室的电话，并有反风操作系统图、司机岗位责任制和操作规程 |

续表

| 项目 | 具体内容 |
| --- | --- |
| 机械通风 | (4)矿井必须制定主要通风机停止运转的应急预案。因检修、停电或者其他原因停止主要通风机运转时,必须制定停风措施。<br>(5)矿井开拓或者准备采区时,在设计中必须根据该处全风压供风量和瓦斯涌出量编制通风设计。掘进巷道的通风方式、局部通风机和风筒的安装和使用等应当在作业规程中明确规定。<br>(6)掘进巷道必须采用矿井全风压通风或者局部通风机通风。煤巷、半煤岩巷和有瓦斯涌出的岩巷掘进采用局部通风机通风时,应当采用压入式,不得采用抽出式(压气、水力引射器不受此限)。如果采用混合式,必须制定安全措施。瓦斯喷出区域和突出煤层采用局部通风机通风时,必须采用压入式。<br>(7)使用局部通风机通风的掘进工作面,不得停风;因检修、停电、故障等原因停风时,必须将人员全部撤至全风压进风流处,切断电源,设置栅栏、警示标志,禁止人员入内 |

## 案例分析

7月28日,某煤矿掘进队作业人员一部分在平巷掘进,一部分人在上风眼运料,由于绞车信号失灵尚未修好,工作面又急于施工,就用人喊话联系提料,但局部通风机距离绞车较近,噪声较大(局部通风机没安消音器),喊话听不清,便关闭局部通风机进行喊话联系运料。在6时15分时,人员全部升井。二班工人8时30分到达工作面,发现局部通风机停风时,没人处理,当班副队长即派人修理打点信号,该同志接到任务后,怕麻烦、图省事,在无风地点带电作业,产生火花,引起瓦斯爆炸,当场伤亡多人。

根据以上情况,请分析回答以下问题:

1. 简述造成此次事故的原因。

2. 请拟定此类事故的防范措施。

## 参考答案及解析

1. 事故原因:

(1)忽视安全,追求进度,在绞车信号没处理好时停止局部通风机运转运料,局部通风机没安消音器,局部通风机无计划停风,造成瓦斯积聚。

(2)干部违章指挥,在没有对工作面积存的瓦斯进行排放的情况下,指挥工人带电作业,是造成事故的重要原因。

2. 防范措施:

(1)加强干部职工安全生产教育,牢固树立安全第一思想。

(2)加强局部通风机的管理。

(3)加强瓦斯检查工责任心教育,现场交接班,认真按其职责检查处理瓦斯。

(4)加强井下电器失爆检查及电工的安全教育,杜绝带电违章作业。

(5)从设计入手,合理布置生产顺序。

# 第三章　瓦斯防治技术

## 知识框架

- 瓦斯防治技术
  - 矿井瓦斯基本知识
    - 瓦斯在煤层中的赋存
    - 矿井瓦斯等级鉴定
    - 矿井瓦斯来源分析
  - 矿井瓦斯涌出量预测和瓦斯抽放
    - 矿井瓦斯涌出
    - 矿井瓦斯涌出量预测
    - 矿井瓦斯抽放
    - 矿井瓦斯抽放的方法
    - 矿井瓦斯抽放的设备
  - 瓦斯爆炸、煤与瓦斯突出等事故的防治
    - 瓦斯爆炸及其防治
    - 煤与瓦斯突出的相关知识
    - 煤与瓦斯突出的防治
  - 矿井瓦斯检查与管理
    - 矿井瓦斯检查制度
    - 矿井瓦斯管理

## 考点精讲

### 第一节　矿井瓦斯基本知识

#### 考点1　瓦斯在煤层中的赋存

| 项目 | 具体内容 |
| --- | --- |
| 瓦斯的相关知识 | (1)矿井瓦斯通常也简称瓦斯，它是矿井中主要由煤层气构成的以甲烷为主的有害气体，有时也单独指甲烷。<br>(2)瓦斯是煤矿井下的主要灾害性事故因素之一。煤矿有多种事故与瓦斯有关，其中最主要的是瓦斯爆炸事故和煤与瓦斯突出事故，其次是瓦斯窒息事故、瓦斯燃烧事故、瓦斯喷出事故。煤矿瓦斯爆炸事故和煤与瓦斯突出事故时有发生，会造成大量的人员伤亡和财产损失，危害极大。<br>(3)瓦斯是一种无色、无味、无臭的气体，无毒，但是不能供人呼吸。瓦斯有燃烧和爆炸性 |

续表

| 项目 | 具体内容 |
|---|---|
| 瓦斯在煤层中的赋存状态 | (1)瓦斯主要赋存于地下煤层中。煤层中的瓦斯是煤在形成过程中产生的,是煤的伴生物。<br>(2)瓦斯在煤层中的存在状态有两种,即游离状态和吸附状态。游离状态也称为自由状态,吸附状态也称为结合状态。<br>(3)在煤层内,无论是深部还是浅部,吸附状态的瓦斯量占煤层瓦斯含量的80%~90%,游离状态的瓦斯只占10%~20%。但是在断层和其他裂隙发育的地带,游离状态就有可能是瓦斯的主要赋存状态 |
| 煤层瓦斯含量 | 煤层瓦斯含量一般是指处于自然状态的单位质量或单位体积煤体中含有的瓦斯量(包括游离状态的瓦斯和吸附状态的瓦斯),单位是 $m^3/m^3$ 或 $m^3/t$。<br>据研究,煤层瓦斯含量受多种因素影响,其中主要影响因素如下:<br>(1)煤层露头。在煤层形成以后的地质年代里或者在现代,如果有露头长时间与大气相通,煤层中的瓦斯就容易通过露头逸散到大气中。<br>(2)煤层的埋藏深度。经验表明,煤层瓦斯含量与煤层的埋藏深度有关。在同一矿区的同一个煤层中,煤层瓦斯含量一般是随煤层的埋藏深度增加而增加。<br>(3)煤层倾角。瓦斯沿着煤层层面方向的流动相对容易,而沿着垂直于煤层层面方向的扩散相对困难。因此,在其他条件相同时,煤层倾角越小瓦斯含量越大。<br>(4)围岩性质。如果煤的围岩,特别是顶底板围岩致密完整,煤层中的瓦斯就容易被保存下来;反之,瓦斯则容易逸散。<br>(5)地质构造。地质构造是造成同一矿区内煤层瓦斯含量存在差别的重要因素之一。<br>(6)水文地质条件。地下水活跃的地区,通常煤层瓦斯含量较小 |

## 考点2　矿井瓦斯等级鉴定

| 项目 | 具体内容 |
|---|---|
| 矿井瓦斯等级鉴定工作应遵循的原则 | (1)每年必须对矿井进行瓦斯等级和二氧化碳涌出量的鉴定工作,报省(自治区、直辖市)负责煤炭行业管理的部门审批,并报省级煤矿安全监察机构备案。<br>(2)确定进行矿井瓦斯等级鉴定时间时,应根据矿井生产和气候变化规律,选择在瓦斯涌出量最大的月份。<br>(3)矿井瓦斯等级鉴定工作应在正常的条件下进行。<br>(4)进行矿井瓦斯等级鉴定时应按每一自然矿井、煤层、一翼、水平和采区分别测算相对瓦斯涌出量(月平均产煤1 t的瓦斯涌出量),并取其中的最大值作为矿井相对瓦斯涌出量。但是,被鉴定的矿井、煤层、一翼、水平或采区的采煤产量不应低于该地区总产量的60%。<br>(5)瓦斯等级鉴定必须在所定鉴定月的上、中、下旬各取1 d(间隔10天)分三班(或四班)进行,测定地点应在测风站。如果附近无测风站,可选取断面规整、无杂物堆积的一段平直巷道进行测定。测定方法和测定次数应符合操作规程的要求。<br>(6)鉴定工作使用的仪表在进行鉴定工作之前必须进行校正。<br>(7)抽放瓦斯的矿井在鉴定日内还需测定相应地区的抽放瓦斯量,并将抽放瓦斯量计入相应地区的绝对涌出量和相对涌出量之中 |

续表

| 项目 | 具体内容 |
| --- | --- |
| 矿井瓦斯等级鉴定的方法与步骤 | 1. 确定鉴定时间<br>矿井瓦斯等级是依据矿井绝对瓦斯涌出量、矿井相对瓦斯涌出量和瓦斯涌出形式划分的。因此,确定鉴定时间必须认真分析影响瓦斯涌出的各种因素,把矿井瓦斯涌出量最大的月份作为瓦斯等级鉴定月。对于一个具体的矿井来说,对矿井瓦斯涌出量影响较大的因素有产量的变化、气候条件的变化、煤巷掘进工作面数量的变化等。如果矿井产量比较均衡,煤巷掘进工作面数量也没有大的变化,可将 7 月或 8 月作为矿井瓦斯等级鉴定月。在鉴定月的上、中、下旬各取 1 日作为鉴定日,一般取 5 日、15 日、25 日。<br>2. 确定鉴定区并选择测点<br>一个煤矿企业中的各个自然矿井,同一矿井中的各煤层、各翼、各采区是否可以作为被鉴定区,即在该区测得的参数是否有可能作为确定矿井瓦斯等级的依据,关键是看其采煤产量是否已达到该区总产量的 60%,达到时即可作为被鉴定区,否则不得作为被鉴定区。测定各区绝对瓦斯涌出量的测点应设在其总回风巷中,一般应设在测风站内,如无测风站,可选择断面规整、无杂物堆积的一段平直巷道作为测点。如果某一鉴定区的进风流也有瓦斯,那么在其进风巷中也应设置测点。计算该鉴定区的绝对瓦斯涌出量时,必须将从进风流中进入该区的瓦斯量扣除。对于主要通风机采用抽出式工作方式的矿井,测定矿井绝对瓦斯涌出量的测点应设在风洞内。<br>3. 基础数据的测定及处理<br>在各鉴定日分三班(或四班)到各鉴定区的测点进行测定工作。进行测定工作时,测定方法和测定次数要符合操作规程的要求。<br>四班工作制的矿井,瓦斯与二氧化碳的测定与计算均应按四班工作制进行。计算煤层、一翼、水平或采区的瓦斯或二氧化碳涌出量时,均应扣除相应进风流中的瓦斯量和二氧化碳量。<br>4. 确定矿井瓦斯等级<br>通过鉴定月的上、中、下旬各鉴定日的测定和计算,各鉴定区都得到了 3 个绝对瓦斯涌出量数据,计算各区的相对瓦斯涌出量时应用其中的最大值。<br>5. 各自然矿井绝对瓦斯涌出量和相对瓦斯涌出量的确定<br>计算各自然矿井的绝对瓦斯涌出量时,需要根据其通风方式。矿井采用中央并列式或中央边界式通风时,风井的瓦斯排量就是矿井的绝对瓦斯涌出量。矿井采用其他通风方式时,各风井的瓦斯排量之和就是矿井的绝对瓦斯涌出量。矿井通过 3 个瓦斯鉴定日(9 个班或 12 个班)的测算,可得到 9 个或 12 个不同时间的矿井绝对瓦斯涌出量,取其中的最大值作为矿井绝对瓦斯涌出量。<br>矿井相对瓦斯涌出量取各鉴定区相对瓦斯涌出量的最大值。<br>6. 拟定鉴定报告及报批<br>煤矿企业在完成矿井瓦斯等级鉴定的基础工作之后,要依据鉴定结果,并结合产量水平、采掘比重和地质构造等因素,提出确定矿井瓦斯等级的意见,连同有关资料报省(自治区、直辖市)负责煤炭行业管理的部门审批,并报省级煤矿安全监察机构备案。报批资料应包括以下内容: |

续表

| 项目 | 具体内容 |
|---|---|
| 矿井瓦斯等级鉴定的方法与步骤 | (1)瓦斯鉴定和二氧化碳测定基础数据表。<br>(2)瓦斯鉴定和二氧化碳测定结果报告表。<br>(3)矿井通风系统图,并标明鉴定工作的测定地点。<br>(4)煤尘爆炸性鉴定报告表。<br>(5)上年度矿井内、外因火灾记录表。<br>(6)上年度瓦斯(二氧化碳)喷出、煤(岩)与瓦斯(二氧化碳)突出记录表。<br>(7)有关说明——鉴定月生产是否正常和瓦斯来源分析等资料。<br>(8)鉴定月中,地面和井下的气温、气压和空气湿度等气象条件也应观测、记录,以备参考 |

## 考点3　矿井瓦斯来源分析

| 项目 | 具体内容 |
|---|---|
| 概况 | 分析矿井瓦斯的来源,是为了更有针对性、更有成效地治理瓦斯。我国煤矿在对矿井瓦斯来源进行调查时一般将矿井涌出的瓦斯分为采煤区瓦斯、掘进区瓦斯和采空区瓦斯三部分。测算这三部分瓦斯的方法是在矿井、采煤区和掘进区的进、回风风流中,测定瓦斯浓度和通过的风量,计算其绝对瓦斯涌出量,然后以全矿井的绝对瓦斯涌出量为百分之百,计算出采煤区、掘进区和采空区瓦斯涌出量在矿井瓦斯涌出量中所占的百分比 |
| 采煤区瓦斯 | 采煤区瓦斯一部分来自暴露的煤壁及采落的煤炭,另一部分来自采煤工作面的采空区。后者的大小,与邻近煤层的有无、厚度、层间距、邻近层瓦斯含量和顶板控制方法有关 |
| 掘进区瓦斯 | 采用壁式采煤法时,采煤前需掘进大量煤巷,煤巷排放的瓦斯构成了掘进区瓦斯,其大小与煤层瓦斯含量、煤巷掘进方式、掘进速度等因素有关 |
| 采空区瓦斯 | 采空区瓦斯来自遗留的煤柱和丢煤。采空区瓦斯所占比重随采空区面积及通风、瓦斯管理情况的不同而不同,变化很大。<br>不同矿井的瓦斯来源有很大差别,这是因为各矿井的具体条件不同。对某一矿井而言,一般随着开采时期不同,3个区域的瓦斯涌出量在矿井瓦斯涌出量中所占的比例也不同。在矿井投产初期,掘进区瓦斯涌出量最大;当矿井达到设计能力时,则采煤区的瓦斯涌出量较大;当矿井开采进入尾声时,采空区瓦斯涌出量会变大。<br>矿井瓦斯来源是变化的,各矿井都应经常进行瓦斯来源的测定和统计、分析,以便采取相应的管理措施,保证矿井安全生产 |

# 第二节　矿井瓦斯涌出量预测和瓦斯抽放

## 考点1　矿井瓦斯涌出

| 项目 | 具体内容 |
| --- | --- |
| 矿井瓦斯涌出形式 | (1)矿井瓦斯涌出形式有普通涌出和特殊涌出两种,其中特殊涌出又分为瓦斯喷出和煤与瓦斯突出。<br>(2)瓦斯的普通涌出是指瓦斯从煤(岩)层暴露面上的裂隙、孔隙,以及采落的煤炭和采空区缓慢、均匀、持久地向外放散的现象。当采掘工作和地压活动使煤(岩)层中含有瓦斯的裂隙与采掘空间沟通时,首先是游离瓦斯向外涌出,游离瓦斯的涌出会使裂隙或孔隙中的瓦斯压力下降,于是处于吸附状态的瓦斯就会发生解吸和涌出。普通涌出是矿井瓦斯涌出的主要形式。<br>瓦斯喷出是指瓦斯从煤岩裂缝、空洞或炮眼中向外喷的现象。<br>煤与瓦斯突出是指在地应力和瓦斯的共同作用下,破碎的煤和瓦斯由煤体内突然向采掘空间抛出的异常动力现象。发生煤与瓦斯突出时也可能同时突出大量的岩石。另外,一些矿井还曾发生过岩石与二氧化碳突出的现象。<br>(3)瓦斯喷出和煤与瓦斯突出都属于煤矿的自然灾害,防范不力时可能造成人员伤亡 |
| 矿井瓦斯涌出量 | (1)矿井瓦斯涌出量是指从煤层和岩层以及采落的煤(岩)体涌入矿井中的气体总量,矿井进行瓦斯抽放时包括抽放瓦斯量。<br>(2)矿井瓦斯涌出量是衡量矿井瓦斯涌出状况的指标,有矿井绝对瓦斯涌出量和矿井相对瓦斯涌出量两种。<br>(3)绝对瓦斯涌出量是指单位时间内从煤层和岩层以及采落的煤(岩)体所涌出的瓦斯量,单位采用 $m^3/min$ 或 $m^3/d$。<br>(4)相对瓦斯涌出量是指平均日产1 t煤所涌出的瓦斯量,单位为 $m^3/t$ |
| 矿井瓦斯涌出量的影响因素 | 影响瓦斯涌出的因素很多,可分为自然因素和开采技术因素。<br>1. 自然因素<br>(1)开采煤层和邻近煤(岩)层的瓦斯含量。一般情况下,开采煤层的瓦斯含量是影响矿井瓦斯涌出量的最主要的因素,开采煤层的瓦斯含量越大,矿井瓦斯涌出量也越大。当开采煤层附近有含有瓦斯的煤层或岩层时,其中的瓦斯就会通过采动裂隙涌入采掘空间,使矿井瓦斯涌出量增加。<br>(2)大气压力的变化。因为井巷系统和地面大气是通过进风井直接相通的,所以当地面大气压力发生变化时,井下的空气压力也会同时发生变化。大气压力的变化主要影响采空区的瓦斯涌出。大气压力升高时,采空区的瓦斯涌出量会减少;大气压力下降时,采空区的瓦斯涌出量会增大。<br>(3)地质构造。当采掘工作面接近地质构造时,瓦斯涌出量往往会发生很大变化。这时,必须加强瓦斯事故的预防工作,特别是要加强瓦斯检查 |

续表

| 项目 | 具体内容 |
|---|---|
| 矿井瓦斯涌出量的影响因素 | 2. 开采技术因素<br>(1)开采规模。开采规模是包括开采深度、开拓与开采范围和矿井产量的一个抽象的指标。一般情况下,开采深度越大,随着煤层瓦斯含量的增加,瓦斯涌出量也增加。<br>(2)开采顺序与回采方法。开采近距离煤层或厚煤层采用分层开采时,首先开采的煤层或分层瓦斯涌出量较大。采用回采率低的采煤方法时,瓦斯涌出量较大。<br>(3)生产工艺过程。同一个工作面,一般在爆破或割煤时的瓦斯涌出量最高,进行其他工序时的瓦斯涌出量相对较小。<br>(4)通风压力。矿井通风压力的变化不但会使井下的空气压力发生变化,而且还会使井下漏风风路两端的压力差发生变化,这两种因素都会影响矿井瓦斯的涌出。<br>(5)采空区的管理状况。采空区内往往积存有大量的高浓度瓦斯,如果管理不善,有可能在短时间内大量泄出而引起事故。对采空区的管理必须制度化,及时封闭,经常检查,发现问题要及时处理 |

## 考点 2　矿井瓦斯涌出量预测

| 项目 | 具体内容 |
|---|---|
| 相关概念 | 矿井瓦斯涌出量预测是指计算出矿井在一定生产时期、生产方式和配产条件下的瓦斯涌出量,并绘制反映瓦斯涌出规律的涌出量等值线图 |
| 要求 | (1)新建矿井或生产矿井新水平,都必须进行瓦斯涌出量预测,以确定新矿井、新水平、新采区投产后瓦斯涌出量大小,作为矿井和采区通风设计、瓦斯抽放及瓦斯管理的依据。<br>(2)矿井瓦斯涌出量预测采用分源预测法或矿山统计法:<br>①分源预测法是指根据时间和地点的不同,分成数个向矿井涌出的瓦斯源,在分别对这些瓦斯涌出源进行预测的基础上得出矿井瓦斯涌出量的方法。<br>②矿山统计法是指根据对本矿井或邻近矿井实际瓦斯涌出资料的统计分析得出的矿井瓦斯涌出量随开采深度变化的规律,预测新井或新水平瓦斯涌出量的方法。<br>(3)矿井瓦斯涌出量预测应包括以下资料:<br>①矿井采掘设计说明书:开拓、开采系统图、采掘接替计划;采煤方法、通风方式;掘进巷道参数、煤巷平均掘进速度;矿井、采区、回采工作面及掘进工作面产量。<br>②矿井地质报告:地层剖面图、柱状图等;各煤层和煤夹层的厚度,煤层间距离及顶、底板岩性。<br>③煤层瓦斯含量测定结果、风化带深度及瓦斯含量等值线图。<br>④邻近矿井和本矿井已采水平、采区(盘区)以及采掘工作面瓦斯涌出测定结果。<br>⑤煤的工业分析指标(灰分、水分、挥发分和密度)以及煤质牌号。<br>(4)新建矿井或生产矿井新水平瓦斯涌出量预测由具有国家规定资质的专业机构和生产单位共同完成,预测结果经专家审定后以报告形式提供给生产单位和有关部门 |

## 考点3　矿井瓦斯抽放

| 项目 | 具体内容 |
| --- | --- |
| 相关概念 | (1)瓦斯抽放是指采用专用设备和管路把煤层、岩层和采空区中的瓦斯抽出或排出的措施。<br>(2)邻近层抽放瓦斯是指抽放受开采层采动影响的上、下邻近煤层(可采煤层、不可采煤层、煤线、岩层)的瓦斯。<br>(3)采空区抽放瓦斯是指抽放现采工作面采空区和老采空区的瓦斯。前者称现采空区(半封闭式)抽放,后者称老采空区(全封闭式)抽放。<br>(4)瓦斯储量是指煤田开采过程中,能够向开采空间排放瓦斯的煤层和岩层中赋存瓦斯的总量。<br>(5)矿井瓦斯抽放量(纯瓦斯抽放量)是指矿井抽出瓦斯气体中的甲烷含量。<br>(6)随着矿井开采深度增大和产量增加,矿井瓦斯的涌出量也越来越大。对于有些矿井来说,当其瓦斯涌出量大至一定程度后,单纯采用提高通风能力的措施,在技术上和经济上都是不合理的,这时应结合采取抽放措施。但是,从目前情况看,并非所有的矿井都适合进行瓦斯抽放。一个矿井或区域是否具备抽放条件,主要取决于该矿井的煤层瓦斯含量、瓦斯储量、生产强度、通风能力以及煤的透气性等因素。有时即使煤层瓦斯含量很高,但煤层薄,瓦斯储量不大,且无邻近层瓦斯来源,另外产量又不高,而且通风能力也能适应,抽放瓦斯的意义就不大。反之,尽管煤层瓦斯含量不算很高,但由于煤层厚,瓦斯储量较大,生产能力又高,靠通风方法难以解决瓦斯问题,这时就应当采取抽放瓦斯的措施 |
| 建立瓦斯抽放系统 | (1)凡符合下列情况之一的矿井,必须建立地面永久瓦斯抽放系统或井下临时抽放瓦斯系统:<br>①一个采煤工作面的瓦斯涌出量大于5 $m^3/min$或一个掘进工作面的瓦斯涌出量大于3 $m^3/min$,用通风方法解决瓦斯问题不合理的。<br>②矿井绝对瓦斯涌出量达到下列条件的:年产量1.0~1.5 Mt的矿井,大于30 $m^3/min$;年产量0.6~1.0 Mt的矿井,大于25 $m^3/min$;年产量0.4~0.6 Mt的矿井,大于20 $m^3/min$;年产量等于或小于0.4 Mt的矿井,大于15 $m^3/min$。<br>③开采具有煤与瓦斯突出危险煤层。<br>(2)凡符合必须建立地面永久瓦斯抽放系统或井下移动泵站瓦斯抽放系统的条件,并同时具备下列两个条件的矿井,应建立地面永久瓦斯抽放系统:<br>①瓦斯抽放系统的抽放量可稳定在2 $m^3/min$以上。<br>②瓦斯资源可靠,储量丰富,预计瓦斯抽放服务年限在5年以上。<br>(3)新建或改扩建矿井,根据地质报告提供的瓦斯资源或参照邻近矿井参数而达到必须建立地面永久瓦斯抽放系统或井下移动泵站瓦斯抽放系统的条件时,必须将瓦斯抽放工程纳入矿井设计中,但设计所依据的瓦斯参数必须具有相关资质的专业机构进行可行性论证 |

续表

| 项目 | 具体内容 |
|---|---|
| 瓦斯抽放系统工程设计的规定 | (1)瓦斯抽放工程设计应体现安全第一、技术经济合理原则,因地制宜地采用新技术、新工艺、新设备、新材料。<br>(2)新建矿井瓦斯抽放工程设计应以批准的精查地质报告为依据,并参照邻近或条件类似生产矿井的瓦斯资料;改(扩)建及生产矿井应以本矿地质、瓦斯资料为依据。<br>(3)瓦斯抽放工程设计应与矿井开采设计同步进行,合理安排掘进、抽放、回采三者间的超前与接替关系,保证有足够的工程施工及抽放时间。<br>(4)瓦斯抽放站的建设方式,应经技术经济比较确定。一般情况下,宜采用集中建站方式。当有下列情况之一时,可采用分散建站方式:<br>①分区开拓或分期建设的大型矿井,集中建站技术经济不合理。<br>②矿井瓦斯抽放量较大且瓦斯利用点分散。<br>③一套瓦斯抽放系统难以满足要求。<br>(5)分期建设、分期投产的矿井,瓦斯抽放工程可一次设计,分期建设、分期投抽。<br>(6)瓦斯抽放工程设计应进行矿井瓦斯资源的评价 |

## 考点4　矿井瓦斯抽放的方法

| 项目 | 具体内容 |
|---|---|
| 综述 | 抽放瓦斯的方法,按瓦斯的来源不同分为开采煤层抽放、邻近层抽放和采空区抽放;按抽放的机制不同分为未卸压抽放和卸压抽放;按汇集瓦斯的方法分为钻孔抽放、巷道抽放和巷道与钻孔综合抽放 |
| 开采煤层抽放 | 开采煤层的瓦斯抽放就是利用开采煤层内预先掘进的巷道或打钻孔抽放开采煤层的瓦斯。前者称为巷道法,后者称为钻孔法。<br>1. 巷道法<br>矿井采用巷道法抽放瓦斯时,是在回采前1~3年掘出采准巷道,然后将巷道封闭,在密闭上插入瓦斯抽放管进行抽放,一直抽到回采开始时为止。采用此法,巷道周围卸压范围大,暴露面积大,抽放效果比较好;但在瓦斯含量大的煤层中,巷道掘进时瓦斯涌出量大,掘进困难,抽放后巷道维修量大。<br>2. 钻孔法<br>利用钻孔法抽放开采煤层瓦斯的方法,根据抽放与开采工作的配合不同可分为预抽、边采边抽和边掘边抽等多种方式 |
| 邻近层抽放 | 在开采煤层群时,开采煤层的顶底板围岩因受采动影响,会形成卸压带,透气性增加,于是开采煤层附近煤层或岩层中的瓦斯大量涌向开采层的采空区,威胁安全生产。邻近层瓦斯抽放是在有瓦斯赋存的邻近层开掘抽放瓦斯的巷道,或从开采煤层或岩石大巷内向邻近层打钻,将邻近层的瓦斯汇集抽出。如果被抽放瓦斯的邻近层位于开采煤层的上部,则称为顶板邻近层抽放;如果被抽放瓦斯的邻近层位于开采煤层的下部,则称为底板邻近层抽放 |

续表

| 项目 | 具体内容 |
| --- | --- |
| 邻近层抽放 | 1. 钻场位置<br>邻近层抽放的钻场位置根据邻近层的位置、开采顺序和施工方法来确定:阶段上行开采,抽放缓倾斜或近水平邻近层时,钻场可布置在准备阶段的运输巷;阶段下行开采,钻孔可布置在准备阶段的回风巷中;抽放下邻近层时,一般钻场布置在生产阶段运输巷。<br>2. 钻孔与钻场的间距<br>钻孔有效距离随煤层赋存情况而不同,有的为 30 ~ 40 m,有的达 100 m 甚至 200 m 以上。一般来说,上邻近层抽放距离大一些,下邻近层抽放距离小一些,通常为层间距的 1 ~ 2倍。钻场之间的距离多为 30 ~ 60 m,但开切眼附近应缩短为 15 ~ 30 m。一个钻场可布置一个或几个钻孔。<br>3. 钻孔角度<br>钻孔角度与抽放效果有很大关系。因为煤层回采后,引起采空区顶板岩石垮落、破碎和缓慢下沉,大体上可分为垮落带(其高度不超过采高的 10 倍)、破碎裂隙带(一般为采高的 10 ~ 30 倍)和弯曲下沉带(破碎带以上)。破碎裂隙带又可分为破碎带和裂隙带,它是充分卸压有利于瓦斯抽放的区域。上邻近层抽放的钻孔仰角,应使钻孔通过裂隙带进入充分卸压区。下邻近层抽放时的钻孔没有严格要求,一般应使钻孔进入工作面对应的邻近层中部。<br>4. 钻孔深度和直径<br>对单一邻近层,钻孔穿透该层即可;对多邻近层可一孔穿一层或一孔穿几层。钻孔直径一般为 57 mm 或 73 mm |
| 采空区抽放 | 回采工作面采空区和老空区常常积存有大量的瓦斯,往往被漏风不断带入生产巷道或采煤工作面,如果威胁到安全生产,就应采取措施进行抽放。<br>对老空区中的瓦斯进行抽放,只需将有关密闭加以修整,从密闭上插入抽放瓦斯管路即可进行抽放。如果采空区与地面间距较小也可从地面向采空区钻孔进行抽放。抽放采煤工作面采空区的瓦斯,可以从工作面回风水平的密闭处抽放,也可掘专门的顶板尾巷,通过尾巷接瓦斯管抽放 |

## 考点 5　矿井瓦斯抽放的设备

| 项目 | 具体内容 |
| --- | --- |
| 瓦斯泵 | 矿井抽放瓦斯多用水环式真空泵和离心式鼓风机。前者负压较高、流量小,适用于管路长而抽放量小的矿井;后者抽放量大,适用于流量高且采用大管径的矿井。瓦斯泵的容量应满足矿井瓦斯抽放期间最大排气量的要求,瓦斯泵的负压必须大于抽放管路的最大阻力 |
| 抽放管路 | 抽放瓦斯的管路多用无缝钢管和电焊钢管。地面管路直径一般为 250 ~ 400 mm,井下大巷的管路为 150 ~ 250 mm,采区的管路为 100 ~ 150 mm。也可根据管中流速 5 ~ 15 m/s 计算管路直径。为减少阻力,管路沿线应尽量少设弯头 |

续表

| 项目 | 具体内容 |
| --- | --- |
| 安全装置 | 1. 水封防爆箱<br>水封防爆箱常装在瓦斯泵进口附近。正常工作时，井下抽出的瓦斯由进气管进入箱内，从水中流出，再由排气管通往瓦斯泵。一旦泵站、泵体内、排气管路发生爆炸，爆炸波将冲入箱内，把安全盖冲开，则爆炸压力消失，箱内的水还可阻止爆炸火焰沿管路向井下传播。<br>2. 防回火网<br>防回火网是由4~6层导热性能良好且不易生锈的铜丝网构成的，网孔约为0.5 mm×0.5 mm，装在地面泵站附近的管路内。一旦泵站附近发生燃烧或爆炸，火焰与铜丝网接触，由于铜丝网的良好散热作用和孔网对链式反应的破坏，火焰将不能穿过铜丝网而中止蔓延。<br>3. 放水器<br>在地面和井下抽放瓦斯管道的下弯处安设放水器，以便及时放出管路中的积水，防止阻塞管路。<br>4. 孔板流量计<br>为了准确掌握瓦斯抽出数量，在总管路、分管路和支管路上均应安设流量计。当气体流经管路内孔板流量计时，在孔板处形成局部收缩，因而流速增大，静压力减小，在孔板前后便产生了静压差。流量越大，产生的静压差也越大 |

# 第三节　瓦斯爆炸、煤与瓦斯突出等事故的防治

## 考点1　瓦斯爆炸及其防治

| 项目 | 具体内容 |
| --- | --- |
| 瓦斯发生爆炸的条件 | 瓦斯爆炸是煤矿最严重的自然灾害之一，能造成大量的人员伤亡和财产损失。如果瓦斯爆炸又引起了煤尘爆炸，后果会更为严重。<br>瓦斯爆炸的实质是瓦斯与氧气在火源的作用下所进行的剧烈的化学反应，如果发生瓦斯爆炸的地点氧气不足，那么爆炸产物中还会有一氧化碳。<br>1. 瓦斯浓度<br>在空气中，瓦斯浓度小于5%时没有爆炸性，但是这种低浓度瓦斯可以在火源周围燃烧，当火源消失时瓦斯不能继续燃烧；瓦斯浓度在5%~16%时有爆炸性，当瓦斯浓度为9.5%时爆炸威力最大；瓦斯浓度超过16%（如果瓦斯在整个空间中的分布是均匀的）时，该区间内瓦斯—半空气混合气体无法直接被点燃，当与新鲜空气混合时，在混合界面上被点燃形成稳定火焰即扩散燃烧。<br>2. 高温热源<br>实验表明，瓦斯的引火温度为650~750 ℃。煤矿井下有多种可能出现的火源都有引燃瓦斯的可能，如吸烟、电焊和气焊、外因火灾和自然发火、电火花、井下爆破特别是违章爆破、摩擦碰撞以及静电放电产生的高温或火花等 |

续表

| 项目 | 具体内容 |
| --- | --- |
| 瓦斯发生爆炸的条件 | 3. 氧气浓度<br>瓦斯爆炸的实质是瓦斯与氧气在一定条件下发生的化学反应，因此氧气浓度的高低对瓦斯爆炸必然产生一定的影响。实验证明，氧气浓度的高低决定着爆炸能否发生和爆炸威力的大小，氧气浓度小于12%时瓦斯就不再具有爆炸性。<br>通过以上分析，可将瓦斯爆炸的条件概括为：<br>(1)瓦斯在空气中必须达到一定的浓度。<br>(2)必须有高温火源。<br>(3)必须有足够的氧气。以上3个条件同时存在时瓦斯才会发生爆炸 |
| 影响瓦斯爆炸的因素 | 影响瓦斯爆炸的因素很多，其中主要影响因素有以下4个。<br>1. 空气中的浮游煤尘<br>我国的研究人员曾通过实验研究浮游煤尘对瓦斯爆炸性的影响，其结果是：当浮游煤尘浓度为5 $g/m^3$ 时，瓦斯浓度达到3%就具有爆炸性；当浮游煤尘浓度为8 $g/m^3$ 时，瓦斯浓度达到2.5%就具有爆炸性。实验结果表明，在有瓦斯的地点如果同时有浮游煤尘存在，瓦斯浓度小于5%时也可能具有爆炸性。<br>2. 其他可燃气体<br>煤矿井下有多种可燃气体，如一氧化碳、硫化氢、氢、氨等。这些气体对瓦斯爆炸性的影响和煤尘相同，也就是说，如果有瓦斯的地点还有一种或几种可燃气体存在，瓦斯浓度不需要达到5%就可能具有爆炸性。<br>3. 惰性气体<br>氮气、二氧化碳等惰性气体对瓦斯爆炸有抑制作用。实验证明，氮气浓度每增加1%，瓦斯爆炸的下限浓度就提高0.017%，上限浓度则下降0.54%。二氧化碳对瓦斯爆炸性的影响与氮气的影响相同，只是影响程度不同。<br>4. 瓦斯和空气混合气体的温度<br>实验证明，瓦斯和空气混合气体的温度不同，瓦斯有爆炸性的浓度范围也不同。当其温度为20 ℃时，瓦斯有爆炸性的浓度范围是6.0% ~13.4%；当其温度为100 ℃时，瓦斯有爆炸性的浓度范围是5.45% ~13.5%；当其温度为700 ℃时，瓦斯有爆炸性的浓度范围是3.25% ~18.75% |
| 瓦斯爆炸的效应及危害 | 瓦斯爆炸产生的主要效应有高温和高压、冲击波以及大量的有害气体。<br>1. 高温和高压<br>瓦斯爆炸是放热反应，爆炸发生的瞬间释放出大量的热量，将使爆炸地点的温度和压力骤然升高。瓦斯所释放出的热量在形成高温的同时还会形成高压。高温能造成人体大面积的皮肤烧伤和呼吸道灼伤，能引起火灾，烧毁井下的设备设施，还可能引起煤尘爆炸。高压对人体也有一定的伤害。<br>2. 冲击波<br>瓦斯爆炸时因爆炸地点在瞬间形成高压区，将使爆炸地点的高温高压气体以极高的速度沿巷道向外冲击，这种冲击称为直接冲击。据计算，直接冲击的速度可达每秒几百 |

续表

| 项目 | 具体内容 |
| --- | --- |
| 瓦斯爆炸的效应及危害 | 米,甚至上千米。由于爆炸地点的气体高速向外冲出,加之爆炸地点气体温度的下降(与周围物体及煤岩热交换)和水蒸气的凝结,在爆源附近又会形成空气稀薄的低压区,致使冲出的气体又以很高的速度返回爆源,这种冲击称为反向冲击。反向冲击虽较直接冲击弱,但因其是沿着遭受直接冲击破坏的巷道反冲的,所以其破坏性往往比直接冲击更大爆炸冲击波能破坏巷道、设备和设施,对灾区人员也有很强的杀伤力。除此之外,爆炸冲击波还可能引起二次爆炸甚至连续爆炸。如果直接冲击的高温高压气流在冲击的沿途扬起了煤尘或遇到了积存的瓦斯,或者反向冲击的气流中含有足够的瓦斯和氧气,而爆炸地点还存在火源,都有可能使爆炸再次发生。<br>3. 有害气体<br>瓦斯爆炸能产生大量有害气体。根据某些矿井取样分析,爆炸后的气体中氧含量大为减少,含有大量一氧化碳,如果有煤尘参与爆炸,则生成的一氧化碳更多。据统计,在瓦斯爆炸所造成的人员伤亡中,一氧化碳中毒者占很大比例 |
| 防治瓦斯爆炸的措施 | 1. 防止瓦斯积聚的措施<br>(1)加强通风。<br>加强通风是防止瓦斯积聚的基本方法之一,主要包括建立合理的通风系统和加强通风管理两个方面。每一矿井的通风系统和通风管理工作都必须符合《煤矿安全规程》的要求。严禁采用独眼井开采,严禁采用不符合《煤矿安全规程》规定的串联通风,掘进工作面禁止采用扩散通风。矿井的产量必须与矿井通风能力相适应,严禁超通风能力生产。<br>(2)加强瓦斯检查。<br>瓦斯检查是预防瓦斯爆炸事故的主要措施之一。瓦斯检查工作搞好了,就能够及时、准确地掌握井下的瓦斯浓度,及时发现瓦斯超限和瓦斯积聚等事故隐患。加强瓦斯检查可以从瓦斯检查人员配备和培训,仪器装备的购置、使用和维护以及管理制度的建立和执行3个方面去做工作。<br>(3)及时处理局部积聚的瓦斯。<br>煤矿井下易发生局部瓦斯积聚的地点主要有采煤工作面上隅角、采煤机附近、顶板冒落空洞中、采煤工作面切顶线附近、低风速巷道的顶板附近等。<br>(4)抽放瓦斯。<br>当矿井或某一区域的瓦斯涌出量较大,采用通风的方法已不能可靠地控制瓦斯浓度时,应结合采取抽放瓦斯措施。<br>2. 防止瓦斯被引燃的措施<br>防止瓦斯被引燃的基本原则是:对一切非生产必需的热源要坚决杜绝,对生产中可能发生的热源必须严加管理和控制,防止其发生或限制其引燃能力。<br>随着矿井机械化水平的提高,摩擦火花引燃瓦斯的危险性会增大。国内外都曾对此进行过研究,提出的主要预防措施有:<br>(1)在摩擦部件的金属表面熔敷一层活性小的金属(如铬)或在金属中加入少量铍,降低摩擦火花的引燃能力。<br>(2)在摩擦发热的部件上使用过热保护(如液力偶合器上的易熔合金塞)或温度检测报警断电装置等 |

续表

| 项目 | 具体内容 |
| --- | --- |
| 防治瓦斯爆炸的措施 | 3. 防止瓦斯爆炸事故扩大的措施<br>(1)矿井各生产水平和每一生产水平的各采区之间必须实行分区通风,采掘工作面应采用独立通风。<br>(2)通风系统力求简单。总进风道与总回风道的间距不可太近,以免发生爆炸时造成风流短路。废弃的巷道和采空区要及时封闭。<br>(3)装有主要通风机的出风井口应安装防爆门,防止瓦斯爆炸毁坏通风机,给救灾和恢复生产增加困难。<br>(4)生产矿井主要通风机必须装有反风设施,并能在 10 min 内改变巷道中的风流方向。<br>(5)在矿井的两翼之间、相邻的采区、相邻的煤层以及相邻的采煤工作面间和采掘工作面巷道中设置水棚或岩粉棚。<br>(6)必须及时清除巷道中的浮煤,清扫或冲洗沉积煤尘。<br>(7)井下作业人员都应熟练掌握自救器的开启和佩戴方法,并熟悉自己工作地点的避灾路线。<br>(8)煤矿企业必须编制年度灾害预防和处理计划,并根据具体情况及时修改 |

## 考点 2　煤与瓦斯突出的相关知识

| 项目 | 具体内容 |
| --- | --- |
| 煤与瓦斯突出的概念 | 在煤矿地下采掘过程中,从煤、岩体内部突然(几秒钟到几分钟)喷出大量的煤和瓦斯的现象,称为煤与瓦斯突出,简称突出 |
| 煤与瓦斯突出的危害 | 煤与瓦斯突出是煤矿的一种严重自然灾害,其主要危害是:<br>(1)它能摧毁井巷设施、破坏通风系统。<br>(2)能使井巷中瞬间堆积大量的煤岩和充满高浓度的瓦斯,造成人员被埋压和窒息。<br>(3)突出的瓦斯遇火源可能发生燃烧或爆炸事故 |
| 煤与瓦斯突出的发生原因 | 煤与瓦斯突出是一种受多因素影响、极其复杂的动力现象,对于煤与瓦斯突出发生的原因至今还没有统一的认识,研究者提出了许多假说,其中主要的假说可归纳为以下 3 种:<br>(1)瓦斯作用说。<br>瓦斯作用说认为煤与瓦斯突出的主要动力来源于煤层中的高压瓦斯,即认为煤与瓦斯突出是因为采掘工作接近或沟通存储有大量高压瓦斯的区域(或地点)时,高压瓦斯突然发生喷出。<br>(2)地压作用说。<br>地压作用说认为煤与瓦斯突出是地压作用的结果。地压包括岩石静压力、地质构造力和采掘过程中形成的集中应力等。在地压作用下,煤层处于弹性变形状态,积蓄着大量的弹性潜能,当采掘工作接近或进入这些区域(或地点)时,弹性潜能突然释放,使煤体破碎、抛出而发生突出。<br>(3)综合作用说。<br>综合作用说认为煤与瓦斯突出是地压、瓦斯(包括瓦斯压力、含量和吸附瓦斯瞬时解 |

续表

| 项目 | 具体内容 |
| --- | --- |
| 煤与瓦斯突出的发生原因 | 吸速度等)、重力(主要对急倾斜煤层而言)和煤的物理机械性质(包括煤的强度和破坏类型)综合作用的结果。目前国内外大多数学者认为综合作用说更切合实际。<br>关于煤与瓦斯突出的过程,可认为是:突出煤层内饱含瓦斯,且受地质构造力、地层静压力、集中应力和瓦斯压力的作用,煤层处于弹性变形状态,并积蓄了巨大的弹性潜能,当采掘工作接近这些区域时,煤层的紧张状态突然解除,高压瓦斯突然释放,吸附瓦斯瞬时大量解吸,使煤体破碎、粉化外移,最后随高压瓦斯流抛向巷道,即发生煤与瓦斯突出 |
| 煤与瓦斯突出的一般规律 | 人们对大量突出资料的统计分析表明,突出具有一定的规律性,掌握这些规律,对于制定防治突出的措施有一定的指导作用。煤与瓦斯突出有以下规律:<br>(1)突出发生在采掘达到一定的深度以后。突出煤层开始发生突出的深度差别很大,我国一般为 200~250 m,个别矿井仅 100 m。自此以下,突出的次数增多,强度增大。<br>(2)突出多发生在地质构造附近,如断层、褶曲和火成岩侵入区附近。<br>(3)突出多发生在应力集中区,如巷道的上隅角,相向掘进工作面接近时,煤柱上方和下方煤层的应力集中区,在回采工作面的集中应力区内掘进时,等等。<br>(4)突出次数和强度随煤层厚度、特别是软分层厚度的增加而增加。煤层倾角越大,突出的危险性也越大。<br>(5)突出煤层的瓦斯含量和瓦斯压力都比较高。<br>(6)突出煤层的特点是强度低,而且软硬相间,透气系数小,瓦斯的放散速度高,煤的原生结构遭到破坏,层理紊乱,无明显节理,光泽暗淡,易粉碎。顶板坚硬致密时,突出危险性增大。<br>(7)统计数据表明,采掘工作面落煤时易发生突出,特别是爆破落煤时。<br>(8)突出具有“延期性”。突出的“延期性”是指爆破引起的突出未在爆破时发生,而在爆破后间隔一定时间突出。延迟的时间从几分钟到十几小时。延期突出的危害更大。<br>(9)突出前一般都有预兆 |
| 煤与瓦斯突出的预兆 | 绝大多数煤与瓦斯突出事故都有预兆,无预兆的突出极少。突出的预兆分为有声预兆和无声预兆。<br>(1)有声预兆主要有:①响煤炮,煤炮声音的大小、特征与间隔时间随条件不同而异,有煤体深处发出的闷雷声、机枪声、鞭炮声、嘈杂声、沙沙声等;②煤层或岩层的破裂声;③支架的折断声。<br>(2)无声预兆主要有:①煤层结构及构造的变化,如层理紊乱、煤体变软、光泽变暗、厚度变大,煤层倾角变陡,煤层出现挤压褶曲、波状起伏,煤层顶底板出现阶梯状突起等;②地压的变化,如支架变形、煤壁外鼓、片帮、掉渣,煤岩自行脱落、煤壁颤动,打钻时顶钻、夹钻,钻孔变形、垮孔装不进药,手扶煤壁能感觉到振动和冲击;③其他预兆,如瓦斯浓度忽大忽小、煤尘增大、气味异常、温度异常,打钻时喷瓦斯、喷煤等。<br>上述突出预兆并非在每次突出前都会出现,很可能只出现一种或几种 |

## 考点3　煤与瓦斯突出的防治

| 项目 | 具体内容 |
|---|---|
| 煤与瓦斯突出预测 | 1. 区域性预测<br>(1)瓦斯压力和瓦斯含量法。根据煤层瓦斯压力和瓦斯含量进行区域预测的临界值应当由具有煤与瓦斯突出鉴定资质的机构进行试验考察。<br>(2)煤层瓦斯参数结合瓦斯地质分析的方法。根据已开采区域确切掌握的煤层赋存特征、地质构造条件、突出分布规律和对预测区域煤层地质构造的探测、预测结果,采用瓦斯地质分析的方法划分出突出危险区。<br>也可以采用其他经试验证实有效的方法,区域预测新方法的研究试验应当由具有煤与瓦斯突出鉴定资质的机构进行。<br>2. 工作面预测<br>工作面预测的任务是确定工作面附近煤体的突出危险性,即该工作面继续向前推进时有无突出危险。<br>(1)石门揭煤突出危险性预测。石门揭煤突出危险性预测的方法主要有:复合指标法、钻屑指标法。<br>(2)煤巷突出危险性预测。煤巷突出危险性预测的方法主要有:钻屑指标法、复合指标法、R 值指标法、其他经试验证实有效的方法。 |
| 防治突出的技术措施 | 1. 区域性措施<br>区域性措施是针对大面积范围消除突出危险性的措施。目前区域性措施主要有 2 种,即开采保护层和预抽煤层瓦斯。<br>2. 局部性措施<br>局部性措施主要在采掘工作面执行,对采掘工作面前方煤岩体一定范围消除突出危险性。局部性措施有许多种,如卸压排放钻孔、深孔或浅孔松动爆破、卸压槽、煤体固化、水力冲孔等 |
| “四位一体”综合防治突出措施 | 突出矿井的防突工作必须坚持区域综合防突措施先行、局部综合防突措施补充的原则。严格落实执行区域和局部“四位一体”综合防突措施。区域“四位一体”综合防突措施包括区域突出危险性预测、区域防突措施、区域防突措施效果检验和区域验证等内容。局部“四位一体”综合防突措施包括工作面突出危险性预测、工作面防突措施、工作面防突措施效果检验和安全防护措施等内容 |
| 安全防护措施 | 突出矿井的防突工作必须坚持区域综合防突措施先行、局部综合防突措施补充的原则。严格落实执行区域和局部“四位一体”综合防突措施。区域“四位一体”综合防突措施包括区域突出危险性预测、区域防突措施、区域防突措施效果检验和区域验证等内容。局部“四位一体”综合防突措施包括工作面突出危险性预测、工作面防突措施、工作面防突措施效果检验和安全防护措施等内容 |

# 第四节 矿井瓦斯检查与管理

## 考点1 矿井瓦斯检查制度

| 项目 | 具体内容 |
| --- | --- |
| 概述 | 每一矿井必须建立瓦斯检查制度。矿井瓦斯检查制度是煤矿企业安全管理制度的重要组成部分，是搞好矿井瓦斯检查工作，保证煤矿安全生产的前提和条件。 |
| 瓦斯检查工的交接班制度 | 瓦斯检查工的交接班制度主要包括对瓦斯检查工交接班时间、地点、方法及内容的规定。制定瓦斯检查工的交接班制度，主要是为了防止瓦斯检查工迟到、早退甚至旷工，导致其分工区域出现无人检查的失控状态。瓦斯检查工必须按照瓦斯检查工交接班制度的要求进行交接班。<br>1. 交接班的地点<br>瓦斯检查工必须在井下指定地点交接班。采掘工作面配备有专职瓦斯检查工时，采煤工作面在回风巷入口的新鲜风流处交接班，掘进工作面在局部通风机处交接班，其他瓦斯检查工的交接班地点由矿总工程师根据矿井的实际情况确定。<br>2. 交接班的时间<br>瓦斯检查工的交接班时间由矿总工程师根据矿井工作制度以及人员入、出井所需要的时间等因素确定。瓦斯检查工不得提前到交接班地点等候交班。<br>3. 交接班交接的内容<br>瓦斯检查工的交接班主要交接以下内容：(1)分工区域内的通风及通风系统、瓦斯、煤尘、防突、防火、爆破、局部通风和生产情况有无异常，是否需要下一班处理及应采取的措施。(2)分工区域内的各种通风安全设施、装备的运行情况，是否需要维修、增加或拆除。(3)分工区域内发生的各种“一通三防”隐患，当班处理的情况和需要继续处理的内容。(4)有关领导交办工作的落实情况和需要请示的问题。(5)其他应该交接的工作内容。<br>4. 交接班需要履行的手续<br>瓦斯检查工交接班时，接班人员和交班人员要相互签字作为正常完成交接班的凭证。有些矿井还规定瓦斯检查工交接班时必须同时用电话向矿通风部门的值班室报告 |
| 瓦斯检查次数的规定 | 矿井瓦斯检查制度中规定的瓦斯检查次数必须符合《煤矿安全规程》的规定，具体规定如下：<br>(1)采掘工作面的瓦斯浓度检查次数如下：①低瓦斯矿井中每班至少2次；②高瓦斯矿井中每班至少3次；③有煤(岩)与瓦斯突出危险的采掘工作面，有瓦斯喷出危险的采掘工作面和瓦斯涌出较大、变化异常的采掘工作面，必须有专人经常检查，并安设甲烷断电仪。<br>(2)采掘工作面二氧化碳浓度应每班至少检查2次；有煤(岩)与二氧化碳突出危险的采掘工作面，二氧化碳涌出量较大、变化异常的采掘工作面，必须有专人经常检查二氧化碳浓度。 |

续表

| 项目 | 具体内容 |
| --- | --- |
| 瓦斯检查次数的规定 | (3)本班未进行工作的采掘工作面，瓦斯和二氧化碳应每班至少检查1次；可能涌出或积聚瓦斯或二氧化碳的洞室和巷道的瓦斯或二氧化碳应每班至少检查1次。<br>(4)井下停风地点栅栏外风流中的瓦斯浓度每天至少检查1次，挡风墙外的瓦斯浓度每周至少检查1次 |
| 特殊情况下的瓦斯检查要求 | 1. 临时停风地点在恢复通风前的瓦斯检查<br>《煤矿安全规程》规定："局部通风机因故停止运转，在恢复通风前，必须首先检查瓦斯，只有停风区中最高瓦斯浓度不超过1.0%和最高二氧化碳浓度不超过1.5%，且符合本规程第一百二十九条开启局部通风机的条件时，方可人工开启局部通风机，恢复正常通风。"<br>2. 开拓新水平的井巷第一次接近各开采煤层时的瓦斯检查要求<br>《煤矿安全规程》规定："开拓新水平的井巷第一次接近各开采煤层时，必须按掘进工作面距煤层的准确位置，在距煤层垂距10 m以外开始打探煤钻孔，钻孔超前工作面的距离不得小于5 m，并有专职瓦斯检查工经常检查瓦斯。"<br>3. 岩巷掘进遇到煤线或接近地质破坏带时的瓦斯检查要求<br>《煤矿安全规程》规定："岩巷掘进遇到煤线或接近地质破坏带时，必须有专职瓦斯检查工经常检查瓦斯，发现瓦斯大量增加或其他异状时，必须停止掘进，撤出人员，进行处理。"<br>4. 其他检查要求<br>《煤矿安全规程》规定："矿井必须有因停电和检修主要通风机停止运转或通风系统遭到破坏以后恢复通风、排除瓦斯和送电的安全措施。恢复正常通风后，所有受到停风影响的地点，都必须经过通风、瓦斯检查人员检查，证实无危险后，方可恢复工作。所有安装电动机及其开关的地点附近20 m的巷道内，都必须检查瓦斯，只有瓦斯浓度符合本规程规定时，方可开启。" |
| 严禁瓦斯检查工空班、漏检、假检的规定 | 空班是指瓦斯检查工未下井或虽然下井了但未进入自己的责任区履行岗位职责；漏检是指瓦斯检查工实际检查的点数或次数（即遍数）不符合瓦斯检查制度规定；假检是指瓦斯检查工未进行实地检查，填写假记录，汇报假情况。矿井瓦斯检查制度中必须包括严禁瓦斯检查工空班、漏检、假检的规定。<br>煤矿生产条件特殊，采掘工作面每天都可能出现新情况，例如工作面可能因瓦斯的涌出量增加或风量减少导致瓦斯浓度升高。如果瓦斯检查工故意空班、漏检、假检，就不能及时发现和处理工作面出现的新情况，由此可能造成重大事故，这方面的例子是很多的。<br>某年，河南省陕县某矿发生瓦斯爆炸事故，造成16人死亡。造成事故的主要原因是：当天有两个班的瓦斯检查工未下井（一个去看电影，另一个在井口睡觉），恰巧井下局部通风机发生循环风引起瓦斯积聚，由矿灯失爆产生的电火花将瓦斯点燃引爆。煤矿发生的瓦斯爆炸事故大多数都与瓦斯检查工未认真履行岗位职责有关。<br>瓦斯检查工是煤矿的要害工种，责任重大，绝对不允许出现空班、漏检、假检。如果瓦斯检查工因空班、漏检、假检造成重大事故，其行为就属于违法行为，按法律规定要负刑事责任 |

续表

| 项目 | 具体内容 |
|---|---|
| 巡回检查制度和请示报告制度 | 巡回检查制度实质上是关于瓦斯检查方法的规定。它规定瓦斯检查工在对采掘工作面进行例行瓦斯检查时必须按照规定的路线和规定的点位对每个需要检查的点逐一进行检查,不得因为怕跑路对一个点连续检查两次或多次。其中还应规定进行相邻两次检查的最短时间间隔或进行每一次检查的具体时间。<br>请示报告制度是规定瓦斯检查工在一个班中进行例行报告的次数、时间及内容。瓦斯检查工在工作中遇特殊情况必须及时报告。<br>《煤矿安全规程》规定:瓦斯检查人员必须执行瓦斯巡回检查制度和请示报告制度 |
| 瓦斯检查"三对口"制度 | 瓦斯检查"三对口"制度要求瓦斯检查工在瓦斯检查工作中必须认真填写检查地点的记录牌、随身携带的手册以及需要上报的报表(或台账)等资料,不得出现不符、遗漏或相互矛盾的情况。"三对口"的主要内容有:检查地点和检查人姓名,检查日期、班次及每次检查的具体时间,检查结果(包括瓦斯浓度、二氧化碳浓度和空气温度等) |

## 考点2　矿井瓦斯管理

| 项目 | 具体内容 |
|---|---|
| 瓦斯排放管理 | 1.《煤矿安全规程》中关于瓦斯排放管理的规定<br>《煤矿安全规程》规定:矿井必须有因停电和检修主要通风机停止运转或通风系统遭到破坏以后恢复通风、排除瓦斯和送电的安全措施。<br>恢复已封闭的停工区或采掘工作接近这些地点时,必须事先排除其中积聚的瓦斯。排除瓦斯工作必须制定安全技术措施。<br>《煤矿安全规程》规定:局部通风机因故停止运转,在恢复通风前,必须首先检查瓦斯,只有停风区中最高瓦斯浓度不超过1.0%和最高二氧化碳浓度不超过1.5%,且符合本规程第一百二十九条开启局部通风机的条件时,方可人工开启局部通风机,恢复正常通风。<br>停风区中瓦斯浓度超过1.0%或二氧化碳浓度超过1.5%,最高瓦斯浓度和二氧化碳浓度不超过3.0%时,必须采取安全措施,控制风流排放瓦斯。<br>停风区中瓦斯浓度或二氧化碳浓度超过3.0%时,必须制定安全排瓦斯措施,报矿技术负责人批准。<br>在排放瓦斯过程中,排出的瓦斯与全风压风流混合处的瓦斯和二氧化碳浓度都不得超过1.5%,且采区回风系统内必须停电撤人,其他地点的停电撤人范围应在措施中明确规定。只有恢复通风的巷道风流中瓦斯浓度不超过1.0%和二氧化碳浓度不超过1.5%时,方可人工恢复局部通风机供风巷道内电气设备的供电和采区回风系统内的供电。<br>2. 排放瓦斯的安全措施<br>根据《煤矿安全规程》关于瓦斯排放管理的规定,排放瓦斯必须有安全措施。排放瓦斯的安全措施应包括以下主要内容: |

续表

<table>
<tr><th>项目</th><th>具体内容</th></tr>
<tr><td>瓦斯排放管理</td><td>(1)计算排放瓦斯量,预计排放所需时间。<br>(2)明确排出的瓦斯与全风压风流混合处的瓦斯浓度,制定控制送入独头巷道风量的方法,严禁“一风吹”。<br>(3)确定排放瓦斯流经的路线,标明通风设施、电气设备的位置。<br>(4)明确撤人范围,指定警戒人位置。<br>(5)明确停电范围、停电地点及断、复电的执行人。<br>(6)明确必须检查瓦斯的地点和复电时的瓦斯浓度<br>(7)明确排放瓦斯的负责人和参加人员名单及各自担负的责任。<br>(8)文图齐全、清楚,通风设施、机电设备应该上图的,都要准确、不能遗漏。<br>编制排放瓦斯措施时,必须根据不同地点的不同情况制定有针对性的措施。禁止使用“通用”措施,更不准几个地点用一个措施。批准的瓦斯排放措施,必须由矿总工程师或通风安全副总工程师负责贯彻,责任落实到人,凡参加审查、贯彻、实施的人员,都必须签字备查。<br>3. 独头巷道中积聚瓦斯的排放方法<br>独头巷道中发生瓦斯积聚通常利用局部通风机排放,一般是通过限制送入独头巷道中的风量来控制排放风流中的瓦斯浓度。可采用的方法有:在局部通风机排风侧的风筒上捆上绳索,通过收紧或放松绳索控制局部通风机的排风量;把风筒接头断开,改变风筒接头对合空隙的大小,调节送入独头巷道的风量;在局部通风机排风侧第一节风筒上设三通,利用三通调节送入独头巷道的风量等</td></tr>
<tr><td>井下各作业地点与巷道中的瓦斯允许浓度和超限时的管理要求</td><td>矿井总回风巷或一翼回风巷中瓦斯或二氧化碳浓度超过 0.75% 时,必须立即查明原因,进行处理。<br>采区回风巷、采掘工作面回风巷风流中瓦斯浓度超过 1.0% 或二氧化碳浓度超过 1.5% 时,必须停止工作,撤出人员,采取措施,进行处理。<br>采掘工作面及其他作业地点风流中瓦斯浓度达到 1.0% 时,必须停止用电钻打眼;爆破地点附近 20 m 以内风流中瓦斯浓度达到 1.0% 时,严禁爆破。<br>采掘工作面及其他作业地点风流中、电动机或其开关安设地点附近 20 m 以内风流中的瓦斯浓度达到 1.5% 时,必须停止工作,切断电源,撤出人员,进行处理。<br>采掘工作面及其他巷道内,体积大于 0.5 $m^3$ 的空间内积聚的瓦斯浓度达到 2.0% 时,附近 20 m 内必须停止工作,撤出人员,切断电源,进行处理。<br>对因瓦斯浓度超过规定被切断电源的电气设备,必须在瓦斯浓度降到 1.0% 以下时,方可通电开动。<br>采掘工作面风流中二氧化碳浓度达到 1.5% 时,必须停止工作,撤出人员,查明原因,制定措施,进行处理。<br>临时停工的地点,不得停风;否则必须切断电源,设置栅栏,揭示警标,禁止人员进入,并向矿调度室报告。停工区内瓦斯或二氧化碳浓度达到 3.0% 或其他有害气体浓度超过《煤矿安全规程》的规定不能立即处理时,必须在 24 h 内封闭完毕</td></tr>
</table>

## 案例分析

某煤矿发生一起特大瓦斯爆炸事故,14 人死亡。矿井通风方式为分区抽出式。该矿经瓦斯等级鉴定为低瓦斯矿井。事故地点位于水平某采区左翼已贯通等移交的准备采煤工作面。事故调查组确认这是一起特大瓦斯爆炸责任事故,其中事故的直接原因是:两掘进工作面贯通后,回风上山通风设施不可靠,严重露风,导致工作面处于微风状态,造成瓦斯积聚,作业人员违章使用放炮器打火引起瓦斯爆炸。

请根据事故原因,为该矿拟定事故整改和预防措施。

## 参考答案及解析

事故整改和预防措施如下:

(1)该采区左翼工作面要立即停产整顿,对通风系统进行调整,待系统稳定后,组织测风员和瓦斯检测员进行风量测定和瓦斯浓度测定,风量瓦斯浓度均符合《煤矿安全规程》后,方可移交生产。

(2)加强瓦斯管理,健全瓦斯管理制度。

(3)要加强重点瓦斯工作面管理工作。

(4)要加强对采掘工作面的瓦斯鉴定工作。

(5)要增加矿井安全投入,健全瓦斯监测的“二道防线”,确保安全生产。

(6)加强安全技术培训工作。

(7)加强矿井通风技术力量。

(8)合理组织生产,杜绝违章指挥现象。

# 第四章　防灭火技术

## 知识框架

- 防灭火技术
  - 矿井火灾基本知识
    - 矿井火灾的概念和分类
    - 矿井火灾产生的基本条件
    - 矿井火灾的危害
  - 火灾事故防治措施
    - 煤矿防灭火的一般措施
    - 井下火灾防治
    - 火灾监测与早期预测预报
    - 火区管理

## 考点精讲

## 第一节　矿井火灾基本知识

### 考点1　矿井火灾的概念和分类

| 项目 | 具体内容 |
|---|---|
| 概念 | 矿井火灾是煤矿重大灾害之一。矿井火灾发生后，一般都是火势发展迅猛，变化复杂，影响范围广，往往造成人员伤亡和财产损失，有时还可能诱发瓦斯、煤尘爆炸，酿成更大的灾害。为了防治矿井火灾事故，促进煤矿的安全生产，必须掌握矿井火灾的规律。本着预防为主、消防并举、综合治理的原则，做好矿井火灾的预测预报工作是十分必要的。<br>凡是井下发生的火灾以及在矿井地面的火灾，其火焰及有害气体可以随同风流进入井下，威胁到井下安全生产时，都叫作矿井火灾，如地面井口房、通风机房失火或井下的输送带着火、煤炭自燃等，均为矿井火灾。矿井火灾按其成因可分为外因火灾和内因火灾两大类：<br>(1)外因火灾。<br>外因火灾是指由于某种外在的高温热源引起可燃物燃烧而形成的火灾 |

续表

| 项目 | 具体内容 |
| --- | --- |
| 概念 | 引起外因火灾的火源主要有：<br>①明火。主要是吸烟、电焊、喷灯焊、电炉及灯泡取暖等火源。<br>②电火。主要是由于机电设备性能不好、管理不善，如电钻、电动机、变压器、开关、插销、接线三通、电铃、打点器、电缆等损坏以及过负荷、短路等引起的电火花。<br>③摩擦火。由于输送带跑偏、打滑、运行阻滞与主滚筒摩擦、托辊滞动等摩擦引发着火。<br>④爆破火。由于不按爆破规定和爆破说明书爆破，如裸露爆破、用动力电源爆破、不装水炮泥、炮眼深度或最小抵抗线不符合规定等出现爆破火。<br>⑤瓦斯、煤尘爆炸。<br>外因火灾的特点是无预兆可鉴、发生突然、发展来势凶猛，往往使人措手不及，如果发现不及时，可能酿成恶性事故。据统计，国内外有记载的煤矿重大恶性火灾事故90%属于外因火灾。但是，外因火灾的燃烧往往是在表面进行的，因此如果发现及时还是容易扑灭的。<br>(2)内因火灾。<br>内因火灾（也称自燃火灾）是指由于煤炭（或其他可燃物）接触空气后氧化发热而导致其着火的火灾。据国内外有关资料统计，矿井火灾中有90%以上是内因火灾。<br>内因火灾的特点是发生地点较为隐蔽，发生前一般都会有预兆，会有烟，有焦油味。内因火灾的发火率较高，在燃烧时间上较长，有的可达几年甚至几十年之久 |

## 考点2　矿井火灾产生的基本条件

| 项目 | 具体内容 |
| --- | --- |
| 基本条件 | 矿井火灾发生的原因和地点是多样的，但都必须同时具备3个条件，即可燃物、热源和氧气（俗称火灾三要素），才能构成火灾。<br>(1)可燃物。这是发生矿井火灾的基本条件。在煤矿井下，煤本身就是一个大量存在的可燃物；另外，还有坑木、炸药、各类机电设备、电缆、输送带、各种油料、棉纱等。<br>(2)热源。具有一定温度和足够热量的热源才能引起火灾。在煤矿井下的煤炭自燃，各种明火、电气短路、机械摩擦、爆破、焊接，以及瓦斯、煤尘爆炸等产生的明火都是引起矿井火灾的热源。<br>(3)具有足量的助燃气体。氧气就是很常见的助燃气体，空气中包含的氧气能够持续助燃。任何可燃物尽管有足够热量的热源点燃，但如缺乏足够的氧气，燃烧是不会持续的，所以空气中的氧气供给是维持可燃物质燃烧不可缺少的条件。实验证明，在氧气浓度小于15%的空气中，可燃物的燃烧不能维持；在氧气浓度小于14%的空气中，蜡烛不能点燃；在空气中氧气含量低于12%时，瓦斯失去爆炸性；如果氧气浓度小于3%，可燃物也不会被明火引燃。<br>以上3个要素缺少其中任意一个，火灾就不能发生 |

## 考点3 矿井火灾的危害

| 项目 | 具体内容 |
| --- | --- |
| 产生有毒气体 | 井下火灾在发生发展过程中,会产生大量的有毒、有害气体。煤炭的氧化、燃烧会生成一氧化碳、二氧化碳、二氧化硫、烟气等;坑木、橡胶聚氯乙烯制品的燃烧,也会生成大量的一氧化碳、醇类、醛类以及其他复杂的有机化合物。这些有毒、有害气体和物质随风扩散,有时可能波及相当大的区域甚至全矿井,直接威胁矿工的身体健康和生命安全。特别是一氧化碳,会使井下人员中毒或死亡 |
| 引起瓦斯或煤尘爆炸 | 井下火灾一方面可使煤、木材等可燃物发生干馏作用,放出氢气、瓦斯和其他碳氢化合物等爆炸性气体;另一方面为矿井的瓦斯、煤尘提供了引爆热源。因此,井下火灾往往会造成瓦斯、煤尘爆炸事故 |
| 造成煤炭损失 | 井下发生火灾后,使大量的煤炭资源被烧毁或冻结。不仅浪费煤炭资源,而且严重影响矿井寿命和造成采(盘)区、工作面以致矿井的采掘接替紧张 |
| 造成设备、财产和人员损失 | (1)使设备和财产遭受损失。井下发生火灾时,温度常在1 000 ℃以上,可烧毁昂贵的机电设备或者使其被封闭在火区内;另外,矿井因火灾而造成的停产或减产损失也是巨大的。<br>(2)扑灭火灾时要耗费大量的人力、物力、财力,且扑灭火灾人员的生命难以保证,容易出现人身事故;同时,火灾扑灭后的生产恢复仍需要很高的成本 |
| 产生火风压 | 发火的最初阶段,井下风流及火烟都是沿着发火前原有方向流动的。矿井火灾发展到一定程度,就可能出现火风压,引起矿井某些地段风流方向的改变,从而使烟气的流动失去控制,进一步扩大灾害范围。一些似乎安全的地区也会突然出现烟火,给井下人员的安全撤退和救火带来极大的困难和危险,使人员发生中毒,并可能造成人身伤亡事故 |
| 造成环境污染 | 当一些露天煤着火时,燃烧的煤会产生大量且多种的有毒有害气体,会严重污染周边环境,严重时甚至会形成大范围的酸雨以及温室效应。除此之外,火区燃烧形成的酸碱化合物也会对附近的地表水和浅层地下水造成严重污染 |

# 第二节　火灾事故防治措施

## 考点 1　煤矿防灭火的一般措施

| 项目 | 具体内容 |
| --- | --- |
| 一般措施 | (1)煤矿必须制定井上、井下防火措施。煤矿的所有地面建(构)筑物、煤堆、矸石山、木料场等处的防火措施和制度,必须遵守国家有关防火的规定。<br>(2)木料场、矸石山等堆放场距离进风井口不得小于 80 m。木料场距离矸石山不得小于 50 m。不得将矸石山设在进风井的主导风向上风侧,也不得设在表土 10 m 以内有煤层的地面上和设在有漏风采空区上方的塌陷范围内。<br>(3)新建矿井的永久井架和井口房、以井口为中心的联合建筑,必须用不燃性材料建筑。对现有生产矿井用可燃性材料建筑的井架和井口房,必须制定防火措施。<br>(4)矿井必须设地面消防水池和井下消防管路系统。井下消防管路系统应当每隔 100 m 设置支管和阀门,但在带式输送机巷道中应当每隔 50 m 设置支管和阀门。地面的消防水池必须经常保持不少于 200 $m^3$ 的水量。如果消防用水同生产、生活用水共用同一水池时,应当有确保消防用水的措施。开采下部水平的矿井,除地面消防水池外,可以利用上部水平或者生产水平的水仓作为消防水池。<br>(5)进风井口应当装设防火铁门,防火铁门必须严密并易于关闭,打开时不妨碍提升、运输和人员通行,并定期维修;如果不设防火铁门,必须有防止烟火进入矿井的安全措施。<br>(6)井口房和通风机房附近 20 m 内,不得有烟火或者用火炉取暖。通风机房位于工业广场以外时,除开采有瓦斯喷出的矿井和突出矿井外,可用隔焰式火炉或者防爆式电热器取暖。暖风道和压入式通风的风洞必须用不燃性材料砌筑,并至少装设 2 道防火门。<br>(7)井筒、平硐与各水平的连接处及井底车场,主要绞车道与主要运输巷、回风巷的连接处,井下机电设备硐室,主要巷道内带式输送机机头前后两端各 20 m 范围内,都必须用不燃性材料支护。在井下和井口房,严禁采用可燃性材料搭设临时操作间、休息间。<br>(8)井下严禁使用灯泡取暖和使用电炉。<br>(9)井下和井口房内不得进行电焊、气焊和喷灯焊接等作业。如果必须在井下主要硐室、主要进风井巷和井口房内进行电焊、气焊和喷灯焊接等工作,每次必须制定安全措施,由矿长批准并遵守下列规定:<br>①指定专人在场检查和监督。<br>②电焊、气焊和喷灯焊接等工作地点的前后两端各 10 m 的井巷范围内,应当是不燃性材料支护,并有供水管路,有专人负责喷水,焊接前应当清理或者隔离焊渣飞溅区域内的可燃物。上述工作地点应当至少备有 2 个灭火器。<br>③在井口房、井筒和倾斜巷道内进行电焊、气焊和喷灯焊接等工作时,必须在工作地点的下方用不燃性材料设施接受火星。<br>④电焊、气焊和喷灯焊接等工作地点的风流中,瓦斯浓度不得超过 0.5%,只有在检查 |

续表

| 项目 | 具体内容 |
| --- | --- |
| 一般措施 | 证明作业地点附近 20 m 范围内巷道顶部和支护背板后无瓦斯积存时，方可进行作业。<br>⑤电焊、气焊和喷灯焊接等作业完毕后，作业地点应当再次用水喷洒，并有专人在作业地点检查 1 h，发现异常，立即处理。<br>⑥突出矿井井下进行电焊、气焊和喷灯焊接时，必须停止突出煤层的掘进、回采、钻孔、支护以及其他所有扰动突出煤层的作业 |

## 考点 2　井下火灾防治

| 项目 | 具体内容 |
| --- | --- |
| 开采容易自燃和自燃煤层时的注意事项 | (1)煤的自燃倾向性分为容易自燃、自燃、不易自燃 3 类。新设计矿井应当将所有煤层的自燃倾向性鉴定结果报省级煤炭行业管理部门及省级煤矿安全监察机构。生产矿井延深新水平时，必须对所有煤层的自燃倾向性进行鉴定。开采容易自燃和自燃煤层的矿井，必须编制矿井防灭火专项设计，采取综合预防煤层自然发火的措施。<br>(2)开采容易自燃和自燃煤层时，必须开展自然发火监测工作，建立自然发火监测系统，确定煤层自然发火标志气体及临界值，健全自然发火预测预报及管理制度。<br>(3)对开采容易自燃和自燃的单一厚煤层或者煤层群的矿井，集中运输大巷和总回风巷应当布置在岩层内或者不易自燃的煤层内；布置在容易自燃和自燃的煤层内时，必须锚喷或者砌碹，砌碹后的空隙和冒落处必须用不燃性材料充填密实，或者用无腐蚀性、无毒性的材料进行处理。<br>(4)开采容易自燃和自燃煤层时，采煤工作面必须采用后退式开采，并根据采取防火措施后的煤层自然发火期确定采(盘)区开采期限。在地质构造复杂、断层带、残留煤柱等区域开采时，应当根据矿井地质和开采技术条件，在作业规程中另行确定采(盘)区开采方式和开采期限。回采过程中不得任意留设设计外煤柱和顶煤。采煤工作面采到终采线时，必须采取措施使顶板冒落严实。<br>(5)开采容易自燃和自燃的急倾斜煤层用垮落法管理顶板时，在主石门和采区运输石门上方，必须留有煤柱。禁止采掘留在主石门上方的煤柱。留在采区运输石门上方的煤柱，在采区结束后可以回收，但必须采取防止自然发火措施。<br>(6)开采容易自燃和自燃煤层时，必须制定防治采空区(特别是工作面始采线、终采线、上下煤柱线和三角点)、巷道高冒区、煤柱破坏区自然发火的技术措施。当井下发现自然发火征兆时，必须停止作业，立即采取有效措施处理。在发火征兆不能得到有效控制时，必须撤出人员，封闭危险区域。进行封闭施工作业时，其他区域所有人员必须全部撤出。<br>(7)开采容易自燃和自燃煤层时，在采(盘)区开采设计中，必须预先选定构筑防火门的位置。当采煤工作面通风系统形成后，必须按设计构筑防火门墙，并储备足够数量的封闭防火门的材料 |

续表

| 项目 | 具体内容 |
| --- | --- |
| 灌浆防灭火规定 | 采用灌浆防灭火时，应当遵守下列规定：<br>①采（盘）区设计应当明确规定巷道布置方式、隔离煤柱尺寸、灌浆系统、疏水系统、预筑防火墙的位置以及采掘顺序。<br>②安排生产计划时，应当同时安排防火灌浆计划，落实灌浆地点、时间、进度、灌浆浓度和灌浆量。<br>③对采（盘）区始采线、终采线、上下煤柱线内的采空区，应当加强防火灌浆。<br>④应当有灌浆前疏水和灌浆后防止溃浆、透水的措施。<br>在灌浆区下部进行采掘前，必须查明灌浆区内的浆水积存情况。发现积存浆水，必须在采掘之前放出；在未放出前，严禁在灌浆区下部进行采掘作业 |
| 阻化剂防灭火规定 | 采用阻化剂防灭火时，应当遵守下列规定：<br>(1)选用的阻化剂材料不得污染井下空气和危害人体健康。<br>(2)必须在设计中对阻化剂的种类和数量、阻化效果等主要参数作出明确规定。<br>(3)应当采取防止阻化剂腐蚀机械设备、支架等金属构件的措施 |
| 凝胶防灭火注意事项 | 采用凝胶防灭火时，编制的设计中应当明确规定凝胶的配方、促凝时间和压注量等参数。压注的凝胶必须充填满全部空间，其外表面应当喷浆封闭，并定期观测，发现老化、干裂时重新压注 |
| 均压技术防灭火规定 | 采用均压技术防灭火时，应当遵守下列规定：<br>(1)有完整的区域风压和风阻资料以及完善的检测手段。<br>(2)有专人定期观测与分析采空区和火区的漏风量、漏风方向、空气温度、防火墙内外空气压差等状况，并记录在专用的防火记录簿内。<br>(3)改变矿井通风方式、主要通风机工况以及井下通风系统时，对均压地点的均压状况必须及时进行调整，保证均压状态的稳定。<br>(4)经常检查均压区域内的巷道中风流流动状态，并有防止瓦斯积聚的安全措施 |
| 氮气防灭火规定 | 采用氮气防灭火时，应当遵守下列规定：<br>氮气源稳定可靠；注入的氮气浓度不小于97%；至少有1套专用的氮气输送管路系统及其附属安全设施；有能连续监测采空区气体成分变化的监测系统；有固定或者移动的温度观测站（点）和监测手段；有专人定期进行检测、分析和整理有关记录、发现问题及时报告处理等规章制度 |
| 矿井灭火其他注意事项 | (1)矿井必须制定防止采空区自然发火的封闭及管理专项措施。采煤工作面回采结束后，必须在45 d内进行永久性封闭，每周1次抽取封闭采空区气样进行分析，并建立台账。开采自燃和容易自燃煤层，应当及时构筑各类密闭并保证质量。与封闭采空区连通的各类废弃钻孔必须永久封闭。<br>(2)任何人发现井下火灾时，应当视火灾性质、灾区通风和瓦斯情况，立即采取一切可能 |

续表

| 项目 | 具体内容 |
| --- | --- |
| 矿井灭火其他注意事项 | 的方法直接灭火，控制火势，并迅速报告矿调度室。矿调度室在接到井下火灾报告后，应当立即按灾害预防和处理计划通知有关人员组织抢救灾区人员和实施灭火工作。<br>(3)矿值班调度和在现场的区、队、班组长应当依照灾害预防和处理计划的规定，将所有可能受火灾威胁区域中的人员撤离，并组织人员灭火。电气设备着火时，应当首先切断其电源；在切断电源前，必须使用不导电的灭火器材进行灭火。<br>(4)抢救人员和灭火过程中，必须指定专人检查瓦斯、一氧化碳、煤尘、其他有害气体浓度和风向、风量的变化，并采取防止瓦斯、煤尘爆炸和人员中毒的安全措施。<br>(5)封闭火区时，应当合理确定封闭范围，必须指定专人检查瓦斯、氧气、一氧化碳、煤尘以及其他有害气体浓度和风向、风量的变化，并采取防止瓦斯、煤尘爆炸和人员中毒的安全措施 |

## 考点3　火灾监测与早期预测预报

| 项目 | 具体内容 |
| --- | --- |
| 相关情况 | 煤层自燃预报技术是指煤层开采后，松散煤体氧化放热，引起升温，进入自热阶段，在煤体冒烟和出现明火之前，根据煤氧化放热引起的标志气体、温度等参数的变化情况，较早发现自燃征兆，判断自燃状态的技术。目前，预报方法主要有标志气体分析法和测温法两种，预报的手段主要有人工取样监测分析预报和实时监测预报系统 |
| 标志气体分析法 | 标志气体分析法是通过分析煤自燃发火过程中产生的某些气体的浓度、比值、发生速率等特征参数，对煤自燃发火发展趋势等作出预报的方法。<br>标志气体分析法的标志气体指标分为两类：一类是利用某些标志气体的浓度直接进行预测预报；另一类是利用某些气体组分的变化特性（增率等）或某些气体组分之间的变化规律（比值等）进行预测，如链烷比、火灾系数等都属于此类。<br>目前常用的标志气体有一氧化碳、乙烯、乙炔和乙烷等。<br>一氧化碳在煤氧化自燃过程中出现较早、生成量较大、浓度增长速度也较快，其浓度与煤体温度之间存在明显的对应关系，是煤自燃早期预测非常灵敏的指标气体。由于一氧化碳的初始产生温度比较低，持续温度范围宽，绝对生成量大，只要煤矿井下检测出一氧化碳气体持续存在，且浓度不断稳定增加，就可判断此测点风流的上风侧存在高温隐患点或存在自燃火源。一氧化碳指标在煤自燃预测方面起到了积极的作用，但是一氧化碳的检测温度范围较宽，从常温一直到进入激烈氧化阶段都能够检测到一氧化碳，对煤自燃发火发展到的阶段较难给出准确的判断。另外，由于煤自燃大部分发生在采空区或煤柱中，受漏风条件的影响极大，这对一氧化碳浓度的测定造成了误差，预测的可靠性也相应降低。因此，应用一氧化碳指标预测煤自燃时，应综合考虑各方面因素后再作出结论。<br>乙烯是煤氧化自燃发展到一定程度之后的产物。不同煤岩成分产生乙烯的初始温度存在差别，如丝煤在升温至 90 ℃左右即会产生乙烯，而暗煤、亮煤、镜煤则需升温至 110 ℃ |

续表

| 项目 | 具体内容 |
| --- | --- |
| 标志气体分析法 | 以后才会产生乙烯。这说明不论煤岩成分结构如何，乙烯都能够反映煤的氧化升温特性。<br>乙炔是煤进入剧烈氧化阶段的产物。乙炔出现较晚，产生的初始温度值较高，研究表明煤样温度在达到 180 ℃之前往往不会产生乙炔。在煤自燃预测工作中，若监测到乙炔，则表明井下煤自燃已经发展到比较严重的程度，此时采取防灭火措施时一定要谨慎，防止引发爆炸事故而导致更大的灾难 |
| 测温法 | 测温法是指利用温度监测传感器对被监测地点进行温度监测以确定煤层的自然发火危险程度。该法可通过在钻孔内安设温度探测器，或在某些区域内布置温度探头及无线电发射装置，根据测定的温度和接收到的信号变化判断煤层是否发生了自然发火。<br>预报煤自然发火的测温法分为两类：一类是直接用检测到的温度值进行预报或报警，另一类则是通过监测点温度的变化特性进行预报。采用测点温度值直接进行预报方法简单，但无法得知阈值温度前的变化特性和之后的变化趋势；采用测点温度变化进行预报，不但可直观地得到测点温度，而且能根据之前温度变化的特性预报之后的火灾趋势。<br>温度监测传感器主要有热电偶、测温电阻、半导体测温元件、集成温度传感器、热敏材料、光纤、红外线、激光及雷达波等，其中热电偶、测温电阻、半导体测温元件和热敏材料等因其价格低廉、测试简单、操作方便而被广泛应用。近年来，便携式激光测温仪表也较为普及，而红外热成像、雷达探测等因受穿透距离、地质构造等因素的影响，应用上受到一定限制。<br>随着红外技术的不断发展，红外技术应用于煤矿井下变得越来越成熟。红外技术早期在煤矿中主要用于风门的自动开关、自动喷雾洒水等，后来红外技术又用于查找电气故障、探火、探水等。目前，在煤矿中应用最广泛的红外线测温仪为手持式矿用红外线测温仪，不到 1 s 即可测定被测任何物体的表面温度，无须接触，即可安全方便地测量出热的、危险的或难以接触的任何物体的表面温度，测量精度高、重复性好、测量范围宽，可在具有粉尘或气体爆炸危险的环境中使用，具有最高温度记忆和超温报警功能。这一方法已较广泛用于地面煤堆自燃和井下煤炭自燃火源的探测 |

## 考点 4　火区管理

| 项目 | 具体内容 |
| --- | --- |
| 认定火熄灭的条件 | 煤矿必须绘制火区位置关系图，注明所有火区和曾经发火的地点。每一处火区都要按形成的先后顺序进行编号，并建立火区管理卡片。火区位置关系图和火区管理卡片必须永久保存。<br>封闭的火区，只有经取样化验证实火已熄灭后，方可启封或者注销。火区同时具备下列条件时，方可认为火已熄灭：<br>(1)火区内的空气温度下降到 30 ℃以下，或者与火灾发生前该区的日常空气温度相同；<br>(2)火区内空气中的氧气浓度降到 5.0% 以下。<br>(3)火区内空气中不含有乙烯、乙炔，一氧化碳浓度在封闭期间内逐渐下降，并稳定在 |

续表

| 项目 | 具体内容 |
| --- | --- |
| 认定火熄灭的条件 | 0.001%以下。<br>(4)火区的出水温度低于25 ℃,或者与火灾发生前该区的日常出水温度相同。<br>(5)上述4项指标持续稳定1个月以上 |
| 永久性防火墙管理规定 | 永久性防火墙的管理应当遵守下列规定:<br>(1)每个防火墙附近必须设置栅栏、警标,禁止人员入内,并悬挂说明牌。<br>(2)定期测定和分析防火墙内的气体成分和空气温度。<br>(3)定期检查防火墙外的空气温度、瓦斯浓度,防火墙内外空气压差以及防火墙墙体。发现封闭不严、有其他缺陷或者火区有异常变化时,必须采取措施及时处理。<br>(4)所有测定和检查结果,必须记入防火记录簿。<br>(5)矿井做大幅度风量调整时,应当测定防火墙内的气体成分和空气温度。<br>(6)井下所有永久性防火墙都应当编号,并在火区位置关系图中注明。防火墙的质量标准由煤矿企业统一制定 |
| 启封火区时的安全措施 | 启封已熄灭的火区前,必须制定安全措施。启封火区时,应当逐段恢复通风,同时测定回风流中一氧化碳、甲烷浓度和风流温度。发现复燃征兆时,必须立即停止向火区送风,并重新封闭火区。启封火区和恢复火区初期通风等工作,必须由矿山救护队负责进行,火区回风风流所经过巷道中的人员必须全部撤出。在启封火区工作完毕后的3天内,每班必须由矿山救护队检查通风工作,并测定水温、空气温度和空气成分。只有在确认火区完全熄灭、通风等情况良好后,方可进行生产工作。<br>不得在火区的同一煤层的周围进行采掘工作。在同一煤层同一水平的火区两侧、煤层倾角小于35°的火区下部区段、火区下方邻近煤层进行采掘时,必须编制设计方案,并遵守下列规定:<br>(1)必须留有足够宽(厚)度的隔离火区煤(岩)柱,回采时及回采后能有效隔离火区,不影响火区的灭火工作。<br>(2)掘进巷道时,必须有防止误冒、误透火区的安全措施。煤层倾角在35°及以上的火区下部区段严禁进行采掘工作 |

## 案例分析

某日8时40分,新疆某煤矿井下发生较大火灾和瓦斯爆炸事故,造成6人死亡、8人重伤,直接经济损失1 490万元。该矿建设规模为9万t/年,低瓦斯矿井,煤尘具有爆炸性,煤层自燃发火倾向性鉴定结果为自燃煤层。

事故发生在早上6点多,井口信号工看见风井主扇抽出黑烟,就打电话报告了矿长。10 min后矿长到达井口,查看情况后通知井下撤人。7时井下所有人员全部升井。7时30分,为探明井下情况,矿长等3人入井查看。查明火区位置后,8时整升井。

8 时 30 分，矿长带人入井灭火时发生爆炸，井下滞留 8 人未能升井。

事故调查后发现，煤矿安全管理决策层职责重叠，现场管理混乱。相关图纸不能反映井下实际情况，矿井没有绘制瓦斯巡回检查路线图，没有建立完善的防火墙管理档案。新入职的人员，未经入井培训，便直接下井作业。

根据以上情况，请分析回答以下问题：

1. 简述开采容易自燃和自燃煤层时的注意事项。

2. 请拟定此类事故的防范措施。

## 参考答案及解析

1. 注意事项：(1) 开采容易自燃和自燃煤层的矿井，必须编制矿井防灭火专项设计，采取综合预防煤层自然发火的措施。

(2) 开采容易自燃和自燃煤层时，必须开展自然发火监测工作，建立自然发火监测系统，确定煤层自然发火标志气体及临界值，健全自然发火预测预报及管理制度。

(3) 对开采容易自燃和自燃的单一厚煤层或者煤层群的矿井，集中运输大巷和总回风巷应当布置在岩层内或者不易自燃的煤层内；布置在容易自燃和自燃的煤层内时，必须锚喷或者砌碹，砌碹后的空隙和冒落处必须用不燃性材料充填密实，或者用无腐蚀性、无毒性的材料进行处理。

(4) 开采容易自燃和自燃煤层时，采煤工作面必须采用后退式开采，并根据采取防火措施后的煤层自然发火期确定采（盘）区开采期限。在地质构造复杂、断层带、残留煤柱等区域开采时，应当根据矿井地质和开采技术条件，在作业规程中另行确定采（盘）区开采方式和开采期限。回采过程中不得任意留设设计外煤柱和顶煤。采煤工作面采到终采线时，必须采取措施使顶板冒落严实。

(5) 开采容易自燃和自燃的急倾斜煤层用垮落法管理顶板时，在主石门和采区运输石门上方，必须留有煤柱。禁止采掘留在主石门上方的煤柱。留在采区运输石门上方的煤柱，在采区结束后可以回收，但必须采取防止自然发火措施。

(6) 开采容易自燃和自燃煤层时，必须制定防治采空区（特别是工作面始采线、终采线、上下煤柱线和三角点）、巷道高冒区、煤柱破坏区自然发火的技术措施。当井下发现自然发火征兆时，必须停止作业，立即采取有效措施处理。在发火征兆不能得到有效控制时，必须撤出人员，封闭危险区域。进行封闭施工作业时，其他区域所有人员必须全部撤出。

(7) 开采容易自燃和自燃煤层时，在采（盘）区开采设计中，必须预先选定构筑防火门的位置。当采煤工作面通风系统形成后，必须按设计构筑防火门墙，并储备足够数量的封闭防火门的材料。

2. 防范措施：(1) 加强通风，使矿井通风系统稳定可靠。(2) 严格落实火区管理制度。(3) 杜绝违章救灾，按应急预案进行救灾。(4) 加强安全管理、技术管理等制度的完善与落实。

# 第五章　粉尘防治技术

## 知识框架

- 粉尘防治技术
  - 矿尘基本知识
    - 矿尘概念及分类
    - 矿尘的产生
    - 矿尘的危害
  - 防治粉尘的安全技术措施
    - 粉尘浓度监测
    - 采煤工作面综合防尘技术措施
    - 掘进工作面综合防尘技术
  - 防治煤尘爆炸的安全技术措施
    - 煤尘爆炸的原因及发展过程
    - 煤尘爆炸的危害
    - 煤尘爆炸的条件及效应
    - 影响煤尘爆炸的因素
    - 预防煤尘爆炸的措施

## 考点精讲

## 第一节　矿尘基本知识

### 考点1　矿尘概念及分类

| 项目 | 具体内容 |
| --- | --- |
| 概念 | 矿井在生产过程中从掘进、采煤、运输、转载和提升等各生产环节所产生的各种矿物微细颗粒，统称为矿尘。矿尘包括煤尘、岩尘和水泥粉尘 |
| 按矿尘存在状态分类 | 煤矿井下各生产环节产生的矿尘，一般以一种不均质、不规则和不平衡的复杂运动状态悬浮于空气中，随风流而蔓延开来，一部分被风流带出矿井，而大部分留在井下各种巷道及各种洞室。<br>（1）浮尘。长期悬浮在矿井空气中的矿尘称为浮尘，又称浮游矿尘 |

续表

| 项目 | 具体内容 |
|---|---|
| 按矿尘存在状态分类 | (2)落尘。在矿井内,因自重而降落、沉积在巷道顶、帮、底板和物体上的矿尘称为落尘,又称沉积矿尘。<br>浮尘和落尘是相对的,浮游矿尘因自重而逐渐沉降下来成为沉积矿尘,而沉积矿尘如受外界条件的干扰,又可再次飞扬起来成为浮游矿尘。一般浮尘在空气中飞扬的时间,取决于尘粒的大小、重量以及空气的温度、湿度和风速等条件 |
| 按矿尘成分分类 | (1)煤尘。煤尘是指煤矿井下生产过程中产生的直径小于 1 mm 的煤炭微粒。它是从煤尘本身具有爆炸性角度讲的。也就是说,直径小于 1 mm 的细小煤粒,呈浮游状态时,遇热源能单独爆炸,传播爆炸或参与爆炸。这种煤尘又叫作有爆炸危险性的煤尘。有的煤尘是不爆炸的,叫作无爆炸危险性的煤尘。煤尘有无爆炸性必须经过煤尘爆炸性鉴定才能确定。而对没有爆炸危险性的煤尘,应从劳动卫生角度来考虑。一般把小于 5 μm的矿尘称为呼吸性粉尘。<br>(2)岩尘。岩尘是指煤矿井下生产过程中产生的直径小于 5 μm 的岩石微粒。岩尘是从劳动卫生的角度来定义的,即粒径在 5 μm 以下的岩粒。<br>按岩尘所含二氧化硅($SiO_2$)量的多少分为硅尘和非硅尘。硅尘是指二氧化硅($SiO_2$)的含量大于 10% 的矿尘,而非硅尘是指二氧化硅($SiO_2$)的含量小于或等于 10% 的矿尘 |
| 按矿尘粒度大小分类 | (1)全尘。全尘是指不同粒度的全部矿尘,也称总粉尘。<br>(2)呼吸性粉尘。呼吸性粉尘是指粒径在 5 μm 以下,能被人吸入体内肺泡区的浮尘。它包括煤尘和岩尘 |
| 按矿尘来源分类 | (1)原生矿尘。原生矿尘是指在开采前由于地质作用和地质变化所产生的矿尘。<br>(2)次生矿尘。次生矿尘是指煤矿井下生产和建设过程中所产生的矿尘 |

## 考点 2 矿尘的产生

| 项目 | 具体内容 |
|---|---|
| 产生原因 | 在煤矿井下,矿尘的绝大部分来源于采掘、装卸、转运等生产过程中的次生矿尘,而原生矿尘只占极少部分。<br>原生矿尘的产生是由于煤(岩)层受地质构造或采场支撑压力的作用被破裂造成的。次生矿尘的产生是由于开采、生产、运输造成煤(岩)体的破碎或扬起而产生的。例如打眼、爆破、装载、支护、运输、提升等过程中,都会产生大量的次生矿尘。矿尘产生量的大小与下列因素有关:<br>(1)工作地点。在煤矿井下,以采掘工作面最高,约占全部矿尘的 80%;另外是运输系统的各转载点和装卸点。<br>(2)机械化程度、有无防尘消尘措施、开采强度。机械化高强度的连续开采,产生的矿尘量较大;炮采、炮掘时,在爆破过程会产生较多的矿尘,而在其他工序则相对较少 |

续表

| 项目 | 具体内容 |
|---|---|
| 产生原因 | (3)煤(岩)的物理性质。由于原生矿尘存在于煤(岩)体的层理、节理和裂隙中,在采掘过程中随煤(岩)体的采落和破碎而进入采矿空间。一般节理发育、脆性大、结构疏松、水分低的煤易产生粉尘。<br>(4)采煤方法及采掘机械结构。采煤方法不同,产生的矿尘量不一样。例如,急倾斜煤层采用倒台阶采煤法比水平分层采煤法产生的煤尘量大;缓倾斜煤层中,采用全部垮落法控制顶板比充填法控制顶板产尘量大。采用放顶煤方法产尘量较大;不合理的采掘机械结构,常常造成落煤粒度过小,甚至反复截割,使煤岩破碎严重,产尘量增加;采用宽截齿及合理的截齿排列,有利于减少产尘量。<br>(5)作业环境的温度、湿度及通风状况。温度越高、环境越干燥越容易产生矿尘。<br>(6)工序。干式打眼、装运岩、割煤(放炮)等产尘较多。<br>(7)地质构造。地质构造复杂、断层和裂隙发育,开采时产尘量大。<br>(8)生产集中化。由于生产集中化,工作面增长,产量加大,工作场所中空气的矿尘浓度将显著增加。同时,采掘工作的集中化,要求加强通风和提高风速,其结果使矿尘在井巷里传播得更远,使沉积的落尘飞扬。<br>(9)通风条件。通风条件与矿尘浓度关系密切。风量大有利于稀释矿尘并将矿尘带出矿井。但风量过大,风速过高,又会将已沉降的矿尘扬起来,而增加了空气中浮尘的浓度。研究表明,回采工作面风速在1.2~1.6 m/s时,浮游煤尘量最少;掘进工作面风速须大于0.64 m/s,否则对排尘不利。<br>必须指出,上述各种主要因素中,生产因素的作用是矿尘产生的主要来源,自然因素则是增大这种作用的条件。在同一矿井里,各个作业点,不同的作业方式,其矿尘浓度不尽相同。在同一个工作面,同一个作业班里,随着时间和作业方式的变化,产尘量也随之变化。<br>对煤尘而言,一般每昼夜所产生的煤尘量等于产煤量的0.25%~1.0%,有时高达3%,这是由于矿尘的产生量是随着煤岩特性、煤尘赋存条件、地质情况、采煤方法等不同而导致产尘量发生变化 |

## 考点3　矿尘的危害

| 项目 | 具体内容 |
|---|---|
| 危害 | 煤矿粉尘的危害性主要表现在以下几个方面:<br>(1)对人体的危害。粉尘对人体的影响相当严重,是造成尘肺、硅肺病的根源。尘肺病是煤矿井下职工长期吸入含有矿尘的空气引起肺部纤维增生性疾病。尘肺病分硅肺、煤肺和煤硅肺3类。另一方面人的肺部长期吸入矿尘,轻者会引起呼吸道炎症、眼角膜炎等,重者会引起尘肺病,严重危害着矿工的健康。<br>(2)矿尘中的煤尘在一定的条件下会燃烧或爆炸,爆炸后可产生大量一氧化碳,其浓度一般为2%~3%,最高可达8%~10%,这是造成大量人员中毒伤亡的主要原因。历 |

续表

| 项目 | 具体内容 |
| --- | --- |
| 危害 | 史上各国都发生过重大煤尘爆炸事故,其伤亡都很惊人。另外,爆炸产生高温、高压和冲击波,可损坏设备、推倒支架、毁坏巷道和造成大量人员伤亡,并将积尘扬起,造成二次、三次的连续爆炸事故,连续爆炸是煤尘爆炸的一个重要特征,它使矿井遭受严重破坏。<br>(3)作业场所粉尘过多,污染劳动环境,影响视线,影响效率,不利于及时发现事故隐患,容易引起伤亡事故。<br>(4)煤尘对爆破安全的危害,如果爆破时煤尘量较大,一方面扬起沉积的煤尘;另一方面爆破过程中产生新的煤尘,极易使空气中煤尘达到爆炸浓度。此外,井下违章裸露爆破,也容易扬起大量的煤尘,加上裸露爆破产生的炮火,都可导致煤尘爆炸,危害极大。<br>另外,粉尘还会影响设备安全运行,加速对设备的磨损;对矿区周围的生态环境、生活环境也会造成严重破坏 |

# 第二节　防治粉尘的安全技术措施

## 考点1　粉尘浓度监测

| 项目 | 具体内容 |
| --- | --- |
| 具体措施 | 作业场所空气中粉尘(总粉尘、呼吸性粉尘)浓度应当符合要求,不符合要求的,应当采取有效措施。<br>粉尘监测应当采用定点监测、个体监测方法。<br>煤矿必须对生产性粉尘进行监测,并遵守下列规定:<br>(1)总粉尘浓度,井工煤矿每月测定 2 次;露天煤矿每月测定 1 次。粉尘分散度每 6 个月测定 1 次。<br>(2)呼吸性粉尘浓度每月测定 1 次。<br>(3)粉尘中游离 $SiO_2$ 含量每 6 个月测定 1 次,在变更工作面时也必须测定 1 次。<br>(4)开采深度大于 200 m 的露天煤矿,在气压较低的季节应当适当增加测定次数 |

## 考点2　采煤工作面综合防尘技术措施

| 项目 | 具体内容 |
| --- | --- |
| 减少煤尘产生的措施 | 尽量减少生产过程中的原始煤尘发生量,这是防治粉尘的根本措施。一般采取以下措施:<br>(1)煤体注水。开采前或开采过程中先向煤层打钻,将压力水注入煤层裂缝、裂隙之中,湿润煤体,使其强度和脆性减弱,开采时即能减少煤尘的生成量,降尘率可达到 40% ~ 90%。不论采用哪种注水方式,注水后煤内所增加的水分都应在 1% 以上,或全水分在 4% 以上 |

续表

| 项目 | 具体内容 |
|---|---|
| 减少煤尘产生的措施 | (2)采空区灌水。将水灌入采空区,使其缓慢地渗透到下分层或待采煤层,使煤体湿润,改变其机械物理性质,减少开采时的产尘量。<br>(3)使用水炮泥。用盛水的塑料袋代替部分炮泥充填于炮眼中,放炮时水被汽化成雾状,可使尘粒湿润,起到降尘作用。<br>(4)湿式钻眼。将压力水送入孔底,以湿润、冲洗和排出矿尘,使矿尘变成浆水流出,抑制煤尘的生成及飞扬。湿式凿岩降尘率可达90%以上,煤电钻湿式钻眼降尘率为35%~98%。<br>(5)合理确定炮眼数量和装药量。避免将煤体崩得过碎,产生较多的煤尘。<br>(6)改进截齿结构,合理选择截齿参数。减少截齿,加大齿距,增加截深,降低截割速度,牵引与截割速度配合得当,都能使产尘量明显降低 |
| 降低空气中浮游煤尘的措施 | 让已经产生的矿尘迅速沉降,可采取以下措施:<br>(1)放炮喷雾。如声控放炮喷雾装置、风水联动和手动放炮喷雾装置都能使放炮产生的粉尘湿润、黏结而随着水雾迫降下来。降尘率为35%左右。<br>(2)转载点、卸载点喷雾洒水。运输过程中各转载点、装载点、卸载点是煤尘重新飞扬的地点,对其喷雾可抑制煤尘的产生。<br>(3)采掘机械喷雾洒水。采掘机械的喷雾装置分为外喷雾装置和内喷雾装置,旨在实行湿式截割,雾幕可覆盖截割时产生的煤尘。降尘率一般在60%以上。<br>(4)攉煤洒水。放炮崩落的煤炭,先用水浇洒,湿透后再攉煤运出,可降低攉煤和运输过程中煤尘的飞扬能力。<br>(5)合理确定风速。风速过大易将积尘吹起,风速过小,又不能将浮尘带出采掘工作面。从防尘角度认为,较适宜的排尘风速为1.2~1.6 m/s |
| 个体防护 | 个体防护主要是佩戴防尘口罩。一种是普通防尘口罩,效果较差;另一种是自吸过滤式和送风式防尘口罩。其中动力送风式防尘口罩较为理想 |

## 考点3 掘进工作面综合防尘技术

| 项目 | 具体内容 |
|---|---|
| 打眼防尘技术 | 打眼防尘技术主要采用湿式打眼。在缺水和不宜用水地区使用凿岩机打眼时采用干式孔口捕尘器 |
| 放炮防尘技术 | 常规方法是使用水炮泥,放炮前、后冲洗岩帮及放炮喷雾。放炮喷雾已由低压喷雾发展到高压喷雾和风水喷雾,由手动喷雾发展到冲击波自动喷雾和声控自动喷雾 |
| 幕岩洒水喷雾防尘技术 | 掘进机喷雾分为内喷雾和外喷雾两种。外喷雾多用于捕集空气中悬浮的矿尘,内喷雾则通过掘进机上的喷嘴向割落的煤岩处进行喷雾,使矿尘在生成的瞬间将其抑制。装岩前向岩堆洒水湿润,使用装岩机装岩时实施自动喷雾 |

续表

| 项目 | 具体内容 |
| --- | --- |
| 通风排尘和水幕净化风流技术 | 为保证巷道风流的清洁，在巷道内安设风流净化水幕 |
| 锚喷支护防尘技术 | 采用湿式液压锚杆眼钻机打眼，干式打眼时采用干式孔口捕尘器，或采用泡沫防尘方法。将混凝土预湿成潮料，利用除尘器将混凝土喷射机上料口、余气口和结合板处产生的粉尘以及喷射混凝土时产生的回弹浮游粉尘吸走、除掉。采用双环式喷枪和低风压近距离喷射技术 |
| 个体防尘技术 | 采取防尘措施后，如作业场所的粉尘浓度仍未达到《煤矿安全规程》规定的卫生标准时，工作人员可佩戴个体防尘用具 |

# 第三节　防治煤尘爆炸的安全技术措施

## 考点 1　煤尘爆炸的原因及发展过程

| 项目 | 具体内容 |
| --- | --- |
| 煤尘爆炸的原因 | 煤尘发生爆炸是有条件的，而且受一些因素的影响，伴随爆炸的发展过程，有其自身的特点和产物。有的煤尘有爆炸危险性，有的则没有。其一般规律是低变质的煤尘一般均有爆炸危险性，如褐煤、气煤、焦煤等。煤尘的爆炸危险性与煤尘的灰分、挥发分、水分有关。煤尘是否具有爆炸性，主要取决于可燃成分中的挥发分含量，一般挥发分含量大于10%的煤尘都具有爆炸危险性。一个矿井煤尘的爆炸危险性要通过实验手段进行鉴定。<br>煤尘爆炸是空气中氧气与煤尘急剧氧化的反应过程。煤是复杂的固体化合物，煤尘爆炸的机制比可燃气体爆炸复杂。一般认为，煤炭被破碎成微细的煤尘后，总表面积显著增加，当它悬浮于空气中时，吸氧和被氧化的能力大大增强，在外界高温热源的作用下，悬浮的煤尘单位时间内能吸收更多的热量，300～400 ℃时就可放出可燃性气体，主要成分为甲烷、乙烷、丙烷、丁烷、氢和其他碳氢化合物。这些可燃气体集聚于尘粒周围，形成气体外壳。当这个外壳内的气体达到一定浓度并吸收一定能量后，链反应过程开始，游离基迅速增加，就发生了尘粒的闪燃。闪燃的尘粒氧化放出的热量以分子传导和热辐射的方式传递给周围的尘粒，并使之参与链反应，反应速度急剧增加，燃烧循环地继续下去。由于燃烧产物的迅速膨胀而在火焰面前方形成压缩波，压缩波在不断压缩了的介质中传播时，后波可以赶上前波，这些单波叠加的结果，使火焰面前方的气体压力逐渐增高，因而引起了火焰传播的自动加速；当火焰传播速度达到每秒数百米后，煤尘的燃烧便在一定的临界条件下跳跃式地转变为爆炸。从燃烧转变为爆炸的必要条件是由于化学反应产生的热能必须超过热传导热辐射所造成的热损失；否则，燃烧既不能持续发展，也不会转为爆炸 |

续表

| 项目 | 具体内容 |
| --- | --- |
| 煤尘爆炸的原因 | 综上所述，煤尘爆炸的原因如下：<br>(1)煤尘在低温情况下具有吸附氧气的特性。煤是可燃的物质，煤被粉碎成细小颗粒后，增大了表面积，它悬浮在井下巷道的空气中，扩大了与氧的接触面积，加快了氧化作用。同时也增加了受热面积，加速了热化过程。<br>(2)煤尘在高温情况下，氧化、升温速度越来越快。煤在受热后，单位时间内吸收较多热量而使温度很快升高，温度升高又加快了氧化速度。一般情况下煤尘温度达到300～400 ℃时，煤就可能放出大量的可燃气体。实验证明，1 kg挥发分为20%～26%的焦煤，受热后能放出290～350 L可燃气体。这些可燃气体遇到高温时，容易燃烧。燃烧时没有显著的声效应，火焰速度为20 m/s左右，燃烧的热量传给已悬浮的其他煤尘，又造成其他煤尘的燃烧。依次极快地进行，氧化反应越来越快，温度越来越高，范围越来越大，导致气体运动，并在火焰前形成冲击波，在冲击波达到一定强度时，即转为爆炸 |
| 煤尘燃烧或爆炸的过程 | 煤尘爆炸是空气中氧气与煤尘急剧氧化的过程。这个过程大致可分为3步：<br>(1)悬浮煤尘在热源作用下迅速被干馏或气化，释放出可燃性气体。<br>(2)可燃性气体燃点较低，与空气混合后，在高温热源作用下首先燃烧起来。<br>(3)可燃性气体燃烧生成的热又使煤尘加热而燃烧，使煤尘燃烧生成更多的热量。<br>这些热量以分子传导和火焰辐射的方式传给附近悬浮的或被吹扬起来的煤尘。这些煤尘受热后气化，使燃烧能循环地进行下去，氧化反应越来越快，温度越来越高，范围越来越大，当达到一定程度时，便形成剧烈爆炸。<br>如果煤尘浓度较低或生成的热量很快被周围介质所吸收，氧化反应不能扩大，也就不能发展成爆炸 |

## 考点2 煤尘爆炸的危害

| 项目 | 具体内容 |
| --- | --- |
| 煤尘爆炸的危害 | 煤尘爆炸的危害性主要表现在对人员的伤害和摧毁井巷及设施、破坏设备等方面：<br>(1)产生高温高压。煤尘爆炸主要是在气相中进行。当煤尘云开始被点燃时，产生的火焰和压力波的传播速度几乎相同，但随着时间延长压力波的传播速度加快。根据实验室测定，煤尘爆炸火焰的温度为1 600～1 900 ℃，其传播速度为610～1 800 m/s。爆炸产生的热量，可使爆炸地点的温度高达2 000 ℃以上。煤尘爆炸的理论压力为736 kPa，但在有大量沉积煤尘的巷道中，爆炸压力将随离开爆源距离的增加而跳跃式地增大。只要巷道中有煤尘，爆炸就会不停地向前发展，一直传播到没有煤尘的地点止。对发生煤尘爆炸事故的矿井调查表明，一般距爆源20～30 m以内的地点，破坏较轻，距离爆源越远，破坏越严重。根据煤尘爆炸平洞实验，距爆源200 m的巷道出口处，爆炸压力达0.5～1.0 MPa。如果在爆炸波传播的通道内有障碍物、断面突然变化处或拐弯等，爆炸压力还将上升 |

续表

| 项目 | 具体内容 |
| --- | --- |
| 煤尘爆炸的危害 | (2)连续爆炸。煤尘爆炸和瓦斯爆炸一样,都伴有两种冲击:一是进程冲击——在高温作用下爆炸产物及空气向外扩张;二是回程冲击——发生爆炸地点空气受热膨胀,密度减小,瞬时形成负压区,在气压差作用下空气向爆源逆流,促成的空气冲击简称"返回风",若该区内仍存在可以爆炸的煤尘和热源,就会因补给新鲜空气而发生二次爆炸。<br>由于煤尘爆炸的压力波传播速度快,能将巷道中的落尘扬起,使巷道中的煤尘浓度迅速达到爆炸范围,当落后于压力波的火焰到达时,就能再次发生爆炸。有时可如此反复多次,形成连续爆炸。<br>(3)产生大量的一氧化碳。煤尘爆炸时产生的一氧化碳在灾区内的浓度可达 2% ~ 3%,有时甚至高达 8%。因此,煤尘爆炸事故中死于一氧化碳中毒的人数占总死亡人数的 70% ~80% |

## 考点 3　煤尘爆炸的条件及效应

| 项目 | 具体内容 |
| --- | --- |
| 煤尘爆炸的条件 | 煤尘爆炸必须同时具备 4 个条件:<br>(1)煤尘本身要具有爆炸性。<br>(2)是煤尘必须浮游在空气中,并达到一定浓度。<br>(3)有能引起爆炸的热源存在。<br>(4)氧气浓度不低于 18%。<br>1. 煤尘本身具有爆炸危险性<br>煤尘本身具有爆炸危险性,这是发生煤尘爆炸的最基本条件。煤尘爆炸的实质是煤尘氧化,氧化过程中产生可燃气体遇高温后发生的剧烈反应。但是有的煤尘受热氧化后,产生很少的可燃气体,不能使煤尘发生爆炸。所以煤尘可以分为有爆炸性煤尘和无爆炸性煤尘。煤尘有无爆炸性,要经过煤尘爆炸性鉴定后才能确定。<br>2. 一定浓度的浮游煤尘存在<br>煤尘浮游在空气中后,它的全部表面积才能与空气中的氧接触,氧化后产生大量可燃性气体,创造了爆炸的条件。然而煤尘在热化与氧化过程中,只有煤尘产生的热量超过散失的热量才有可能形成爆炸。如果空气中煤尘浓度很低,尘粒间的距离就大,燃烧生成的热量很快被周围介质所吸收,无法形成爆炸。所以,具有爆炸危险性的煤尘只有呈浮游状态并达到一定浓度范围,才有可能发生爆炸。空气中能发生爆炸的最低浮游煤尘浓度,称为爆炸的下限浓度,简称爆炸下限;空气中能发生爆炸的最高煤尘浓度,称为爆炸的上限浓度,简称爆炸上限。煤尘爆炸的浓度范围与煤的成分、粒度、引火源的种类和温度及试验条件等有关。一般情况下,浮游的煤尘达到爆炸下限浓度的情况是不常有的,但是爆破、爆炸和其他震动冲击都能使大量落尘飞扬,在短时间内使浮尘量增加而达到爆炸浓度。因此,确定煤尘爆炸浓度时,必须考虑落尘这一因素 |

续表

| 项目 | 具体内容 |
|---|---|
| 煤尘爆炸的条件 | 3. 高温引爆火源的存在<br>煤尘云的着火温度因其挥发分含量、粒度、浓度等的差异而不同，一般为 610～1 050 ℃，多数为 700～900 ℃。井下能引起煤尘产生爆炸的高温热源很多，如爆破作业时产生的爆炸火焰，电气设备产生的电弧，提升运输及采掘机械设备产生的摩擦火花，架线电机车及电缆破坏产生的电弧，瓦斯燃烧或爆炸，井下火灾或明火，矿灯故障产生的火花等。以爆破引燃煤尘爆炸为例，爆破作业时炸药释放的能量是导致煤尘氧化反应加速所需热能的主要来源。其引燃或引爆的原因有：<br>(1)炸药爆炸时形成的空气冲击波的绝热压缩。<br>(2)炸药爆炸时生成的炽热的或燃烧的固体颗粒的点火作用。<br>(3)炸药爆炸时生成的气态爆炸产物(也称爆炸瓦斯)。<br>这三种因素尽管其发火机制不同，但都能引燃甚至引爆煤尘。<br>4. 空气中氧浓度大于 18%<br>空气中氧浓度小于 18% 时，煤尘就不能爆炸。但必须注意，空气中氧浓度虽然减至 18% 以下，并不能完全防止瓦斯与煤尘在空气中的混合物爆炸 |
| 煤尘爆炸的效应 | 1. 产生皮渣和粘块<br>煤尘爆炸时，对于结焦煤尘(气煤、肥煤及焦煤的煤尘)来说，它的一部分被焦化，黏附在支架、巷道壁或煤壁等上面，这是煤尘爆炸的主要特征。根据皮渣和粘块在支柱上的位置不同，可以判断煤尘爆炸的程度和帮助寻找火源。<br>(1)弱爆炸时，火焰及爆风以慢速传播，皮渣和粘块在支柱两侧，爆炸传来的方向堆积较密。<br>(2)中等爆炸强度时，传播速度较快，皮渣与粘块主要在支柱的迎风侧。<br>(3)强爆炸时，传播速度极快，皮渣与粘块在支柱的背风侧，而在迎风侧有火烧痕迹。<br>2. 生成有害气体<br>煤尘爆炸后产生 2%～4% 的一氧化碳，甚至高达 8%，这是造成矿工大量中毒伤亡的原因。<br>3. 产生高温<br>据测定，煤尘爆炸火焰的温度达 1 600～1 900 ℃。煤尘爆炸时释放出的热量，按理论计算可使爆炸时产生的气体产物加热到 2 300～2 500 ℃。<br>4. 火焰传播速度快<br>国外用化学方法算出的煤尘爆炸火焰最大传播速度为 1 120 m/s，而在实际试验中测得的煤尘爆炸火焰传播速度为 610～1 800 m/s。<br>5. 冲击波传播速度快<br>煤尘开始被点燃时，产生冲击波的传播速度与火焰的传播速度几乎是相同的；随着时间的延长，冲击波的传播速度加快。据计算，爆炸冲击波的传播速度可达 2 340 m/s。<br>6. 产生高压<br>煤尘爆炸的理论压力为 750 kPa，但在有大量沉积煤尘的巷道中，爆炸压力将随着距 |

续表

| 项目 | 具体内容 |
| --- | --- |
| 煤尘爆炸的效应 | 爆炸源距离的增加而跳跃式地增加。井下煤尘爆炸事故中，一般距爆炸源 10 ~ 30 m 范围以内，因爆炸压力较小，破坏和伤亡较轻，而后随距离的增加，破坏和伤亡加重。<br>在煤尘爆炸过程中，如遇有障碍物及巷道的拐弯或巷道断面的突变，爆炸压力将大幅度增加。尤其是煤尘连续爆炸时，第二次爆炸的理论压力为第一次爆炸压力的 5 ~ 7 倍，依次类推。所以，煤尘爆炸的破坏性比瓦斯爆炸更为严重 |

## 考点4　影响煤尘爆炸的因素

| 项目 | 具体内容 |
| --- | --- |
| 影响煤尘爆炸的因素 | 煤尘爆炸受多方面因素的影响，如煤尘的粒度、化学组成及外界条件等。这些因素中，有些是提高煤尘爆炸危险性的，有些则是抑制和减弱煤尘爆炸危险性的。煤尘爆炸主要的影响因素如下。<br>1. 煤尘浓度<br>煤尘爆炸最强的浓度为 300 ~ 400 g/m³。小于 300 g/m³ 直至煤尘爆炸下限浓度，其爆炸强度依次减弱；大于 400 g/m³ 直至煤尘爆炸上限浓度，其爆炸强度也逐渐减弱。<br>2. 煤的挥发分含量<br>煤的挥发分含量是影响煤尘爆炸的重要因素。一般来说，煤尘可燃成分中挥发分含量越高，爆炸性就越强。煤尘的爆炸性还与挥发分成分有关，即同样挥发分含量的煤尘，有的爆炸，有的不爆炸。因此，煤可燃成分中挥发分含量（煤尘爆炸指数）仅可作为确定煤尘有无爆炸危险的参考依据。<br>3. 煤的灰分和水分<br>煤含有的灰分是不燃性物质，能吸收热量，阻挡热辐射，破坏链反应，降低煤尘的爆炸性。煤的灰分对爆炸性的影响还与挥发分含量有关，挥发分小于 15% 的煤尘，灰分的影响比较显著；大于 15% 时，天然的灰分对煤尘的爆炸性几乎没有影响。水分能降低煤尘的爆炸性，因为水的吸热能力大，能促使细微尘粒聚结为较大的颗粒，减少尘粒的总表面积，同时还能降低落尘的飞扬能力。煤的天然灰分和水分都很低，降低煤尘爆炸性作用不显著。<br>4. 煤尘粒度<br>粒度对爆炸性的影响极大，平均体积直径（以下简称粒径）在 1 mm 以下的煤尘都可能参与爆炸，而且爆炸的危险性随粒度的减小而迅速增加。粒径在 75 μm 以下的煤尘特别是 30 ~ 75 μm 的煤尘爆炸性最强，因为单位质量煤尘的粒度越小，总表面积及表面能越大。粒径小于 60 μm 的煤尘，其爆炸性增强的趋势变得平缓。<br>5. 空气中的瓦斯浓度<br>瓦斯的存在使煤尘的爆炸下限降低，这一观点已被实际案例和实验室实验所证实，随着瓦斯浓度的增高，煤尘爆炸的下限浓度急剧下降，煤尘爆炸的上限也会提高，爆炸浓度的范围扩大，在煤尘参与的情况下，小规模的瓦斯爆炸可能演变为大规模的煤尘瓦斯 |

续表

| 项目 | 具体内容 |
|---|---|
| 影响煤尘爆炸的因素 | 爆炸事故。<br>6. 空气中的氧含量<br>空气中氧含量高时，点燃煤尘云的温度可以降低；空气中氧含量低时，点燃煤尘较困难，当氧含量低于18%时，煤尘就不再爆炸。<br>7. 引爆热源<br>煤尘爆炸必须有一个达到或超过最低点燃温度和能量的引爆热源，其温度越高，能量越大，越容易点燃煤尘云，而且初始爆炸强度也越大；反之温度越低，能量越小，越难点燃煤尘云，而且即使引起爆炸，初始爆炸强度也越小 |

## 考点5 预防煤尘爆炸的措施

| 项目 | 具体内容 |
|---|---|
| 防爆措施 | 防止煤尘生成和防止煤尘引燃的措施称为防爆措施，防爆措施的主要方法如下：<br>1. 冲洗法<br>对于巷道壁帮的沉积煤尘，用高压水冲洗，可防止煤尘飞扬。操作时应注意：<br>(1)冲刷电机车运行巷道时，应事先办理停送电手续，切断架线电源，并挂上“有人工作，禁止送电”的停电牌，并留人看守。<br>(2)在有轨道运输的上下山或巷道内冲刷煤尘时，要首先和绞车司机联系好，把绞车开关把手打在停止位置，并留人看守。<br>(3)绞车司机开车前应通知防尘人员，等到防尘人员离开后才能开车。在上下山冲刷时，人员应站在巷道上方。<br>(4)洒水冲尘要避开电气设备，电气设备上的粉尘要用棉纱进行清理。<br>(5)冲刷巷道用的胶管长度要和水管路上三通阀门的距离相适应，洒水后要把阀门关好，把胶管撤走或盘放在适当位置，不得乱扔、乱放。<br>(6)对积尘较厚的地点，应先洒水湿润煤尘，然后将煤尘装车或装入带式输送机运走。<br>(7)冲刷巷道要顺着风流进行。<br>2. 煤层注水、采空区灌水<br>煤层注水是回采工作面最有效、最积极的防尘措施。它是在回采前预先在煤层中打若干钻孔，通过钻孔注入压力水，使其渗入煤体内部，增加煤的水分和尘粒的黏着力，降低煤的强度和脆性，增加塑性，减少采煤时的煤尘生成量；同时，将煤体中原生粉尘黏结为较大的尘粒，使之失去飞扬能力。此外，煤层注水还有其他效果：<br>(1)能抑制瓦斯的涌出，降低工作面的瓦斯浓度。<br>(2)降低火工品的消耗，防止爆破火焰冲出炮眼。<br>(3)机采时容易割煤，提高生产效率。<br>(4)减少工作面的压力，防止顶板事故。<br>(5)降低煤与瓦斯突出的可能性 |

续表

<table>
<tr><th>项目</th><th>具体内容</th></tr>
<tr><td>防爆措施</td><td>采空区灌水主要在厚煤层分层开采时使用,其原理与煤层注水相同。<br>煤层注水注意事项如下:<br>(1)在注水过程中,每班应做好记录,记录当班的注水压力、流量、注水的孔数、当班注水量等,升井后整理好,记入台账。<br>(2)在注水过程中,认真观察分析压力与煤体吸水量等参数间的变化关系,适当地运用低流量进水,缓慢湿润煤体,掌握煤体注水的湿润规律。<br>(3)在注水过程中,要掌握好压力与水量的变化关系,采用高压脉冲注水、中压湿润煤体,不允许采用长期高压急进注水。<br>(4)检查管路及处理泄漏事故时,应确认管路内无压力时再拆开管路,或将管路接头盖住后再拆除,人体不得对着管头,以防压力水伤人。<br>(5)注水管与封孔器的连接必须严密,不得有渗漏现象。<br>(6)为了防止封孔器从孔内退出伤人,检查封孔器时人员要站在钻孔两侧,严禁正对钻孔。<br>3. 黏结法<br>煤尘发生爆炸的最小粒度是 5 μm,使用黏结剂增加煤尘的粒度,可使煤尘失去爆炸性。<br>4. 清扫法<br>沉降在巷道四周、支架及设备、物料上的矿尘,即落尘,一旦受到冲击,就能再度飞扬。落尘既影响生产环境,又是井下煤尘爆炸的一个隐患。当巷道周壁沉积的煤尘厚度达 0.05 mm 时,若受到气浪冲击,使之成为浮尘即可达到爆炸下限浓度。因此,《煤矿安全规程》规定:矿井必须及时清除巷道中的浮煤,清扫或冲洗沉积煤尘,定期撒布岩粉;应定期对主要大巷刷浆。<br>5. 控制风速<br>矿井通风的基本任务之一是把有害气体及粉尘稀释到安全浓度以下,并排至矿井以外。就排尘而言,若风速过大,易于吹起沉落的矿尘而增加空气中的浮尘浓度,这不仅增大了煤尘爆炸隐患,而且影响了生产环境;风速过小,又不利于及时有效地把悬浮的矿尘排至矿井以外。一般认为最佳排尘风速为 1.5 ~2 m/s。<br>6. 水封爆破和水炮泥<br>水封爆破和水炮泥是由钻孔注水湿润煤体演变而来的,它是将注水和爆破结合起来,借炸药爆破时产生的压力将水强行注入(压入)煤体中,它不仅能收到较好的降尘效果,而且有助于提高爆破效果;还可消除炮烟、溶解由于炸药爆炸产生的有害气体(如二氧化氮)。<br>7. 喷雾洒水<br>喷雾洒水就是将压力水通过喷雾器在旋转或冲击作用下,使水流雾化成细散的水滴喷射于空气中。在矿尘产生量较大的地点进行喷雾洒水,是捕获浮尘和湿润落尘最简单易行的有效措施</td></tr>
</table>

续表

<table>
<tr><th>项目</th><th>具体内容</th></tr>
<tr><td>隔爆措施</td><td>限制煤尘爆炸范围扩大的措施是指使已沉落在巷道周壁和支架上的煤尘失去爆炸性，以及使已经发生的爆炸限制在最小范围内，防止其蔓延扩大，从而减少灾害造成的损失。<br>《煤矿安全规程》规定，开采有煤尘爆炸危险煤层的矿井，必须有预防和隔绝煤尘爆炸的措施，一些地点必须用水棚或岩粉棚隔开。目前，国内外通常采用的隔爆措施有：设置岩粉棚、水棚和自动隔爆棚等。煤矿多用水棚，使用开口吊挂式水槽或水袋。此措施也适用于防止瓦斯爆炸事故扩大。<br>1. 设置水棚<br>水棚分为主要隔爆棚和辅助隔爆棚，按布置方式又分为集中式和分散式，分散式水棚只能作为辅助水棚。设置的水棚应符合以下基本要求：<br>(1)主要隔爆棚应采用水槽棚，水袋棚只能作为辅助隔爆棚。<br>(2)水槽必须符合检验标准的要求。<br>(3)水槽之间的间隙与水槽同支架上部内缘之间的间隙之和不得大于 1.5 m，特殊情况下不得超过 1.8 m。两个水槽之间的间隙不得大于 1.2 m。<br>(4)水槽边与巷壁、支架、顶板、构筑物之间的距离不得小于 0.1 m。水槽底部至顶梁(顶板)的距离不得大于 1.6 m，如果大于 1.6 m，则必须在该水槽的上方增设一个水槽。<br>(5)水棚排间距离应为 1.2～3.0 m，主要水棚的棚区长度不小于 30 m，辅助棚的棚区长度不小于 20 m。<br>(6)第一排水棚与工作面的距离必须保持 60～200 m。<br>(7)水棚应设置在直线段巷道内。<br>(8)水棚与巷道的交叉口、转弯处、变坡处之间的距离必须保持 50～75 m，与风门的距离必须大于 25 m。<br>(9)水棚用水量按巷道断面积计算，主要水棚为 400 L/m$^2$，辅助水棚为 200 L/m$^2$。<br>(10)水内混入 5% 的煤尘后即应换水。<br>2. 设置岩粉棚<br>岩粉棚可分为普通型岩粉棚和标准型岩粉棚(也称柴氏岩粉棚)。普通型岩粉棚的岩板是整块的，已不再使用。下面介绍标准型岩粉棚。<br>(1)岩粉棚构造。岩粉板由若干块木质小拼板组成，小拼板的规格是：长 350 mm 或 500 mm，宽 100～150 mm，厚 20 mm。小拼板的长度就是岩粉板的宽度，岩粉板的长度为小拼板宽度的整数倍。这种活拼式岩粉板具有制作简单，动作灵活，撒布岩粉均匀等特点。<br>(2)隔爆原理。当发生煤尘(瓦斯)爆炸时，超前于爆炸火焰传播的冲击波和爆风将岩粉板掀翻，岩粉被吹扬分散，在巷道中形成一段充满岩粉的岩粉云带，当滞后的火焰到达岩粉云带时，因浓密的岩粉云的吸热冷却作用和隔热作用降低了火焰温度，使火焰冷却熄灭，从而阻止爆炸火焰向前传播与扩展</td></tr>
</table>

续表

| 项目 | 具体内容 |
| --- | --- |
| 隔爆措施 | (3)设置岩粉棚的地点。根据《煤矿安全规程》规定,岩粉棚应当设置在矿井的两翼、相邻的采区、相邻的煤层、相邻的采煤工作面间,煤层掘进巷道同与其相连的巷道间,煤仓同与其相连通的巷道间,采用独立通风并有煤尘爆炸危险的其他地点同与其相连通的巷道间。隔离煤层的岩粉棚,必须设在运输石门和回风石门内;隔离采区的岩粉棚,必须设在采区运输巷道和回风巷道中,前列靠近工作面的一架岩粉棚距离工作面不得小于60 m,也不得大于300 m。<br>3. 撒布岩粉<br>用机械或人工在巷道内撒布惰性岩粉,以增加沉积在巷道周壁和支架上的煤尘的不燃物质的含量,从而抑制煤尘爆炸的发生。《煤矿安全规程》规定:开采有煤尘爆炸危险煤层的矿井,必须定期撒布岩粉。<br>4. 自动隔爆装置<br>自动隔爆棚是利用各种传感器,将瞬间测量的煤尘爆炸时的各种物理参量迅速转换成电信号,指挥机构的演算器根据这些信号准确计算出火焰传播速度后选择恰当时机发出动作信号,让抑制装置强制喷洒固体或液体等消火剂,从而可靠地扑灭爆炸火焰,阻止煤尘爆炸蔓延。目前许多国家正在研究自动隔爆装置,并在有限范围内试验应用。<br>5. 设隔爆水幕<br>(1)隔爆水幕的作用原理。隔爆水幕的作用原理是雾状水在爆炸高温作用下很快蒸发形成密集的"水雾墙",大量吸热降温,起到阻止火焰蔓延的作用。<br>(2)隔爆水幕的种类。隔爆水幕可分为一般型隔爆水幕和自动隔爆水幕两种。一般型隔爆水幕需经常打开才有效,影响生产和行人,所以各国均在研究和使用自动隔爆水幕。<br>自动隔爆水幕是自动隔爆装置的一种。简单的自动隔爆水幕主要是由8~12道梯形管架和120~160个喷嘴及利用冲击波自动打开水源的控制装置组成。水幕的梯形管架用2英寸铁管焊接而成,并固定在支架侧面。每组管架上安设15~20个喷嘴,喷水方向以45°角斜向爆风传来的方向。自动喷雾的控制装置由0.32 $m^2$ 铁制迎风板和球形阀门构成。平时迎风板直立,球形阀门关闭。灾变时,迎风板被吹倒,阀门开启,喷嘴即喷射大量水雾,使整个巷道瞬间被雾状水充满,从而隔离爆炸火焰的传播。<br>6. 巷道喷雾洒水<br>当巷道喷雾洒水作为隔爆措施时必须按下列规定执行:<br>(1)喷雾洒水的巷道应包括尘源和可能的点火源两侧巷道,每侧的长度不得少于300 m当该巷道的长度小于300 m时则必须全巷道喷雾洒水。<br>(2)在喷雾洒水的巷道里,必须随时保持沉积煤尘中的水分含量大于33%,并且在水面上不得漂浮有大量的煤尘(不得形成单颗粒层状浮尘),否则必须再进行喷雾洒水。<br>(3)喷雾洒水的巷道段的位置,按有关规定确定。即喷雾洒水的巷道段,应包括尘源和可能的点火源两侧巷道,每侧巷道的长度都不得小于200 m,若该侧巷道的长度小于200 m时,则该巷道全长都应喷雾洒水 |

## 案例分析

2005 年 12 月 7 日 15 时 14 分，某煤矿发生一起特别重大瓦斯煤尘爆炸事故，造成 108 人死亡，29 人受伤，直接经济损失 4 870.67 万元。

事故发生后，井下未探查区域有害气体严重超标、有爆炸危险，在下落不明矿工无生还可能的特殊情况下，抢险救援指挥部决定暂时停止井下救援行动，2005 年 12 月 12 日开始，实施了对矿井“注水淹没，消除火源，排出瓦斯，然后追排水，恢复系统，进行处理”的救援方案。由于调查组不能进行井下现场勘察，12 月 26 日事故调查工作暂告一段落。2006 年 9 月 12 日，遇难矿工遗体全部找到并升井，现场抢险救灾和巷道清理工作全部结束，具备了下井勘察条件。2006 年 9 月 15 日，调查组再次进驻，开展事故调查工作。

该矿井的开拓方式为立井开拓，主井和副井井口标高均为 +24.3 m，井底车场水平为 -294 m。主井装备 3 t 箕斗，用于提升煤炭。副井装备 1 t 矿车单层单车罐笼，用于提升矸石、物料及人员。事故发生前，井下主要有 10 个作业点。

矿井通风方式为中央并列式，通风方法为抽出式，使用局部通风机进行局部通风。矿井总进风量为 1 696 $m^3$/min，总回风量为 1 750 $m^3$/min。该矿甲烷含量 0.04～0.39 $m^3$/t，二氧化碳相对涌出量 0.11～0.26 $m^3$/t，原设计为低瓦斯矿井。可采煤层属高挥发分煤种，均有煤尘爆炸危险性，煤 11、煤 12-1、煤 12-2 下三层煤易自燃，煤 9-2、煤 12-2 上、煤 12 下为不易自燃。矿井无冲击地压威胁。

该矿未建立综合防尘系统。各采掘工作面、转载点均未安装喷雾洒水装置，巷道未进行定期冲洗和清扫，井下未设置隔爆棚和风流净化设施，未开展煤层注水工作。

该矿井装备了安全监控系统和瓦斯断电仪，但安装调试完后，瓦斯传感器、断电仪从未调校过。

根据以上情况，请分析回答以下问题：

1. 简述煤尘爆炸的危害。

2. 请拟定此类事故的防范措施。

## 参考答案及解析

1. 煤尘爆炸的危害性主要表现在对人员的伤害和摧毁井巷及设施、破坏设备等方面：

(1) 产生高温高压。煤尘爆炸主要是在气相中进行。当煤尘云开始被点燃时，产生的火焰和压力波的传播速度几乎相同，但随着时间延长压力波的传播速度加快。根据实验室测定，煤尘爆炸火焰的温度为 1 600～1 900 ℃，其传播速度为 610～1 800 m/s。爆炸产生的热量，可使爆炸地点的温度高达 2 000 ℃以上。煤尘爆炸的理论压力为 736 kPa，但在有大量沉积煤尘的巷道中，爆炸压力将随离开爆源距离的增加而跳跃式地增大。只要巷道中有煤尘，爆炸就会不停地向前发展，一直传播到没有煤尘的地点止。对发生煤尘爆炸事故的矿井调查表明，一般距爆源 20～30 m 以内的地点，破坏较轻，距离爆源越远，破坏越严重。根据煤尘爆炸平洞实验，距爆源200 m的巷道出口处，爆炸压力达0.5～1.0 MPa。如果在爆炸波传播的通道内有障碍物、断面突然变化处或拐弯等，爆炸压力还将上升。

(2)连续爆炸。煤尘爆炸和瓦斯爆炸一样，都伴有两种冲击：一是进程冲击——在高温作用下爆炸产物及空气向外扩张；二是回程冲击——发生爆炸地点空气受热膨胀，密度减小，瞬时形成负压区，在气压差作用下空气向爆源逆流，促成的空气冲击简称“返回风”，若该区内仍存在可以爆炸的煤尘和热源，就会因补给新鲜空气而发生二次爆炸。由于煤尘爆炸的压力波传播速度快，能将巷道中的落尘扬起，使巷道中的煤尘浓度迅速达到爆炸范围，当落后于压力波的火焰到达时，就能再次发生爆炸。有时可如此反复多次，形成连续爆炸。

(3)产生大量的一氧化碳。煤尘爆炸时产生的一氧化碳在灾区内的浓度可达2%～3%，有时甚至高达8%。因此，煤尘爆炸事故中死于一氧化碳中毒的人数占总死亡人数的70%～80%。

2.(1)切实加强对煤矿的监管工作。有关部门要开展联合执法，严厉打击证照不全进行生产和拒不执行煤矿安全监管、监察指令等煤矿非法、违法开采行为，切实加强矿产资源的监管力度，对以基建名义进行生产的矿井，要立即责令停止生产，拒不停止生产的，要依法予以关闭。督促煤矿企业优化矿井通风系统，严禁采掘工作面无风、微风作业；建立健全粉尘防治制度，制定综合防尘措施；加强对回采工作面回柱作业时的安全管理；加强煤矿职工培训，严禁无证上岗作业。

(2)要明确有关职能部门对基建矿井的监管职责，加强煤矿证照管理。有关职能部门要深刻吸取事故教训，加强对煤矿建设项目的日常监管，防止日常监管工作责任不落实，特别是防止对煤矿建设项目日常监管的缺位。

(3)各级煤矿安全监管、监察机构要进一步加强基建煤矿安全监管监察工作。要认真吸取事故教训，加大监管、监察力度，发现煤矿企业有重大安全生产隐患和行为的，应当立即责令其停止生产。

# 第六章　防治水技术

## 知识框架

- 防治水技术
  - 矿井水灾基本知识
    - 矿井水对煤矿生产的影响
    - 矿井水源与涌水通道
    - 矿井水灾发生的原因
  - 井下防治水的技术措施
    - 矿井水文地质类型和观测
    - 水害排查与预报
    - 井下防治水技术
    - 井下防治水补充规定
    - 地面防治水规定
  - 矿井透水事故处理
    - 矿井透水前的预兆
    - 处理井下水灾的一般原则
    - 恢复被淹水井的方法

## 考点精讲

## 第一节　矿井水灾基本知识

### 考点1　矿井水对煤矿生产的影响

| 项目 | 具体内容 |
| --- | --- |
| 矿井水对煤矿生产的影响 | 在煤矿建设和生产过程中，经常会遇到水的威胁，严重者甚至造成灾害，主要表现如下：<br>(1)由于矿井水的影响，可造成顶板淋水，使巷道中空气的温度增高，顶板破碎，对工人的身体健康和劳动生产率都有很大影响。<br>(2)由于矿井水的存在，生产过程中必须进行排水工作，矿井水的水量越大，安装排水的设备和排水用电的费用越高，从而增加了开采成本。<br>(3)矿井水对各种金属设备、钢轨和金属支架都将产生腐蚀作用，缩短了这些生产设备的使用寿命。<br>(4)当矿井水的水量超过矿井排水能力或发生突然涌水时，会给安全生产带来严重影 |

续表

| 项目 | 具体内容 |
|---|---|
| 矿井水对煤矿生产的影响 | 响,轻则造成矿井局部停产或局部巷道被淹,重则造成全矿井被淹,矿毁人亡。<br>综上所述,不难看出,矿井水的防治是煤矿生产中甚为重要的安全工作之一。如果这项工作做得不好,就会造成国家财产的损失和职工生命的严重威胁。为了杜绝井下水灾,必须做好矿井水的防治工作 |

## 考点2 矿井水源与涌水通道

| 项目 | 具体内容 |
|---|---|
| 矿井水源 | 1. 大气降水<br>大气降水是矿井水的主要补给来源,所有矿井充水都直接或间接与大气降水有关。因此,对于井深较浅、涌水通道较多的矿井,在雨季时要特别注意水害的防治。<br>2. 地表水<br>地表水是指地球表面的河流、湖泊、沼泽、水库、池塘、洼地等聚积的水源。它可以通过井巷、塌陷裂缝、断层、裂隙、溶洞和钻孔等直接流入井下,造成水灾;也可以作为地下水的补给水源,经过地下水与井巷的通路流入井下,造成水灾。<br>3. 地下水<br>地下水是矿井水灾的直接充水水源。矿井的地层中,都或多或少地夹有含水层,含水层的规模、富水性以及水的补给条件,是决定矿井充水程度的根本因素。根据地下水的赋存状态和赋存位置的不同,将矿井地下水分为:<br>(1)孔隙水。指松散岩层孔隙中的水。如表土层中细砂、粉砂富含地下水时,极易造成水砂一起溃入井下,特别是给井筒施工带来困难。<br>(2)裂隙水。指坚硬岩层裂隙中的水。<br>(3)岩溶水。指较大的石灰岩中裂隙或溶洞中的水。石灰岩中孔隙、裂隙发育、分布广、补给条件好,因此往往岩溶水水压较大,水量较多,危害也较大。<br>(4)老空积水。指采空区、老窑和已经报废的巷道,由于长期停止排水而积聚的地下水。老空积水的水量多以静储量为主,当煤(岩)柱强度小于其静压力时,即可发生突水,在短时间内可有大量积水涌入矿井,来势凶猛,破坏性很强。当老空积水与其他充水水源联系不大,突水时,虽涌水量很大,但持续时间不长,容易疏干。老空积水一般呈酸性,对金属有腐蚀作用。<br>4. 生产用水<br>煤矿生产过程中,如水采、除尘、煤体注水、防火注浆、水砂充填等,都需大量用水,如管理不善、排水不畅,也可能引发水灾事故 |
| 涌水通道 | 矿井充水通道有人为形成和天然形成之分。<br>(1)人为形成的涌水通道有:①顶板垮落裂隙带,即顶板垮落形成导水裂隙;②地表岩溶塌陷带,即矿区开采后地表下沉,地表水和大气降水通过塌陷坑直接充入井下;③封孔质量不严的钻孔,即打钻后封孔不严,钻孔成为各类含水层的涌水通道 |

续表

| 项目 | 具体内容 |
| --- | --- |
| 涌水通道 | (2)天然形成的涌水通道有:①孔隙、裂隙,各种岩层中的节理、层理成为涌水通道;②岩溶,岩石中的溶洞、孔洞成为涌水通道;③断层破碎带,通过断层与含水层相连,成为涌水通道 |

## 考点3 矿井水灾发生的原因

| 项目 | 具体内容 |
| --- | --- |
| 矿井水灾发生的原因 | 发生矿井水灾的根源,在于水文情况不清、设计不当、措施不力、管理不善和人的思想麻痹、违章作业。具体来说有以下七个方面的原因:<br>(1)地面防洪措施欠详。地面防洪、防水措施不周详,或有了措施而不认真贯彻执行,暴雨、山洪冲破了防洪工程,洪水由井筒或塌陷区裂缝大量灌入井下,而造成水灾。<br>(2)井筒位置设计不当。把井筒布置于不良的地质条件中或强含水层附近,施工后在矿山压力和水压共同作用下,易导致顶底板透水事故;或井筒的井口位置标高低于当地历年最高洪水位,一旦暴雨袭来,山洪暴发,就可能造成淹井事故。<br>(3)资料不清盲目施工。对井田内水源的分布情况,及其相互连通的关系等水文地质资料不清楚,或掌握不准确,就盲目施工,致使当掘进井巷接近老空、充水断层、强含水层、溶洞等的水源时施工者仍然不知道,未能事先采取必要的探放水措施,而造成突水淹井或人身事故。<br>(4)低劣施工不讲质量。管理不力,施工质量低劣,平巷掘进腰线忽高忽低,致使井巷塌落、冒顶、跑砂,导通顶板含水层而发生透水事故。<br>(5)乱采乱掘破坏煤柱。乱采乱掘破坏了防水煤柱或岩柱而造成透水事故,特别是一些小煤窑毫不顾及大矿的安危,只讲个人利益,乱采乱挖隔离煤柱或岩柱而造成透水事故的现象更为突出。<br>(6)技术差错造成事故。由于对断层附近、生产矿井与废弃矿井之间、采空区与新采区之间是否留设煤柱和确定煤柱尺寸时出现技术决策错误,该设煤柱的没有设,或所留设的煤柱尺寸太小,起不到应有的作用,导致矿井水灾发生。另外,测量误差或探水钻孔方向偏离,没有准确掌握水源位置、范围、水量和水压等技术参数;或者是巷道掘进方向偏离探水钻孔方向,超出了钻孔控制范围,与积水区掘透等技术差错也会导致涌水事故。<br>(7)麻痹大意强行违章。许多事例说明,造成水灾的主要原因不是地质资料不清或技术措施不正确,而是忽视安全生产,思想上麻痹大意,丧失警惕,违章作业造成的。<br>除以上所述原因外,如果井下未构筑防水闸门,或虽有防水闸门,但在矿井发生突水事故时未能及时关闭,没有起到应有的堵截水作用,也将导致水灾。井下水泵房的水仓不按时清理,容量减小;水泵的排水能力不足,在矿井发生突水时,涌水量超过排水能力,而且持续的时间很长,采取临时措施也无法补救时,矿井也会被淹没。<br>矿井发生突水事故的可能性总是存在的,但只要搞清水灾发生的可能原因,并有针对性地采取措施,加强管理,杜绝违章,矿井水灾是完全可以避免的 |

## 第二节 井下防治水的技术措施

### 考点1 矿井水文地质类型和观测

| 项目 | 具体内容 |
| --- | --- |
| 矿井水文地质类型 | (1)根据矿井内受采掘破坏或者影响的含水层及水体、矿井及周边老空区的水分布状况、矿井涌水量或者突水量分布规律、矿井开采受水害影响程度以及防治水工作难易程度,矿井水文地质类型划分为简单、中等、复杂、极复杂等4种类型。<br>(2)矿井应当对本单位的水文地质情况进行研究,编制矿井水文地质类型划分报告,并确定本单位的矿井水文地质类型。矿井水文地质类型划分报告,由煤矿企业总工程师负责组织审定。<br>(3)矿井水文地质类型划分报告,应当包括下列主要内容:①矿井所在位置、范围及四邻关系,自然地理等情况;②以往地质和水文地质工作评述;③井田水文地质条件及含水层和隔水层分布规律和特征;④矿井充水因素分析,井田及周边老空区分布状况;⑤矿井涌水量的构成分析,主要突水点位置、突水量及处理情况;⑥对矿井开采受水害影响程度和防治水工作难易程度评价;⑦矿井水文地质类型划分及防治水工作建议。<br>(4)矿井水文地质类型应当每3年进行重新确定。当发生重大及以上突水事故后,矿井应当在恢复生产前重新确定本单位的水文地质类型。重大突水事故是指突水量首次达到300 $m^3/h$以上或者造成死亡3人以上的突水事故 |
| 矿井水文地质观测 | 水文地质资料是制定防水措施的依据。为了查明矿井水源和可能涌水的通道,应编制防治水计划,并组织实施。主要内容包括以下几个方面:<br>1. 矿区、矿井地面水文地质观测<br>矿区、矿井地面水文地质观测应当包括下列主要内容:<br>(1)进行气象观测。距离气象台(站)大于30 km的矿区(井),设立气象观测站。站址的选择和气象观测项目,符合气象台(站)的要求。距气象台(站)小于30 km的矿区(井),可以不设立气象观测站,仅建立雨量观测站。<br>(2)进行地表水观测。地表水观测项目与地表水调查内容相同。一般情况下,每月进行1次地表水观测;雨季或暴雨后,根据工作需要,增加相应的观测次数。<br>(3)进行地下水动态观测。观测点应当布置在合适位置。<br>矿井应当在开采前的1个水文年内进行地面水文地质观测工作。在采掘过程中,应当坚持日常观测工作;在未掌握地下水的动态规律前,应当每7~10日观测1次;待掌握地下水的动态规律后,应当每月观测1~3次;当雨季或者遇有异常情况时,应当适当增加观测次数。水质监测每年不少于2次,丰、枯水期各1次。<br>技术人员进行观测工作时,应当按照固定的时间和顺序进行,并尽可能在最短时间内测完,并注意观测的连续性和精度。钻孔水位观测每回应当有2次读数,其差值不得大于2 cm,取值可用平均数。测量工具使用前应当校验。水文地质类型属于复杂、极复杂的矿井,应当尽量使用智能自动水位仪观测、记录和传输数据 |

续表

| 项目 | 具体内容 |
| --- | --- |
| 观测 | 2. 井下水文地质观测<br>(1)对新开凿的井筒、主要穿层石门及开拓巷道,应当及时进行水文地质观测和编录,并绘制井筒、石门、巷道的实测水文地质剖面图或展开图。<br>(2)当井巷穿过含水层时,应当详细描述其产状、厚度、岩性、构造、裂隙或者岩溶的发育与充填情况,揭露点的位置及标高、出水形式、涌水量和水温等,并采取水样进行水质分析。<br>(3)遇含水层裂隙时,应当测定其产状、长度、宽度、数量、形状、尖灭情况、充填程度及充填物等,观察地下水活动的痕迹,绘制裂隙玫瑰图,并选择有代表性的地段测定岩石的裂隙率。测定的面积:较密集裂隙,可取 1 ~ 2 $m^2$;稀疏裂隙,可取 4 ~ 10 $m^2$。<br>(4)遇岩溶时,应当观测其形态、发育情况、分布状况、有无充填物和充填物成分及充水状况等,并绘制岩溶素描图。<br>(5)遇断裂构造时,应当测定其断距、产状、断层带宽度,观测断裂带充填物成分、胶结程度及导水性等。<br>(6)遇褶曲时,应当观测其形态、产状及破碎情况等。<br>(7)遇陷落柱时,应当观测陷落柱内外地层岩性与产状、裂隙与岩溶发育程度及涌水等情况,判定陷落柱发育高度,并编制卡片、附平面图、剖面图和素描图。<br>(8)遇突水点时,应当详细观测记录突水的时间、地点、确切位置,出水层位、岩性、厚度,出水形式,围岩破坏情况等,并测定涌水量、水温、水质和含砂量等。同时,应当观测附近的出水点和观测孔涌水量和水位的变化,并分析突水原因。各主要突水点可以作为动态观测点进行系统观测,并应当编制卡片,附平面图和素描图。<br>(9)矿井应当加强矿井涌水量的观测工作和水质的监测工作。矿井应当分井、分水平设观测站进行涌水量的观测,每月观测次数不少于 3 次。对于出水较大的断裂破碎带、陷落柱,应当单独设立观测站进行观测,每月观测 1 ~ 3 次。对于水质的监测每年不少于 2 次,丰、枯水期各 1 次。涌水量出现异常、井下发生突水或者受降水影响矿井的雨季时段,观测频率应当适当增加 |

## 考点 2 水害排查与预报

| 项目 | 具体内容 |
| --- | --- |
| 水害排查 | 煤矿水害排查是在对煤矿涌水的充水条件进行充分分析的基础上,对可能的各种致灾因素进行排查的过程,排查的结果取决于对矿井充水条件的认识程度 |
| 探放水原则 | 矿井必须做好水害分析预报,坚持"预测预报、有疑必探、先探后掘、先治后采"的探放水原则。煤矿生产属地下作业,地质和水文地质条件错综复杂,在很多情况下,由于勘探手段和客观认识能力的限制,对地下含水条件掌握不清,不能确保没有水害威胁,或者说还存在水灾"疑问区"。因此,在掘进施工过程中,必须分析推断前方是否有疑问区,有则采取超前钻探措施,探明水源位置、水压、水量及其与开采煤层的距离,以便采取相应的防治水措施,确保安全生产 |

续表

| 项目 | 具体内容 |
| --- | --- |
| 停止施工的情况 | 采掘工作面遇有下列情况之一时，应当立即停止施工，确定探水线，由专业人员和专职队伍使用专用钻机进行探放水，经确认无水害威胁后，方可施工：<br>(1)接近水淹或可能积水的井巷、老空或相邻煤矿时。<br>(2)接近含水层、导水断层、溶洞和导水陷落柱时。<br>(3)打开隔离煤柱放水时。<br>(4)接近可能与河流、湖泊、水库、蓄水池、水井等相通的断层破碎带时。<br>(5)接近有出水可能的钻孔时。<br>(6)接近水文地质条件不清的区域时。<br>(7)接近有积水的灌浆区时。<br>(8)接近其他可能突水的地区时。<br>经探水确认无突水危险后，方可前进 |
| 探水作业参数 | 1. 探水起点<br>探水起点一般有下列4种不同情况：<br>(1)当老空、老巷、废弃洞室等积水区的位置准确且水压又不超过981 kPa时，探水起点至积水区的最小距离煤层中不得小于30 m，岩层中不得小于20 m。<br>(2)对矿井的积水区，虽有图纸，但不能确定积水区边界位置时，探水起点至推断的积水区边界的最小距离不得小于60 m。<br>(3)掘进巷道附近有断层或陷落柱时，探水起点至最大摆动范围预计煤柱线的最小距离不得小于20 m。<br>(4)石门揭开含水层前，探水起点至含水层的最小距离不得小于20 m。<br>2. 钻孔深度与超前距离<br>采用边探边掘时，探水钻孔的孔底位置必须始终保持超前掘进工作面一定距离。这样就留有相当厚度的矿柱，以确保掘进工作的安全。超前距离一般不小于20 m；在薄煤层中可适当缩短，但最小不得小于5 m。岩层中的探水钻孔，其超前距离一般为5～10 m。钻孔深度一般为40 m左右，这样每打一次钻，可以连续掘进20～30 m。<br>3. 钻孔直径与数目<br>一般是利用探水钻孔放出积水，因此钻孔直径的大小，要求既能使积水顺利排出，又能防止冲垮煤壁，故探水钻孔直径以不大于75 mm为宜。<br>探水钻孔的数目不少于3个，1个中心孔，2个帮孔，其方向应保证在工作面前方的中心和上下左右都能起到探水作用。<br>4. 钻孔布置<br>探水效果的好坏与钻孔的布置方法有很大关系，因此应根据具体条件采用不同的布置方法。缓倾斜薄煤层中，如掘进上山巷道，探水钻孔应布置成扇形；如为平巷掘进，探水钻孔应在上帮方向布置成半扇形。钻孔之间夹角一般为7°～15°，开始探水时可打5～7个钻孔，以后根据情况可适当减少，但不能少于3个。在急倾斜薄煤层中掘进巷道探水时，钻孔应沿煤层布置成扇形 |

续表

| 项目 | 具体内容 |
| --- | --- |
| 探水作业安全注意事项 | 井下探水是用钻机进行的。探水作业的好坏,不仅直接关系到探水人员的安全,而且影响到探放水周围地区甚至整个矿井的安全。所以,应该按照《煤矿安全规程》的要求,施工中特别注意以下事项:<br>(1)探水工作面要经常检查瓦斯。<br>(2)在水压较大的地点探水时,应预先开掘安全躲避硐,规定好联络信号及人员的避灾路线。<br>(3)打钻时钻孔中水压、水量突然增大,以及出现冲顶钻具等异常情况时,不要移动或拔出钻杆,应马上将钻杆固定。同时还应派人监视水情和报告矿井调度室,不得擅自放水。<br>(4)探水钻机后面和前面给进手把活动范围内不得站人,以防止高压水将钻杆顶出伤人,或者手把翻转打人。<br>(5)钻眼内水压过大时,应该采用反压、防压和安设防喷装置的方法钻进,控制钻杆不被高压水猛然冲出,确保钻探安全 |
| 探水作业的安全措施 | (1)加强钻场附近的巷道支护,并在工作面迎头打好坚固的立柱和拦板。<br>(2)清理巷道,挖好排水沟。探水钻孔位于巷道低洼处时,必须配备与探放水量相适应的排水设备。<br>(3)在打钻地点或其附近安设专用电话,人员撤离通道畅通。<br>(4)测量和防探水人员必须亲临现场,依据设计,确定主要探水钻孔的位置、方位、角度、深度以及钻孔数目。<br>(5)预计水压较大的地区,探水钻进之前,必须先安好孔口管和控制闸阀,进行耐压试验,达到设计承受的水压后,方准继续钻进。特别危险的地区,应有躲避场所,并规定避灾路线。<br>(6)钻孔内水压过大时,应当采用反压和有防喷装置的方法钻进,并有防止孔口管和煤(岩)壁突然鼓出的措施。<br>(7)在探放水钻进时,发现煤岩松软、片帮、来压或者钻眼中水压、水量突然增大,以及有顶钻等异状时,必须停止钻进,但不得拔出钻杆;现场负责人员应立即向矿调度室报告,并派人监测水情。如果发现情况危急时,必须立即撤出所有受水威胁地区的人员,然后采取措施,进行处理。<br>(8)探放老空水前,首先要分析查明老空水体的空间位置、积水量和水压。老空积水区高于探放水点位置时,只准用钻机探放水。探放水孔必须打中老空水体,并要监视放水全过程,核对放水量和水压等,直到老空水放完为止。<br>(9)钻孔接近老空,预计可能有瓦斯或其他有害气体涌出时,必须有瓦斯检查工或矿山救护队员在现场值班,随时检查空气成分。如果瓦斯或其他有害气体浓度超过《煤矿安全规程》有关规定时,必须立即停止钻进,切断电源,撤出人员,并报告矿调度室,及时采取措施进行处理 |

## 考点3 井下防治水技术

| 项目 | 具体内容 |
| --- | --- |
| 煤矿井下放水 | 井下放水,即井下疏放水。疏放水就是在探明矿井水源之后,根据水源的类型采取不同的疏放水方法,有计划、有准备地将威胁矿井安全生产的水源疏放干。井下疏放水是防止矿井水灾最积极、最有效的措施。下面按不同类型的水源说明其疏放水方法。<br>1. 井下疏放水的方法<br>(1)老空水疏放方法。①直接放水。当水量不大,不致超过矿井排水能力时,可利用探水钻孔直接放水。②先堵后放。当老空水与溶洞水或其他水源有联系,动水储量很大,不堵住水源则短时间排不完或不可能排完,这时应先堵住出水点,然后排放积水。③先放后堵。如老空水或被淹井巷虽有补给水源,但补给量不大,或在一定季节没有补给。在这种情况下,应选择时机先行排水,然后进行堵漏、防漏施工。④先隔后放。当采区位于不易泄水的山洞或沙滩洼地之下,雨季渗水量过大时,应暂时隔离,把积水区留到开采末期处理。另外,若积水水质很坏,腐蚀排水设备,也应先暂时隔离,做好排水准备工作后再排放。<br>(2)含水层水疏放方法。①地面疏放。在地面打钻孔或打大口径水井,利用潜水泵抽排。②利用疏干巷道疏放。如果煤层顶板有含水层,可把采区巷道提前掘出,使含水层的水通过其空隙和裂隙疏放出来。③利用钻孔疏放。若含水层距煤层较远或含水层较厚,可在疏水巷道中每隔一定距离向含水层打放水钻孔进行疏干。④巷道与钻孔结合疏放。在水文地质条件复杂,如喀斯特发育的矿区,因喀斯特发育程度不同,采用的疏放措施也不同,要根据具体条件布置疏干巷道和疏干钻孔。<br>2. 疏放水注意事项<br>(1)探到水源后,水量不大时,一般可用探水钻孔放水;水量很大时,需另打放水钻孔。放水钻孔直径一般为 50 ~ 75 mm,孔深不大于 70 m。放水钻孔的孔口必须安装套管加固。如果煤质松软,水压较大时,还应对巷道全断面进行加固。<br>(2)钻孔放水前,必须估计积水量,根据矿井排水能力和水仓容量控制放水流量。<br>(3)放水时,必须设专人监测钻孔出水情况,测定水量、水压,做好记录。如果水量突然变化时,应当立即报告矿调度室,分析原因,及时处理。<br>(4)排除井筒和下山的积水以及恢复被淹井巷前,必须由矿山救护队检查水面上的空气成分,发现有害气体,必须及时处理。排水过程中,如有被水封住的有害气体突然涌出的可能,必须制定安全措施。<br>(5)在放水设计中,应规定好人员撤退路线,并保证路线畅通,沿途照明良好 |
| 煤矿井下截水 | 截水是利用防水墙、防水闸门和防水煤(岩)柱等物体,临时或永久性地截住涌水,将采掘区与水源隔离,使某一地点突水不致危及其他地区。煤矿井下截水是减轻水灾危害的重要措施。<br>1. 防水煤(岩)柱<br>对于井上下的各种水源,在一般情况下都应尽量疏干或堵塞其入井通道,彻底解除水 |

续表

| 项目 | 具体内容 |
| --- | --- |
| 煤矿井下截水 | 的威胁,但这样做有时是不合理或不可能的,因此采取留设一定宽度防水煤(岩)柱的方法来截住水源。<br>一般在下列情况下需留防水煤(岩)柱:<br>(1)相邻矿井的分界处,必须留有防水煤(岩)柱。矿井以断层分界的,必须在断层两侧留有防水煤(岩)柱。<br>(2)井田内有与河流、湖泊、溶洞、含水层等存在水力联系的导水断层、裂隙(带)、陷落柱等构造时,必须找出其确切位置,并按规定留设防水煤(岩)柱。<br>防水煤(岩)柱的尺寸,应当根据相邻矿井的地质构造、水文地质条件、煤层赋存条件、围岩性质、开采方法以及岩层移动规律等因素,在矿井设计中确定。总的原则是:既能抵抗水的压力,确保安全生产,又要尽量减少煤炭损失。目前在煤矿生产中主要采用经验比拟法和分析计算法来确定煤柱尺寸。<br>已留设的防水煤(岩)柱需要变动时,必须重新编制设计,报省级煤炭管理部门审批。<br>严禁在各种防隔水煤(岩)柱中进行采掘活动。<br>2. 防水闸门<br>防水闸门一般设置在可能发生涌水,需要堵截,而平时仍需运输和行人的巷道内,如井底车场出入口、井下水泵房、变电所以及有涌水互相影响的地区之间。一旦发生水患,立即关闭闸门,将水堵截,把水患限制在局部地区。<br>(1)防水闸门的结构。<br>防水闸门类似风门,防水闸门是由混凝土墙垛、门扇、放水管、放气管和压力表等组成的。门框的尺寸大小应满足运输方面的要求,一般宽为 0.9 ~ 1.0 m 以上,高为 1.8 ~ 2.0 m;门扇视具体情况采用单扇或双扇,门扇亦有单层与双层之分,根据需要选用。门扇一般是平面形的,当水压超过 2 452 ~ 2 942 kPa 时,可采用球面形门扇,以增加其抗压能力。<br>(2)防水闸门的设置地点及目的。<br>在井底车场设置防水闸门的目的是保护井筒、井底车场和排水设施不被水淹,便于恢复生产。<br>在有突水危险地区设置防水闸门的目的是进行分区隔离,在采区或巷道发生突水时,阻止灾情扩大。<br>(3)防水闸门的建筑要求。<br>①防水闸门必须采用定型设计。②在其他有突水危险的采掘区域,应当在其附近设置防水闸门;不具备设置防水闸门条件的,应当制定防突水措施,由煤矿企业主要负责人审批。③防水闸门硐室前、后两端,应分别砌筑不小于 5 m 的混凝土护碹,碹后用混凝土填实,不得空帮、空顶。防水闸门硐室和护碹必须采用高强度等级水泥进行注浆加固,注浆压力应符合设计要求。④通过防水闸门的轨道、电机车架空线、带式输送机等 |

续表

| 项目 | 具体内容 |
| --- | --- |
| 煤矿井下截水 | 必须灵活易拆;通过防水闸门墙体的各种管路和安设在闸门外侧的闸阀的耐压能力,都必须与防水闸门所设计压力相一致;电缆、管道通过防水闸门墙体时,必须用堵头和阀门封堵严密,不得漏水。⑤防水闸门必须安设观测水压的装置,并有放水管和放水闸阀。⑥防水闸门竣工后,必须按设计要求进行验收;对新掘进巷道内建筑的防水闸门,必须进行注水耐压试验,防水闸门内巷道的长度不得低于设计水压,其稳压时间应在24 h以上,试压时应有专门安全措施。<br>(4)防水闸门的维护与管理。<br>防水闸门必须灵活可靠,并保证每年进行2次关闭试验,其中1次应在雨季前进行,关闭闸门所用的工具和零配件必须专人保管,专门地点存放,不得挪用丢失。<br>3. 防水墙<br>防水墙是井下防水、截水的一种安全设施,用于隔绝积水区(水源)或有透水危险的区域。防水墙一般设置在需要永久截水而平时无运输、行人的地点。<br>(1)防水墙的种类和结构。<br>根据防水墙服务时间的长短和作用不同,可分为临时性防水墙和永久性防水墙两种。一般临时性防水墙都作为应急之用和为砌筑永久性防水墙服务。<br>根据建筑防水墙所用的材料不同,一般可分为木制防水墙、砖(或石料)砌防水墙、钢筋混凝土防水墙。<br>根据防水墙的形状不同,可分为平面形防水墙、圆柱形防水墙、球面形防水墙和多段形防水墙。<br>平面形防水墙虽抗压能力较低,但构造简单,施工容易。煤矿常采用平面形砖砌防水墙,并用水泥抹面。圆柱形防水墙或球面形防水墙虽抗压能力较强,但修建施工困难。当水压特别大时,可采用多段形防水墙。<br>防水墙的厚度,可按最大水压、围岩和构筑材料的允许强度进行计算。平面形防水墙厚度一般不小于巷道宽度的一半。<br>(2)建筑防水墙时的注意事项。<br>在建筑防水墙的地点,其岩石应坚固没有裂缝,如果有风化松软的岩石,应全部除掉。防水墙的四周要用手镐或风镐掏槽,直到至完整的煤体或岩体中。施工中禁止爆破,以防震动造成裂缝。<br>防水墙应尽量选择在断面小的巷道中构筑,以减少费用并缩短工期。<br>建筑防水墙时,要在四周留出灌浆孔,墙建起后四周灌注水泥砂浆,使四周围岩与防水墙紧密结合在一起,以防漏水。<br>防水墙应有足够的厚度,以确保支撑水的压力。为了防止防水墙受硫酸钙、碳酸钙、氧化钙的腐蚀破坏,可用铝钙水泥构筑防水墙的前一部分(即与水接触部分)。这一部分的厚度为2 m左右 |

续表

| 项目 | 具体内容 |
| --- | --- |
| 煤矿井下注浆堵水 | 注浆堵水就是将配制的浆液通过钻孔压入井下岩层空隙、裂隙或巷道中，使其扩散、凝固和硬化，使岩层具有较高的强度、密实性和不透水性，达到封堵截断补给水源和加固地层的作用，它是矿井防治水害的重要手段之一。当多个钻孔注浆形成隔水帷幕带时称为帷幕注浆。矿井注浆堵水通常用于下列情况：<br>(1)当涌水水源与强大水源有密切联系，单纯采用排水的方法不可能或不经济时。<br>(2)井巷必须穿过一个或若干个含水丰富的含水层或充水断层，若不隔离水源就无法掘进时。<br>(3)涌水量大的矿井，为了减少矿井的涌水量，降低常年排水费用时。<br>要搞好注浆堵水，首先要制订好方案，严格选择好制作浆液的材料；其次要掌握好注浆工艺，确保注浆质量，只有这样才能保证堵水效果。<br>注浆材料种类很多，可分为硅酸盐和化学浆液两大类。硅酸盐类浆液有单纯水泥浆液和水泥＋水玻璃（硅酸钠）浆液两种。由于水泥来源广、价格便宜、强度高，故成为应用最多的注浆材料。但它的初凝时间太长，结石率低，易被水冲走。水泥＋水玻璃混合浆液初凝时间可控制在 1 min 内，结石率可达 100%。<br>化学类浆液黏度小，渗透能力强，凝胶时间可控制在几秒到几十分钟以内。目前国内外用得较多的是丙凝 MG－646、铬木素、MS－10 树脂和 AF－3 甲醛丙酮等 |
| 煤矿井下排水 | (1)涌水量较大的矿井都应建立包括水仓、泵房、排水管路、水泵、供电等完善的排水系统，并保证有足够的排水能力，以保证把井下涌水排至地面。局部积水或涌水小时，也可在地面或井下打专门钻孔进行排水。<br>(2)矿井井下排水设备应当满足矿井排水的要求。除正在检修的水泵外，应当有工作水泵和备用水泵。工作水泵的能力，应当能在 20 h 内排出矿井 24 h 的正常涌水量（包括充填水及其他用水）。备用水泵的能力，应当不小于工作水泵能力的 70%。检修水泵的能力，应当不小于工作水泵能力的 25%。工作和备用水泵的总能力，应当能在 20 h 内排出矿井 24 h 的最大涌水量。<br>(3)排水管路应当有工作和备用水管。工作排水管路的能力，应当能配合工作水泵在 20 h 内排出矿井 24 h 的正常涌水量。工作和备用排水管路的总能力，应当能配合工作和备用水泵在 20 h 内排出矿井 24 h 的最大涌水量。<br>(4)配电设备的能力应当与工作、备用和检修水泵的能力相匹配，能够保证全部水泵同时运转。<br>(5)矿井主要水仓应当有主仓和副仓，当一个水仓清理时，另一个水仓能够正常使用。<br>(6)新建、改扩建矿井或者生产矿井的新水平，正常涌水量在 1 000 $m^3/h$ 以下时，主要水仓的有效容量应当能容纳 8 h 的正常涌水量。<br>(7)水仓进口处应当设置箅子。对水砂充填和其他涌水中带有大量杂质的矿井，还应当设置沉淀池。水仓的空仓容量应当经常保持在总容量的 50% 以上 |

续表

| 项目 | 具体内容 |
|---|---|
| 煤矿井下排水 | (8)水泵、水管、闸阀、排水用的配电设备和输电线路,必须经常检查和维护。在每年雨季以前,必须全面检修1次,并对全部工作水泵和备用水泵进行1次联合排水实验,发现问题,及时处理。<br>(9)水仓、沉淀池和水沟中的淤泥,应及时清理,每年雨季前必须清理1次 |

## 考点4　井下防治水补充规定

| 项目 | 具体内容 |
|---|---|
| 补充规定 | (1)煤矿防治水工作应当坚持"预测预报、有疑必探、先探后掘、先治后采"基本原则,采取"防、堵、疏、排、截"综合防治措施。<br>(2)煤矿企业应当建立健全各项防治水制度,配备满足工作需要的防治水专业技术人员,配齐专用探放水设备,建立专门的探放水作业队伍,储备必要的水害抢险救灾设备和物资。水文地质条件复杂、极复杂的煤矿,应当设立专门的防治水机构。<br>(3)煤矿应当编制本单位防治水中长期规划(5~10年)和年度计划,并组织实施。矿井水文地质类型应当每3年修订一次。发生重大及以上突(透)水事故后,矿井应当在恢复生产前重新确定矿井水文地质类型。水文地质条件复杂、极复杂的矿井应当每月至少开展1次水害隐患排查及治理活动,其他矿井应当每季度至少开展1次水害隐患排查及治理活动。<br>(4)当矿井水文地质条件尚未查清时,应当进行水文地质补充勘探工作。<br>(5)矿井应当对主要含水层进行长期水位、水质动态观测,设置矿井和各出水点涌水量观测点,建立涌水量观测成果等防治水基础台账,并开展水位动态预测分析工作。<br>(6)矿井应当编制下列防治水图件,并至少每半年修订1次:矿井充水性图;矿井涌水量与相关因素动态曲线图;矿井综合水文地质图;矿井综合水文地质柱状图;矿井水文地质剖面图。<br>(7)采掘工作面或者其他地点发现有煤层变湿、挂红、挂汗、空气变冷、出现雾气、水叫、顶板来压、片帮、淋水加大、底板鼓起或者裂隙渗水、钻孔喷水、煤壁溃水、水色发浑、有臭味等透水征兆时,应当立即停止作业,撤出所有受水患威胁地点的人员,报告矿调度室,并发出警报。在原因未查清、隐患未排除之前,不得进行任何采掘活动。<br>(8)相邻矿井的分界处,应当留防隔水煤(岩)柱;矿井以断层分界的,应当在断层两侧留有防隔水煤(岩)柱。矿井防隔水煤(岩)柱一经确定,不得随意变动,并通报相邻矿井。严禁在设计确定的各类防隔水煤(岩)柱中进行采掘活动。<br>(9)在采掘工程平面图和矿井充水性图上必须标绘出井巷出水点的位置及其涌水量、积水的井巷及采空区的积水范围、底板标高、积水量等。在水淹区域应当标出积水线、探水线和警戒线的位置。<br>(10)受水淹区积水威胁的区域,必须在排除积水、消除威胁后方可进行采掘作业;如果无法排除积水,开采倾斜、缓倾斜煤层的,必须按照《建筑物、水体、铁路及主要井巷煤 |

续表

| 项目 | 具体内容 |
| --- | --- |
| 补充规定 | 柱留设与压煤开采规程》中有关水体下开采的规定，编制专项开采设计，由煤矿企业主要负责人审批后，方可进行。严禁在水体下、采空区水淹区域下开采急倾斜煤层。<br>(11)在未固结的灌浆区、有淤泥的废弃井巷、岩石洞穴附近采掘时，应当制定专项安全技术措施。<br>(12)开采水淹区域下的废弃防隔水煤柱时，应当彻底疏干上部积水，进行可行性技术评价，确保无溃浆(砂)威胁。严禁顶水作业。<br>(13)井田内有与河流、湖泊、充水溶洞、强或者极强含水层等存在水力联系的导水断层、裂隙(带)、陷落柱等构造时，应当查明其确切位置，并采取留设防隔水煤(岩)柱，并采取有效的防治水措施。<br>(14)对于煤层顶、底板带压的采掘工作面，应当提前编制防治水设计，制定并落实水害防治措施。<br>(15)煤层顶板存在富水性中等及以上含水层或者其他水体威胁时，应当实测垮落带、导水裂隙带发育高度，进行专项设计，确定防隔水煤(岩)柱尺寸。当导水裂隙带范围内的含水层或者老空积水等水体影响采掘安全时，应当超前进行钻探疏放或者注浆改造含水层，待疏放水完毕或者注浆改造等工程结束、消除突水威胁后，方可进行采掘活动。<br>(16)开采底板有承压含水层的煤层，隔水层能够承受的水头值应当大于实际水头值；当承压含水层与开采煤层之间的隔水层能够承受的水头值小于实际水头值时，应当采取疏水降压、注浆加固底板改造含水层或者充填开采等措施，并进行效果检验，制定专项安全技术措施，报企业技术负责人审批。<br>(17)矿井建设和延深中，当开拓到设计水平时，必须在建成防、排水系统后方可开拓掘进。<br>(18)煤层顶、底板分布有强岩溶承压含水层时，主要运输巷和主要回风巷应当布置在不受水害威胁的层位中，并以石门分区隔离开采。对已经不具备石门隔离开采条件的应当制定防突水安全技术措施，并报矿总工程师审批。<br>(19)水文地质条件复杂、极复杂或者有突水淹井危险的矿井，应当在井底车场周围设置防水闸门或者在正常排水系统基础上另外安设由地面直接供电控制，且排水能力不小于最大涌水量的潜水泵。在其他有突水危险的采掘区域，应当在其附近设置防水闸门；不具备设置防水闸门条件的，应当制定防突(透)水措施，报企业主要负责人审批。<br>(20)井下防水闸墙的设置应当根据矿井水文地质条件确定，防水闸墙的设计经煤矿企业技术负责人批准后方可施工，投入使用前应当由煤矿企业技术负责人组织竣工验收。<br>(21)井巷揭穿含水层或者地质构造带等可能突水地段前，必须编制探放水设计，并制定相应的防治水措施。井巷揭露的主要出水点或者地段，必须进行水温、水量、水质和水压(位)等地下水动态和松散含水层涌水含砂量综合观测和分析，防止滞后突水 |

## 考点5 地面防治水规定

| 项目 | 具体内容 |
|---|---|
| 规定内容 | (1)煤矿每年雨季前必须对防治水工作进行全面检查。受雨季降水威胁的矿井,应当制定雨季防治水措施,建立雨季巡视制度并组织抢险队伍,储备足够的防洪抢险物资。当暴雨威胁矿井安全时,必须立即停产撤出井下全部人员,只有在确认暴雨洪水隐患消除后方可恢复生产。<br>(2)煤矿应当查清井田及周边地面水系和有关水利工程的汇水、疏水、渗漏情况;了解当地水库、水电站大坝、江河大堤、河道、河道中障碍物等情况;掌握当地历年降水量和最高洪水位资料,建立疏水、防水和排水系统。煤矿应当建立灾害性天气预警和预防机制,加强与周边相邻矿井的信息沟通,发现矿井水害可能影响相邻矿井时,立即向周边相邻矿井发出预警。<br>(3)矿井井口和工业场地内建筑物的地面标高必须高于当地历年最高洪水位;在山区还必须避开可能发生泥石流、滑坡等地质灾害危险的地段。矿井井口及工业场地内主要建筑物的地面标高低于当地历年最高洪水位的,应当修筑堤坝、沟渠或者采取其他可靠防御洪水的措施。不能采取可靠安全措施的,应当封闭填实该井口。<br>(4)当矿井井口附近或者开采塌陷波及区域的地表有水体或者积水时,必须采取安全防范措施,并遵守下列规定:①严禁开采和破坏煤层露头的防隔水煤(岩)柱。②当地表出现威胁矿井生产安全的积水区时,应当修筑泄水沟渠或者排水设施,防止积水渗入井下。③当矿井受到河流、山洪威胁时,应当修筑堤坝和泄洪渠,防止洪水侵入。④对于排到地面的矿井水,应当妥善疏导,避免渗入井下。⑤对于漏水的沟渠和河床,应当及时堵漏或者改道;地面裂缝和塌陷地点应当及时填塞,填塞工作必须有安全措施。⑥当有滑坡、泥石流等地质灾害威胁煤矿安全时,及时撤出受威胁区域的人员,并采取防止滑坡、泥石流的措施。<br>(5)降大到暴雨时和降雨后,应当有专业人员观测地面积水与洪水情况、井下涌水量等有关水文变化情况和井田范围及附近地面有无裂缝、采空塌陷、井上下连通的钻孔和岩溶塌陷等现象,及时向矿调度室及有关负责人报告,并将上述情况记录在案,存档备查。情况危急时,矿调度室及有关负责人应当立即组织井下撤人。<br>(6)当矿井井口附近或者开采塌陷波及区域的地表出现滑坡或者泥石流等地质灾害威胁煤矿安全时,应当及时撤出受威胁区域的人员,并采取防治措施。<br>(7)严禁将矸石、杂物、垃圾堆放在山洪、河流可能冲刷到的地段,防止淤塞河道和沟渠等。煤矿发现与矿井防治水有关系的河道中存在障碍物或者堤坝破损时,应当清理障碍物或者修复堤坝,并报告当地人民政府相关部门。<br>(8)使用中的钻孔,应当安装孔口盖。报废的钻孔应当及时封孔,并将封孔资料和实施负责人的情况记录在案,存档备查 |

# 第三节　矿井透水事故处理

## 考点 1　矿井透水前的预兆

| 项目 | 具体内容 |
| --- | --- |
| 透水前的预兆 | 一般来说，矿井透水前主要有以下几种预兆：<br>(1)挂汗。积水区的水，在自身压力作用下，通过煤岩裂隙而在采掘工作面的煤岩壁上聚结成许多水珠的现象，叫挂汗。井下空气中的水分遇到低温的煤体，有时也可能聚结成水珠，这是假象。区别真假挂汗的方法是，仔细观察新暴露的煤壁面上是否潮湿，若潮湿则是透水预兆。<br>(2)挂红。矿井水中含有铁的氧化物，在它通过煤岩裂隙而渗透到采掘工作面的煤岩体表面时，会呈现暗红色水锈，这种现象叫挂红。挂红是一种出水信号。<br>(3)水叫。含水层或积水区内的高压水向煤壁裂隙挤压时，与两壁摩擦会发出“嘶嘶”叫声，这就说明采掘工作面距积水区或其他水源已经很近了；若是煤巷掘进，则透水即将发生，这时必须立即发出警报，撤出所有受水威胁的人员。<br>(4)空气变冷。采掘工作面接近积水区域时，空气温度会骤然下降，煤壁发凉，人一进入工作面就有凉爽、阴冷的感觉。但应注意，受地热影响较大的矿井地下水的温度偏高，当采掘工作面接近积水区时，气温反而升高。<br>(5)出现雾气。当采掘工作面气温较高时，从煤壁渗出的积水，会被蒸发而形成雾气。<br>(6)顶板淋水加大。<br>(7)顶板来压，底板鼓起。<br>(8)水色发浑，有臭味。<br>(9)采掘工作面有害气体增加，积水区向外散发出瓦斯、二氧化碳和硫化氢等有害气体。<br>(10)裂隙出现渗水，如果出水清净，则离积水区较远；若出水浑浊，则离积水区已近 |
| 预兆的特点 | 由于矿井水的来源不同，发生透水前的预兆各有特点：<br>(1)老空水透水预兆。由于老空水积存时间较长，水量补给较差，故称“死水”。老空水透水预兆有挂红，水的酸性大，水味发涩的特点。<br>(2)溶洞水透水预兆。由于洞内积水长期侵蚀熔岩，所以，水多呈灰色或灰黄色，带有臭味，有时也有挂红现象。另外，当采掘工作面接近石灰岩溶漏水时，可能出现顶底板来压、裂隙和柱窝渗水的现象。<br>(3)断层水透水预兆。断层破碎带中的地下水一般是流动的，补给较充分，故称“活水”，因此很少出现挂红现象，水无涩味而发甜。在岩巷中遇到或接近断层水时，有时在岩缝中可见到淤泥，水较混浊多呈黄色。另外，当采掘工作面接近含水的断层破碎带时，会出现来压、淋水增大等现象。<br>(4)冲积层水透水预兆。浅部掘凿井筒时常遇到冲积层水；采空区顶板冒落，裂缝沟 |

续表

| 项目 | 具体内容 |
| --- | --- |
| 预兆的特点 | 通冲积层时，也会遇到冲积层水。冲积层水透水的特点是，开始时水量较少，呈黄色，并夹有砂子，以后水量便急剧增大。<br>《煤矿安全规程》中规定：采掘工作面或其他地点发现有煤层变湿、挂红、挂汗、空气变冷、出现雾气、水叫、顶板来压、片帮、淋水加大、底板鼓起或产生裂隙、出现渗水、钻孔喷水、底板涌水、煤壁溃水、水色发浑、有臭味等透水预兆时，应当立即停止作业，报告矿调度室，并发出警报，撤出所有受水威胁地点的人员。在原因未查清、隐患未排除之前，不得进行任何采掘活动 |

## 考点2　处理井下水灾的一般原则

| 项目 | 具体内容 |
| --- | --- |
| 处理井下水灾的一般原则 | (1)必须了解水灾的地点、性质、估计突出水量、静止水位、突水后涌水量、影响范围、补给水源及有影响的地面水体。<br>(2)掌握灾区范围，如发生事故前人员分布、矿井中有生存条件的地点、进入该地点的可能通道，以便迅速组织抢救。<br>(3)按积水量、涌水量组织强排，同时发动群众堵塞地面补给水源，排除有影响的地表水体积水，必要时可采用灌浆堵水。<br>(4)加强排水与抢救中的通风，切断灾区电源，防止瓦斯及其他有害气体聚积和涌出。<br>(5)排水后、侦察抢险中，要防止冒顶、掉底和二次水灾。<br>(6)搬运和抢救遇险者，要防止突然改变伤员已适应的环境和生存条件，造成不应有的伤亡 |

## 考点3　恢复被淹水井的方法

| 项目 | 具体内容 |
| --- | --- |
| 被淹水井排水方法 | 矿井淹没后，排除井下的积水是极为重要的。排水工作很复杂，首先要对水源进行调查研究，然后选择适当能力的排水设备，组织力量进行排水和恢复工作。排水的方法有：<br>(1)直接排干法。就是增加排水能力，直接把井巷中的积水全部排干。此法只能在水量不大或水源有限的情况下采用。<br>(2)先堵后排。当井下涌水量特别大，增大水泵能力不可能将水排干时，则必须先堵住涌水通道，然后再进行排水。<br>在整个恢复工作期间，必须十分注意通风工作，因为在被淹井巷中常积存大量有害气体，当水位降低时，压力解除，有害气体便大量排出。因此，必须事先准备如局部通风机等通风设备，随着水位的下降进行局部通风，排出有害气体 |

续表

| 项目 | 具体内容 |
|---|---|
| 排水期间的安全措施 | (1)经常派专人检查瓦斯。当井筒空气中瓦斯浓度达到1%时,应停止供电排水,加强通风,排除瓦斯。<br>(2)及时检查有害气体。对井巷气体应定期取样分析,排水时每班取气样1次。当水位接近井底时,每2 h取样1次。此时,看水泵人员由佩戴氧气呼吸器的救护队员担任。<br>(3)严禁在井筒内或井口附近用明火灯,不准出现其他火源,以防止井下瓦斯大量涌出时造成瓦斯爆炸事故。<br>(4)在井筒内安装排水管或进行其他工作的人员,都必须佩戴安全带和自救器。<br>(5)在恢复井巷时,应特别注意防止冒顶与坠井事故 |

## 案例分析

2004年4月30日,某煤矿发生一起特大透水事故,造成13人死亡,2人失踪,直接经济损失287.5万元。

2004年4月30日早班,带班班长何云志带领31名工人(安全工1名,炮工2名,三轮车司机16名,装车工12名)入井作业,分布在8个工作面出煤,约9时20分,炮工刘文和梁光亮在西巷工作面放炮时,发生透水事故。在距透水点30 m处躲炮的三轮车司机黄明建和在附近工作面作业的工人,在听到放炮声的同时发现有水涌入他们的工作面,他们立即向地面逃生,17名矿工跑出地面,并向该矿负责人报告了事故。至此,井下其余15名矿工被困。

该矿设计生产能力为3万吨/年,矿井采用斜井开拓,井下采用非正规方式采煤,放炮落煤,人工和装载机装煤,机动三轮车运煤至地面。通风方式为抽出式。矿井采用二级排水,总水仓使用2台22 kW的水泵向地面排水,事故发生前,矿井昼夜排水量约2 000 $m^3$。

该煤矿在2003年煤矿安全程度评价中,因不具备安全生产条件被评为D类煤矿后,有关部门给该矿下达了停产整顿指令。事故发生前,该矿未执行有关部门下达的停产指令,违法组织生产长达4个多月。

2003年4月,该煤矿所在的市国土资源局对该矿井下巷道进行了实测,发现该矿南部巷道越界160 m,当时,矿方对越界提出质疑。

2003年9月,市国土资源局再次对该煤矿井下巷道进行实测,确定该矿越界属实,越界长度165 m。2003年10月,该矿自己对井下巷道进行了实测,图上标明巷道越界220 m。

2003年9月26日,该矿经安全程度评价被评为D类煤矿后,该市煤矿安全监察办事处及市煤炭局责令该矿停产整顿。

2003年11月,煤矿安全监察办事处下发了《关于煤矿安全程度评价情况的通报》,要求包括该煤矿在内的C、D类煤矿停产整顿,经复评达到B类煤矿标准后,方可恢复生产。

2004年4月28日,市煤炭局下属的一个分局又给该矿下达了停产指令书。

根据以上情况，请分析回答以下问题：

1. 造成此次事故的直接原因和间接原因。

2. 请拟定此类事故的防范措施。

## 参考答案及解析

1.（1）直接原因：

①该矿越界开采，自然涌水量大。

②该矿矿长违章指挥工人越界开采，冒险进入积水老空区下作业。

③在未采取有效探放水技术措施的情况下，工人在掘进工作面放炮时与积水老空区打透，导致透水事故发生。

（2）间接原因：

①该煤矿2003年安全评价为D类煤矿后，有关部门给该矿下达了停产整顿指令，该矿在不具备安全生产条件下，拒不执行有关部门下达的停产整顿指令，擅自恢复生产，违章冒险作业。

②该煤矿安全管理机构不健全，没有专职技术人员，没有制定符合实际的规章制度、作业规程、灾害预防计划，没有采取有效的井下探放水安全技术措施。

③矿井采用非正规采煤方法生产，超能力多点出煤，对矿井存在的重大透水事故隐患重视不够，防范措施不落实。

④矿长及井下作业人员安全意识淡薄，工人安全技术素质差。

⑤该市国土资源局及其分局，对已发现的越界开采违法行为，没有采取有效措施加以制止。

2. 防范措施：

（1）牢固树立以人为本的安全生产理念，坚持求真务实的工作作风，切实将安全生产工作落到实处，加强管理，防止各类重特大事故的发生。

（2）认真开展煤矿安全大检查，对安全评价为C、D类的煤矿一律停产整顿，经停产整顿仍达不到安全生产条件的C、D类煤矿，坚决予以关闭。

（3）国土资源主管部门要加强矿产资源管理，对煤矿要进行井下实测，发现超层越界开采的违法行为，必须采取有效措施，加以制止和纠正，严禁超层越界开采。

（4）煤炭管理部门要加大监督管理力度，对不具备安全生产条件违法生产的矿井，要采取切实有效的措施加以制止。对存在瓦斯、水、火及其他重大安全隐患的煤矿，认真进行排查，指导、督促煤矿企业制定有针对性的防范措施，并严格贯彻执行。

（5）煤矿企业必须建立和完善安全生产技术管理制度，对于周边有水害威胁的矿井，必须严格按照“有疑必探，先探后掘”的原则，制定相应的探放水安全技术措施后，方可进行作业。

（6）有关部门要加大对煤矿作业人员的安全培训力度，对煤矿企业的用工制度、职工安全培训教育情况进行有效的监督。

# 第七章　地压灾害防治技术

## 知识框架

- 地压灾害防治技术
  - 冲击地压
    - 冲击地压的相关知识
    - 冲击地压危险性预测、监测、效果检验
  - 冲击地压灾害的防治
    - 冲击地压安全防护措施
  - 煤矿冒顶、片帮事故的防治
    - 冒顶的相关知识
    - 片帮的相关知识
    - 冒顶、片帮事故的防治

## 考点精讲

## 第一节　冲击地压

### 考点1　冲击地压的相关知识

| 项目 | 具体内容 |
| --- | --- |
| 冲击地压的概念 | 冲击地压是指煤矿井巷或工作面周围煤(岩)体由于弹性变形能的瞬时释放而产生的突然、剧烈破坏的动力现象,常伴有煤(岩)体瞬间位移、抛出、巨响及气浪等。在矿井井田范围内发生过冲击地压现象的煤层,或者经鉴定煤层(或者其顶底板岩层)具有冲击倾向性且评价具有冲击危险性的煤层为冲击地压煤层。有冲击地压煤层的矿井为冲击地压矿井 |
| 冲击地压的分类 | 冲击地压可按照煤(岩)体弹性能释放的主体、载荷类型等进行分类。按照冲击地压的发生位置,可将其分为煤层冲击地压、顶板冲击地压、底板冲击地压。按照重力来源,可将其分为重力型、构造型、重力—构造型等。根据冲击的显现强度,可将其分为弹射、矿震、弱冲击、强冲击。根据煤矿常见的地质构造和采掘工艺特征,可将煤矿冲击地压分为材料失稳型、滑移错动型和结构失稳型。滑移错动型和结构失稳型两种冲击地压比材料失稳型冲击地压所引发的破坏通常更剧烈,这类冲击地压冲出煤量大、动能多、震动强。对不同的冲击地压类型应采取针对性的防治措施,实现分类防治 |

续表

| 项目 | 具体内容 |
| --- | --- |
| 煤层(岩层)冲击倾向性鉴定 | 冲击地压具有突发性、瞬时震动性、类型多样性、巨大破坏性。<br>有下列情况之一的,应当进行煤层(岩层)冲击倾向性鉴定。<br>(1)有强烈震动、瞬间底(帮)鼓、煤岩弹射等动力现象的。<br>(2)埋深超过 400 m 的煤层,且煤层上方 100 m 范围内存在单层厚度超过 10 m、单轴抗压强度大于 60 MPa 的坚硬岩层。<br>(3)相邻矿井开采的同一煤层发生过冲击地压或经鉴定为冲击地压煤层的。<br>(4)冲击地压矿井开采新水平、新煤层 |
| 矿井防治冲击地压的安全措施 | (1)开采具有冲击倾向性的煤层,必须进行冲击危险性评价。冲击危险性评价可采用综合指数法或其他经实践证实有效的方法。评价结果分为四级:无冲击地压危险、弱冲击地压危险、中等冲击地压危险、强冲击地压危险。煤矿企业应当将评价结果报省级煤炭行业管理部门、煤矿安全监管部门和煤矿安全监察机构。<br>(2)矿井防治冲击地压(简称防冲)工作应当遵守下列规定:<br>①设专门的机构与人员。<br>②坚持"区域先行、局部跟进、分区管理、分类防治"的防冲原则。<br>③必须编制中长期防冲规划与年度防冲计划,采掘工作面作业规程中必须包括防冲专项措施。<br>④开采冲击地压煤层时,必须采取冲击危险性预测、监测预警、防范治理、效果检验、安全防护等综合性防治措施。<br>⑤必须建立防冲培训制度。<br>(3)新建矿井和冲击地压矿井的新水平、新采区、新煤层有冲击地压危险的,必须编制防冲设计。防冲设计应当包括开拓方式、保护层的选择、采区巷道布置、工作面开采顺序、采煤方法、生产能力、支护形式、冲击危险性预测方法、冲击地压监测预警方法、防冲措施及效果检验方法、安全防护措施等内容。新建矿井防冲设计还应当包括:防冲必须具备的装备、防冲机构和管理制度、冲击地压防治培训制度和应急预案等。新水平防冲设计还应当包括:多水平之间相互影响、多水平开采顺序、水平内煤层群的开采顺序、保护层设计等。新采区防冲设计还应当包括:采区内工作面采掘顺序设计、冲击地压危险区域与等级划分、基于防冲的回采巷道布置、上下山巷道位置、停采线位置等。<br>(4)冲击地压矿井应当按采掘工作面的防冲要求进行矿井生产能力核定,在冲击地压危险区域采掘作业时,应当按冲击地压危险性评价结果明确采掘工作面安全推进速度,确定采掘工作面的生产能力。提高矿井生产能力和新水平延深时,必须组织专家进行论证。<br>(5)矿井具有冲击地压危险的区域,采取综合防冲措施,仍不能消除冲击地压危险的,不得进行采掘作业 |

### 考点2 冲击地压危险性预测、监测、效果检验

| 项目 | 具体内容 |
| --- | --- |
| 危险性预测 | (1)冲击地压矿井必须进行区域危险性预测(简称区域预测,主要是微震法)和局部危险性预测(简称局部预测,主要是钻屑法)。区域预测即对矿井、水平、煤层、采(盘)区进行冲击危险性评价,划分冲击地压危险区域和确定危险等级;局部预测即对采掘工作面和巷道、洞室进行冲击危险性评价,划分冲击地压危险区域和确定危险等级。<br>(2)区域预测与局部预测可根据地质与开采技术条件等,优先采用综合指数法确定冲击危险性,还可采用其他经实践证明有效的方法。预测结果分为四类:无冲击地压危险区、弱冲击地压危险区、中等冲击地压危险区、强冲击地压危险区。根据不同的预测结果制定相应的防治措施 |
| 危险性监测与效果检验 | (1)冲击地压矿井必须建立区域与局部相结合的冲击地压危险性监测制度,区域监测应当覆盖矿井采掘区域,局部监测应当覆盖冲击地压危险区,区域监测可采用微震监测法等,局部监测可采用钻屑法、应力监测法、电磁辐射法等。<br>(2)冲击地压矿井应当根据矿井的实际情况和冲击地压发生类型,选择区域和局部监测方法。可以用实验室实验或类比法先设定预警临界指标初值,再根据现场实际考察资料和积累的数据进一步修订初值,确定冲击危险性预警临界指标。<br>(3)冲击地压矿井必须有技术人员专门负责监测与预警工作;必须建立实时预警、处置调度和处理结果反馈制度 |

## 第二节 冲击地压灾害的防治

### 考点 冲击地压安全防护措施

| 项目 | 具体内容 |
| --- | --- |
| 安全防护措施 | (1)有冲击地压危险的采掘工作面,供电、供液等设备应当放置在采动应力集中影响区外,且距离工作面不小于200 m;不能满足上述条件时,应当放置在无冲击地压危险区域。<br>(2)评价为强冲击地压危险的区域不得存放备用材料和设备;巷道内杂物应当清理干净,保持行走路线畅通;对冲击地压危险区域内的在用设备、管线、物品等应当采取固定措施,管路应当吊挂在巷道腰线以下,高于1.2 m的必须采取固定措施。<br>(3)冲击地压危险区域的巷道必须采取加强支护措施,采煤工作面必须加大上下出口和巷道的超前支护范围与强度,并在作业规程或专项措施中规定。加强支护可采用单体液压支柱、门式支架、垛式支架、自移式支架等。采用单体液压支柱加强支护时,必须采取防倒措施。<br>(4)严重(强)冲击地压危险区域,必须采取防底鼓措施。应当定期清理底鼓,并可根据巷道底板岩性采取底板卸压、底板加固等措施。底板卸压可采取底板爆破、底板钻孔 |

续表

| 项目 | 具体内容 |
|---|---|
| 安全防护措施 | 卸压等;底板加固可采用U型钢底板封闭支架、带有底梁的液压支架、打设锚杆(锚索)、底板注浆等。<br>(5)有冲击地压危险的采掘工作面必须设置压风自救系统。应当在距采掘工作面25~40 m的巷道内、爆破地点、撤离人员与警戒人员所在位置、回风巷有人作业处等地点,至少设置1组压风自救装置。压风自救系统管路可以采用耐压胶管,每10~15 m预留0.5~1.0 m的延展长度。<br>(6)冲击地压矿井必须制定采掘工作面冲击地压避灾路线,绘制井下避灾线路图。冲击地压危险区域的作业人员必须掌握作业地点发生冲击地压灾害的避灾路线以及被困时的自救常识。井下有危险情况时,班组长、调度员和防冲专业人员有权责令现场作业人员停止作业,停电撤人。<br>(7)发生冲击地压后,必须迅速启动应急救援预案,防止发生次生灾害。恢复生产前,必须查清事故原因,制定恢复生产方案,通过专家论证,落实综合防冲措施,消除冲击地压危险后,方可恢复生产 |

# 第三节 煤矿冒顶、片帮事故的防治

## 考点1 冒顶的相关知识

| 项目 | 具体内容 |
|---|---|
| 概念 | 冒顶是指地下开采中,上部矿岩层自然塌落的现象,主要是由于开采后,原先平衡的矿山压力遭到破坏而造成的 |
| 常见冒顶事故的预兆 | (1)局部冒顶的预兆:①工作面遇有小地质构造,岩石的完整性被破坏,容易发生局部冒顶。②顶板裂隙张开、裂隙增多,敲帮问顶时,声音不正常。③顶板裂隙内卡有活矸,并有掉渣、掉矸现象,掉大块前往往先落小块矸石。④煤层与顶板接触面上,因顶板节理、裂隙和摩擦滑动面张开,极薄的矸石片不断脱落,有冒顶的可能。⑤淋头水分离顶板节理,因支护不及时而发生冒顶。<br>(2)大型冒顶的预兆:①顶板连续发生断裂声。②掉渣。③顶板裂隙增多或裂隙张开。④脱层。<br>(3)煤壁的预兆:由于冒顶前压力增加,煤壁受压后,煤质变软,片帮增多,使用电钻打眼时省力,用采煤机割煤时负荷减少。<br>(4)支架的预兆:大量的单体液压支柱的安全阀自动漏液,损坏的支柱比平时大量增加。工作面使用的铰接顶梁损坏的比平时增加,大量的扁销子被挤出。底板松软,支护大量被压入底板。<br>(5)其他预兆:冒顶前瓦斯涌出量突然增大,有淋水的顶板淋水量增加 |

## 考点2 片帮的相关知识

| 项目 | 具体内容 |
|---|---|
| 概念 | 采煤工作面的煤壁,在矿山压力作用下,发生自然塌落的现象叫作片帮 |
| 煤壁片帮的危害 | (1)煤壁片帮后,造成支架前端至煤壁间的空顶面积扩大,在顶板压力的作用下,此处容易发生冒顶。<br>(2)因片帮塌落下来的模往往是大块,给运输造成一定困难。<br>(3)人员在工作面行走或工作时容易被片帮煤砸伤 |

## 考点3 冒顶、片帮事故的防治

| 项目 | 具体内容 |
|---|---|
| 冒顶、片帮事故的防治 | 要防止冒顶片帮事故的发生,必须严格遵守安全技术,从多方面采取综合预防措施。<br>(1)选用合理的采矿方法。选择合理、安全的采选矿方法,制定具体的安全技术操作规程,建立正常的生产秩序和作业制度,是防止冒顶片帮事故的重要措施。<br>(2)搞好地质调查工作。对于工作面推进地带的地质构造要调查清楚,通过危险地带时要采取可靠的安全措施。<br>(3)加强工作面顶板的管理与支护和维护。为了防止掘进工作面的顶板冒落,必须使永久支架与掘进工作面之间的距离不得超过3m,如果顶板松软,这个距离还应缩短。在掘进工作面与永久支架之间,必须架设临时支架。<br>必须加强工作面顶板的管理,对所有井巷均要定期检查,如发现有弯曲、歪斜、腐朽、折断、破裂的支架,必须及时进行更换或维修。要选择合理的支护方式,支架要有足够的强度。采用锚杆支护、喷射混凝土支护、锚喷联合支护等方法维护采场和巷道的顶板时,支护要及时,不要在空顶下作业。<br>(4)及时处理采空区。矿山开采应处理好采矿与采空区处理的关系,采用正确的开采顺序,及时充填、支护或前落采空区。<br>(5)坚持正规循环作业。要坚持正规循环作业,加快工作进度,减少顶板悬露时间。<br>(6)加强对顶板和浮石的检查与处理。浮石是采场和掘进工作面爆破后极为常见而普遍存在的,要严格检查和清理,防止浮石掉落而造成伤亡事故。可采用简易方法和仪器对顶板进行检查与观测。常用的简易方法有标记法、听音判断法、震动法等。此外,还可采用顶板警报器、机械测力计、钢弦测压仪、地音仪等仪器观测顶板及地压活动 |

## 案例分析

2008年6月5日8点班,某煤矿先后安排14名和4名矿工,分别在21201综采工作面下副巷外口以里750~810 m处、805 m处从事扩修巷道和做防火等工作。6月5日15时55分许,综采二队两人走到21201综采面下副巷外口以里750 m处时看到前方有人正在维修支护设施,没有发现工作环境有异常(稍后,两人听到"闷雷"似的响声,身体被弹起并昏迷)。6月5日15时57分,煤矿21201综采工作面下副巷外口以里725~830 m处发生冲击地压事故,巷道围岩瞬间释放的巨大能量致使105米长的巷道发生严重底鼓,断面由10 $m^2$左右急剧缩小到1 $m^2$左右,巷道内的皮带输送机架子和托辊被挤到巷道顶梁上。事故共造成13人死亡、11人受伤,直接经济损失949.45万元。

根据以上情况,请分析回答以下问题:

1. 简述应当进行煤层(岩层)冲击倾向性鉴定的情况。

2. 请拟定此类事故的防范措施。

## 参考答案及解析

1. 有下列情况之一的,应当进行煤层(岩层)冲击倾向性鉴定:(1)有强烈震动、瞬间底(帮)鼓、煤岩弹射等动力现象的。(2)埋深超过400 m的煤层,且煤层上方100 m范围内存在单层厚度超过10 m、单轴抗压强度大于60 MPa的坚硬岩层。(3)相邻矿井开采的同一煤层发生过冲击地压或经鉴定为冲击地压煤层的。(4)冲击地压矿井开采新水平、新煤层。

2. 防范措施:(1)要提高对矿井大采深条件下地应力和采动应力影响增大、诱发冲击地压发生的不确定因素增多的认识,深入开展矿压观测工作,探索和采用先进监测手段对防治冲击地压的有关参数进行实时监测,提高监测预报的能力,并及时采取针对性措施。(2)该煤矿要建立健全防治冲击地压的专门机构,充实专业技术人员,建立各项规章制度,加强职工安全技术培训,提高干部职工防治冲击地压意识,提升冲击地压防治水平。(3)要认真查找事故报告工作中存在的漏洞,进一步加强事故统计报告管理,健全事故报告制度,完善事故报告机制,严格事故报告责任,杜绝漏报事故遇难人数情况发生。

# 第八章 爆破技术

## 知识框架

- 爆破技术
  - 矿井爆破基本知识
    - 炸药爆炸的三个基本特征
    - 炮眼的基本知识
    - 煤矿许用炸药
    - 煤矿许用电雷管
    - 起爆药卷(引药)装配
  - 煤矿爆破安全技术措施
    - 爆炸物品贮存
    - 爆炸物品运输
    - 安全爆破
    - 爆破事故的预防

## 考点精讲

## 第一节 矿井爆破基本知识

### 考点1 炸药爆炸的三个基本特征

| 项目 | 具体内容 |
|---|---|
| 概念 | 爆炸是一种在极短时间内发生能量转变和气体体积急剧膨胀的现象。通常所说的爆炸是指化学爆炸,化学爆炸是由物质的化学反应引起的爆炸,炸药、瓦斯、煤尘、烟花、爆竹等的爆炸都是化学爆炸 |
| 基本特征 | 化学反应的放热性、爆炸过程的高速度和生成大量的气体产物是化学爆炸的三个重要特征。<br>1. 反应的放热性<br>反应放热是炸药爆炸的最基本条件,有了这个条件,化学反应才能自行传播,而不需要外界的能量来维持反应的继续进行。反应放出的热量是炸药爆炸做功的能源 |

续表

| 项目 | 具体内容 |
| --- | --- |
| 基本特征 | 2. 过程的高速度<br>爆炸过程的高速度，特别是化学反应的高速度是炸药爆炸的最主要条件。高速度使爆炸在瞬间完成，能量集中，使爆炸具有巨大的功率。通常炸药爆炸反应是在微秒级的时间内完成的。爆轰传播的速度为 3 000～9 000 m/s。<br>爆轰是爆炸波在炸药中自行传播的现象。其反应区向未反应物质中推进速度大于未反应物质中的声速。<br>3. 生成大量的气态产物<br>生成的气体产物是炸药爆炸做功的介质，是爆炸过程中把炸药的热能转变为对外做机械功的重要工具，是爆炸的必要条件 |

## 考点2　炮眼的基本知识

| 项目 | 具体内容 |
| --- | --- |
| 《煤矿安全规程》有关炮眼的规定 | 爆破作业必须编制爆破作业说明书，说明书必须符合下列要求：<br>(1)炮眼布置图必须标明采煤工作面的高度和打眼范围或掘进工作面的巷道断面尺寸，炮眼的位置、个数、深度、角度及炮眼编号，并用正面图、平面图和剖面图表示。<br>(2)炮眼说明表必须说明炮眼的名称、深度、角度，使用炸药、雷管的品种，装药量，封泥长度，连线方法和起爆顺序。<br>(3)必须编入采掘作业规程，并及时修改补充。<br>爆破工必须依照说明书进行爆破作业。<br>炮眼深度和炮眼的封泥长度应符合下列要求：<br>(1)炮眼深度小于 0.6 m 时，不得装药、爆破；在特殊条件下，如挖底、刷帮、挑顶确需浅眼爆破时，必须制定安全措施，炮眼深度可以小于 0.6 m，但必须封满炮泥。<br>(2)炮眼深度为 0.6～1 m 时，封泥长度不得小于炮眼深度的 1/2。<br>(3)炮眼深度超过 1 m 时，封泥长度不得小于 0.5 m。<br>(4)炮眼深度超过 2.5 m 时，封泥长度不得小于 1 m。<br>(5)光面爆破时，周边光爆炮眼应用炮泥封实，且封泥长度不得小于 0.3 m。<br>(6)深孔爆破时，封泥长度不得小于孔深的 1/3。<br>(7)工作面有 2 个或 2 个以上自由面时，在煤层中最小抵抗线不得小于 0.5 m，在岩层中最小抵抗线不得小于 0.3 m。浅眼装药爆破大岩块时，最小抵抗线和封泥长度都不得小于 0.3 m |
| 对炮眼的要求 | 1. 爆破说明书<br>爆破作业必须编制爆破作业说明书，并作为作业规程的重要组成部分<br>爆破作业说明书包括：<br>(1)爆破说明表：炮眼的名称、眼距、角度、深度、数量，使用炸药、雷管的品种，装药结 |

续表

| 项目 | 具体内容 |
| --- | --- |
| 对炮眼的要求 | 构,装药量,封泥长度,连线方式,起爆方式,爆破顺序等数据。<br>(2)炮眼布置图:标明工作面煤岩的厚度,断面形状、尺寸,炮眼的位置、个数、深度、方向、角度,炮眼编号等参数。<br>2. 最小抵抗线<br>从装药重心到自由面的最短距离叫最小抵抗线。当工作面有 2 个或 2 个以上自由面时,就有 2 个或 2 个以上的抵抗线,要以其中最短的作为最小抵抗线。<br>在炮眼长度相同的情况下,炮眼与自由面的夹角越小,其抵抗线也越小,即炮眼与自由面之间所夹的介质越薄。在这种情况下,爆炸冲击波首先冲破抵抗线最小的自由面,爆炸产生气体、管屑甚至火焰就会喷出自由面以外,从而引起瓦斯、煤尘爆炸。<br>3. 炮眼深度和封泥长度<br>炮眼深度小于 0.6 m 的爆破属于浅眼爆破,不准装药爆破。在挖底、刷帮、挑顶等特殊情况下确需浅眼爆破时,炮眼深度可以小于 0.6 m,但必须制定安全措施。安全措施必须符合下列要求:<br>(1)每眼装药量不得超过 150 g。<br>(2)炮泥必须封满填实。<br>(3)爆破前必须在爆破地点附近洒水降尘并检查瓦斯,瓦斯浓度超过 1% 不准爆破。<br>(4)检查并加固爆破地点附近的支架。<br>(5)爆破时,必须设好警戒并有班长在现场指挥。<br>为达到较好的爆破效果和保证爆破安全,炮眼深度还必须与封泥长度和封孔质量相适应。炮眼深度越大,装药长度也将增大,则封泥长度也要相应增大,才能使封泥真正起到封堵密闭作用,使炸药的膨胀功得到充分利用 |

## 考点 3　煤矿许用炸药

| 项目 | 具体内容 |
| --- | --- |
| 《煤矿安全规程》的有关规定 | 井下爆破作业,必须使用煤矿许用炸药和煤矿许用电雷管。煤矿许用炸药的选用应遵守下列规定:<br>(1)低瓦斯矿井的岩石掘进工作面必须使用安全等级不低于一级的煤矿许用炸药。<br>(2)低瓦斯矿井的煤层采掘工作面、半煤岩掘进工作面必须使用安全等级不低于二级的煤矿许用炸药。<br>(3)高瓦斯矿井、低瓦斯矿井的高瓦斯区域,必须使用安全等级不低于三级的煤矿许用炸药。有煤(岩)与瓦斯突出危险的工作面,必须使用安全等级不低于三级的煤矿许用含水炸药。<br>严禁使用黑火药和冻结或半冻结的硝化甘油类炸药。同一工作面不得使用 2 种不同品种的炸药 |

续表

| 项目 | 具体内容 |
|---|---|
| 《煤矿安全规程》的有关规定 | 在采掘工作面,必须使用煤矿许用瞬发电雷管或煤矿许用毫秒延期电雷管。使用煤矿许用毫秒延期电雷管时,最后一段的延期时间不得超过130 ms。不同厂家生产的或不同品种的电雷管,不得掺混使用。不得使用导爆管或普通导爆索,严禁使用火雷管 |
| 煤矿许用炸药 | 1. 对煤矿许用炸药的基本要求<br>(1)在保证炸药一定做功能力前提下,炸药的爆炸能量必须加以限制。炸药的爆炸能和它的爆温、爆热是密切相关的,通常是爆炸能越低,它的爆热、爆温等参数也越低,冲击波的强度也越低,引爆瓦斯、煤尘的可能性也就越低。<br>(2)炸药的爆炸反应必须完全。爆炸产物中未反应的炽热固体颗粒和残渣以及爆炸性气体如$NO_2$、$H_2$、$O_2$等越少,炸药的安全性也就越高。<br>(3)炸药的氧平衡必须接近零。因为正氧平衡的炸药爆炸时会产生$NO_2$及游离基氧,对瓦斯、煤尘的爆炸起到催化作用;而负氧平衡的炸药会产生爆炸性气体CO及$H_2$等会导致二次火焰,易引起瓦斯的燃烧爆炸。<br>氧平衡:炸药含氧量与炸药中所含可燃元素完全氧化所需氧量之间的相差程度。多余时称正氧平衡,不足时为负氧平衡,相等时称零氧平衡。<br>(4)炸药中要加入消焰剂。根据瓦斯引火的游离基反应过程,加入消焰剂可以起到阻化作用,使反应过程中断,从根本上抑制瓦斯爆炸。<br>(5)炸药中不允许有易于在空气中燃烧而产生高温物质或外来的夹杂物。因为明火对瓦斯的长时间加热,常常能引燃瓦斯导致爆炸,因此不允许含有易燃的金属粉末,也不允许使用铝壳雷管起爆。<br>2. 煤矿许用炸药的选用<br>井下爆破作业,必须使用煤矿许用炸药,并按矿井瓦斯等级选用对应安全等级的煤矿许用炸药。不得在瓦斯矿井中使用非煤矿许用炸药,也不得将用于低瓦斯矿井的炸药用于高瓦斯矿井中,否则就可能发生瓦斯、煤尘爆炸事故。<br>不同品种的炸药,因有不同性能和安全等级,所以有其不同的应用范围和使用条件,所以规定在同一工作面不得使用两种不同品种的炸药。<br>黑火药容易吸热受潮,炸药水分超过1%爆发不好,水分超过15%就不易爆发。黑火药非常敏感,火星就可将它点燃,雷击、撞击或摩擦也容易引起爆炸。所以,煤矿井下严禁使用黑火药。<br>全冻结的硝化甘油类炸药的感度极低,是残药。半冻结的硝化甘油类炸药的感度极高,容易发生意外爆炸。所以严禁使用这两类炸药。<br>我国生产应用的四级煤矿许用炸药为“被筒炸药”,它的药芯是粉状煤矿许用炸药,外面包覆的是一个用消焰剂做成的“安全被筒”。当被筒炸药的药芯爆炸时,“安全被筒”中的消焰剂被炸碎,并在高温下形成一种由消焰剂组成的薄雾,其笼罩了爆炸点,可更好地发挥消焰作用。这种炸药可用于高瓦斯矿井,可处理煤仓堵塞 |

## 考点4 煤矿许用电雷管

| 项目 | 具体内容 |
| --- | --- |
| 电雷管的结构与性能 | 煤矿许用电雷管包括煤矿许用瞬发电雷管和煤矿许用毫秒延期电雷管。<br>1. 电雷管的结构<br>电雷管的主要结构有:管壳、加强帽、电雷管装药、电引火装置和延期装置。<br>(1)管壳。常用的管壳有铜壳、纸壳、覆铜管壳和法兰铁管壳。目前使用广泛的是法兰铁管壳和铜壳。管壳的作用是保护雷管装药免受外界的能量作用和温度影响,保证有足够的爆速,并使炸药爆轰成长迅速。<br>管壳要求有足够的强度,国家标准规定,铜、铁管管壳壁厚不应小于0.2 mm,纸管壳壁厚不应小于0.9 mm。<br>(2)加强帽。加强帽是置于管壳与起爆药之间的金属或其他材料的小管。管底中心有一传火孔。它可以防止漏药、增加电雷管的强度,抗外界冲击,并阻止起爆药点火时气体漏掉,使起爆药的爆轰成长迅速,并由燃烧转为爆轰。<br>(3)电雷管装药。电雷管装药是决定电雷管性能的基本元件。电雷管分正、副两种起爆药。副起爆药多采用猛炸药黑索金,装入电雷管底部。上部装入正起爆药,多采用敏感的二硝基重氮酚(DDNP)。正起爆药有一定感度,先起爆可以保证雷管起爆的准确性,又能使副起爆药(钝感猛炸药)安全地起爆,从而使雷管有足够的起爆能力。<br>(4)电引火装置。电引火装置是接收外界能量并传递给雷管装药的点火元件。当电流通过桥丝或药剂,将电能转为热能作用于发火药剂时,使发火药点燃,再将热能传递给起爆药或延期药,引燃电雷管爆炸。电引火装置有直插式和药头式。<br>电引火装置的组成元件有:①脚线。为聚氯乙烯绝缘的铜线或镀锌铁线,长度一般为2 m,直径0.45~0.6 mm。②桥丝。焊接在两根脚线的末端,主要有康铜丝(铜镍合金)或镍铬丝(镍铬铁合金),长度为3~3.5 mm,直径为0.04~0.05 mm。③发火药头。它是涂在桥丝上的滴状引火药,起爆时因桥丝发生高热点燃引火药头,再引爆管体内的起爆药。④塑料塞。起固定桥丝的作用。<br>(5)延期装置。煤矿许用型延期电雷管是在煤矿许用瞬发电雷管基础上增加一个控制延期时间的延期元件。此延期元件为5芯铅管体,置于引火装置和起爆药之间,在规定的延期时间燃烧完后,才使电雷管爆炸。<br>2. 电雷管的性能<br>(1)动作时间。电雷管从通电开始到爆炸的时间为动作时间。电雷管在通入特定电流(康铜丝为2 A恒定直流电,镍铬丝为1.2 A恒定直流电)时,测得的动作时间称为电雷管的秒量,以s或ms(1 ms=1/1 000 s)来表示。国产秒延期电雷管和毫秒延期电雷管用1.5 A恒定直流电测定的动作时间即秒量。<br>(2)电雷管全电阻。桥丝电阻和脚线电阻之和为电雷管全电阻,简称电雷管电阻。电雷管全电阻对安全爆破影响很大,在电雷管发放前必须逐个测定,排除断路、短路、电阻特大或特小的电雷管,使同一网路的电雷管电阻差不应超过相关规定 |

续表

| 项目 | 具体内容 |
|---|---|
| 煤矿许用瞬发电雷管 | 通电流后瞬时爆炸的电雷管为瞬发电雷管。<br>瞬发电雷管为直插式引火装置,无加强帽,构造比较简单,引发过程是由电流通过桥丝产生电阻热,瞬间点燃并起爆正起爆药,继而引爆副起爆药。当起爆药一经点燃后,即使电流中断也能爆炸。瞬发电雷管由通电到爆炸时间小于13 ms,瞬间即爆,无延期过程,故称瞬发电雷管。<br>瞬发电雷管可分为普通型和煤矿许用型两种。普通型只可用于露天爆破,煤矿许用型可用于高瓦斯矿井和煤与瓦斯突出矿井。<br>煤矿许用型瞬发电雷管与普通瞬发电雷管结构基本相同。它之所以具有不引爆瓦斯的安全性,主要是在副起爆药(猛炸药)中加入适量的消焰剂。消焰剂通常采用氯化钾,具有降低爆温、消焰和隔离瓦斯与爆炸火焰接触的作用,从而有效预防引爆瓦斯。瞬发电雷管在巷道掘进中只能用于全断面分次爆破。其保质期一般为2年 |
| 煤矿许用毫秒延期电雷管 | 通电后以若干毫秒间隔时间延期爆炸的电雷管为毫秒延期电雷管,简称毫秒电雷管。<br>毫秒延期电雷管的构造与秒延期电雷管基本相同,只是延期药不同。毫秒电雷管分为普通型和煤矿许用型两种。<br>(1)普通型。国产普通型毫秒延期电雷管共20段,用1.5 A恒定直流电测定。<br>(2)煤矿许用型(安全型)。普通型毫秒电雷管由于金属管壳、加强帽、聚乙烯绝缘脚线包皮等在雷管爆炸时易产生灼热碎片和残渣,延期药燃烧时喷出高温颗粒残渣,副起爆药爆炸时产生高温火焰等原因,仍有引爆瓦斯的可能性。为了避免出现这些情况,煤矿许用毫秒电雷管经过改进,除在猛炸药中加入消焰剂外,还将延期药装入铅延期体的五个细管中,并加厚管壁等措施,有效地解决了上述不安全因素。所以,煤矿许用毫秒电雷管用于煤矿井下所有爆破作业时能确保爆破安全。煤矿普通型毫秒电雷管可广泛用于各类爆破工程中,但不能用于煤矿井下爆破作业。煤矿许用毫秒电雷管可适用于有瓦斯或煤尘爆炸危险的采掘工作面、高瓦斯矿井或煤与瓦斯突出矿井。毫秒延期电雷管的保质期一般为一年半 |

## 考点5 起爆药卷(引药)装配

| 项目 | 具体内容 |
|---|---|
| 概念 | 装配起爆药卷(引药)就是把电雷管装进药卷,形成引爆药卷 |
| 《煤矿安全规程》的有关规定 | 装配起爆药卷时,必须遵守下列规定:<br>(1)必须在顶板完好、支架完整、避开电气设备和导电体的爆破工作地点附近进行。严禁坐在爆炸材料箱上装配起爆药卷。装配起爆药卷数量,以当时当地需要的数量为限。<br>(2)装配起爆药卷必须防止电雷管受震动、冲击,折断脚线和损坏脚线绝缘层。<br>(3)电雷管必须由药卷的顶部装入,严禁用电雷管代替竹、木棍扎眼。电雷管必须全部插入药卷内。严禁将电雷管斜插在药卷的中部或捆在药卷上 |

续表

| 项目 | 具体内容 |
| --- | --- |
| 《煤矿安全规程》的有关规定 | (4)电雷管插入药卷后,必须用脚线将药卷缠住,并将电雷管脚线扭结成短路。<br>除《煤矿安全规程》的上述规定外,还有如下要求:<br>(1)只准爆破工装配起爆药卷,不得由其他人代替。<br>(2)一个起爆药卷内只准插放一个电雷管 |
| 起爆药卷装配方法 | 装配起爆药卷时,电雷管只许由药卷的顶部(非聚能穴端)装入,装入的方法有两种:<br>(1)药卷扎眼装配。先将药卷顶部揉软,再用一根略大于电雷管直径的尖头木棍或竹棍,在药卷顶端中心垂直扎一孔眼,将电雷管全部插入孔眼中,然后用电雷管脚线在药卷上套一个扣,剩余脚线全部缠绕药卷,以便把电雷管固定在药卷内,并把电雷管脚线末端扭结短路。<br>(2)启开药卷封口装配。先用手将药卷揉搓松软,再打开药卷顶部封口,用木、竹棍在药卷顶端中心扎略大于雷管直径的孔眼,再将电雷管全部装入药卷,用雷管脚线把封口扎牢,同时把电雷管脚线末端扭结成短路。<br>注意:不得用电雷管代替竹、木棍扎眼;电雷管必须全部插入药卷内;严禁将电雷管从侧面斜插入药卷或捆在药卷上 |
| 装配起爆药卷常见事故 | (1)装配起爆药卷的地点选择的不好,由于顶板矸石掉下,砸到电雷管,导致雷管爆炸。<br>(2)从成束雷管中抽出单个雷管时,没有顺好电雷管脚线,抽取单个雷管用力过大,致使封口塞松动,两根脚线错动,造成雷管拒爆,或造成雷管桥丝与管体内壁发生摩擦,使雷管发生燃烧或爆炸,造成人员伤亡。<br>(3)电雷管脚线没有扭结成短路,脚线搭到巷壁、轨道、管路、电缆等导电体、有静电的塑料制品上,导致发火电流通过雷管,引起雷管爆炸。<br>(4)用电雷管直接插入炸药内,用力过大,引起雷管爆炸,或把药卷挤压过分密实引起药卷拒爆。<br>(5)坐在爆炸材料箱上装配起爆药卷。一旦一个雷管发生爆炸,引爆其他爆炸材料,使事故扩大 |

## 第二节　煤矿爆破安全技术措施

### 考点 1　爆炸物品贮存

| 项目 | 具体内容 |
| --- | --- |
| 爆炸物品贮存库房的要求 | (1)爆炸物品的贮存,永久性地面爆炸物品库建筑结构(包括永久性埋入式库房)及各种防护措施,总库区的内、外部安全距离等,必须遵守国家有关规定。井上、下接触爆炸 |

续表

| 项目 | 具体内容 |
| --- | --- |
| 爆炸物品贮存库房的要求 | 物品的人员，必须穿棉布或者抗静电衣服。<br>(2)建有爆炸物品制造厂的矿区总库，所有库房贮存各种炸药的总容量不得超过该厂1个月生产量，雷管的总容量不得超过3个月生产量。没有爆炸物品制造厂的矿区总库，所有库房贮存各种炸药的总容量不得超过由该库所供应的矿井2个月的计划需要量，雷管的总容量不得超过6个月的计划需要量。单个库房的最大容量：炸药不得超过200 t，雷管不得超过500万发。<br>(3)地面分库所有库房贮存爆炸物品的总容量：炸药不得超过75 t，雷管不得超过25万发。单个库房的炸药最大容量不得超过25 t。地面分库贮存各种爆炸物品的数量，不得超过由该库所供应矿井3个月的计划需要量。<br>(4)开凿平硐或者利用已有平硐作为爆炸料库时，必须遵守下列规定：<br>①硐口必须装有向外开启的2道门，由外往里第一道门为包铁皮的木板门，第二道门为栅栏门。<br>②硐口到最近贮存硐室之间的距离超过15 m时，必须有2个入口。<br>③硐口前必须设置横堤，横堤必须高出硐口1.5 m，横堤的顶部长度不得小于硐口宽度的3倍，顶部厚度不得小于1 m。横堤的底部长度和厚度，应当根据所用建筑材料的静止角确定。<br>④库房底板必须高于通向爆炸物品库巷道的底板，硐口到库房的巷道坡度为5‰，并应有带盖的排水沟，巷道内可以铺设轨道，但硐室内不得铺设轨道。<br>⑤除有运输爆炸物品用的巷道外，还必须有通风巷道（钻眼、探井或者平硐），其入口和通风设备必须设置在围墙以内。<br>⑥库房必须采用不燃性材料支护。巷道内采用固定式照明时，开关必须设在地面。<br>⑦爆炸物品库上面覆盖层厚度小于10 m时，必须装设防雷电设备。<br>⑧检查电雷管的工作，必须在爆炸物品贮存硐室外设有安全设施的专用房间或者硐室内进行。<br>(5)各种爆炸物品的每一品种都应当专库贮存；当条件限制时，按国家有关同库贮存的规定贮存。存放爆炸物品的木架每格只准放1层爆炸物品箱。<br>(6)地面爆炸物品库必须有发放爆炸物品的专用套间或者单独房间。分库的炸药发放套间内，可临时保存爆破工的空爆炸物品箱与发爆器。在分库的雷管发放套间内发放雷管时，必须在铺有导电的软质垫层并有边缘突起的桌子上进行 |
| 避雷电的要求 | 爆炸材料库上覆层厚度小于10 m时，必须设有防雷电感应装置、防静电积聚装置和电气设备保护接地装置。一般采用装设避雷器，安装雷电报警仪等。在贮存电雷管、黑索金、TNT炸药的库房，必须设置二次防雷装置。电雷管的导通检查工作，必须在专用的单间室内进行。工作室内要有单独的工作台、导通表和防爆筒。导通的桌子上必须铺有导静电的半导体橡胶板，操作者胸前设护心板和其他安全设施。 |

续表

| 项目 | 具体内容 |
| --- | --- |
| 井下爆炸物品库的要求 | (1)井下爆炸物品库应当采用硐室式、壁槽式。爆炸物品必须贮存在硐室或者壁槽内,硐室之间或者壁槽之间的距离,必须符合爆炸物品安全距离的规定。井下爆炸物品库应当包括库房、辅助硐室和通向库房的巷道。辅助硐室中,应当有检查电雷管全电阻、发放炸药以及保存爆破工空爆炸物品箱等的专用硐室。<br>(2)井下爆炸物品库必须采用砌碹或者用非金属不燃性材料支护,不得渗漏水,并采取防潮措施。爆炸物品库出口两侧的巷道,必须采用砌碹或者用不燃性材料支护,支护长度不得小于5 m。库房必须备有足够数量的消防器材。<br>(3)井下爆炸物品库的最大贮存量,不得超过矿井3 d的炸药需要量和10 d的电雷管需要量。井下爆炸物品库的炸药和电雷管必须分开贮存。每个硐室贮存的炸药量不得超过2 t,电雷管不得超过10 d的需要量;每个壁槽贮存的炸药量不得超过400 kg,电雷管不得超过2 d的需要量。库房的发放爆炸物品硐室允许存放当班待发的炸药,最大存放量不得超过3箱。<br>(4)在多水平生产的矿井、井下爆炸物品库距爆破工作地点超过2.5 km的矿井以及井下不设置爆炸物品库的矿井内,可以设爆炸物品发放硐室,并必须遵守下列规定:<br>①发放硐室必须设在独立通风的专用巷道内,距使用的巷道法线距离不得小于25 m。<br>②发放硐室爆炸物品的贮存量不得超过1 d的需要量,其中炸药量不得超过400 kg。<br>③炸药和电雷管必须分开贮存,并用不小于240 mm厚的砖墙或者混凝土墙隔开。<br>④发放硐室应当有单独的发放间,发放硐室出口处必须设1道能自动关闭的抗冲击波活门。<br>⑤建井期间的爆炸物品发放硐室必须有独立通风系统。必须制定预防爆炸物品爆炸的安全措施。<br>⑥管理制度必须与井下爆炸物品库相同。<br>(5)井下爆炸物品库必须采用矿用防爆型(矿用增安型除外)照明设备,照明线必须使用阻燃电缆,电压不得超过127 V。严禁在贮存爆炸物品的硐室或者壁槽内安设照明设备。不设固定式照明设备的爆炸物品库,可使用带绝缘套的矿灯。任何人员不得携带矿灯进入井下爆炸物品库房内。库内照明设备或者线路发生故障时,检修人员可以在库房管理人员的监护下使用带绝缘套的矿灯进入库内工作 |
| 爆炸物品相关制度 | 煤矿企业必须建立爆炸物品领退制度和爆炸物品丢失处理办法。电雷管(包括清退入库的电雷管)在发给爆破工前,必须用电雷管检测仪逐个测试电阻值,并将脚线扭结成短路。发放的爆炸物品必须是有效期内的合格产品,并且雷管应当严格按同一厂家和同一品种进行发放。爆炸物品的销毁,必须遵守《民用爆炸物品安全管理条例》 |

## 考点2 爆炸物品运输

| 项目 | 具体内容 |
| --- | --- |
| 爆炸物品运输规定 | (1)在地面运输爆炸物品时,必须遵守《民用爆炸物品安全管理条例》以及有关标准规定。<br>(2)在井筒内运送爆炸物品时,应当遵守下列规定:<br>①电雷管和炸药必须分开运送;但在开凿或者延深井筒时,符合《煤矿安全规程》中开凿或者延深立井井筒中的装配起爆药卷工作,必须在地面专用的房间内进行规定的,不受此限。<br>②必须事先通知绞车司机和井上、下把钩工。<br>③运送硝化甘油类炸药或电雷管时,罐笼内只准放置1层爆炸物品箱,不得滑动。运送其他类炸药时,爆炸物品箱堆放的高度不得超过罐笼高度的2/3。使用吊桶运送爆炸物品时,必须使用专用箱。<br>④在装有爆炸物品的罐笼或者吊桶内,除爆破工或者护送人员外,不得有其他人员。<br>⑤罐笼升降速度,运送电雷管时,不得超过2 m/s;运送其他类爆炸物品时,不得超过4 m/s。吊桶升降速度,不论运送何种爆炸物品,都不得超过1 m/s。司机在启动和停绞车时,应当保证罐笼或者吊桶不震动。<br>⑥在交接班、人员上下井的时间内,严禁运送爆炸物品。<br>⑦禁止将爆炸物品存放在井口房、井底车场或者其他巷道内。<br>(3)井下用机车运送爆炸物品时,应当遵守下列规定:<br>①炸药和电雷管在同一列车内运输时,装有炸药与装有电雷管的车辆之间,以及装有炸药或者电雷管的车辆与机车之间,必须用空车分别隔开,隔开长度不得小于3 m。<br>②硝化甘油类炸药和电雷管必须装在专用的、带盖的、有木质隔板的车厢内,车厢内部应当铺有胶皮或者麻袋等软质垫层,并只准放置1层爆炸物品箱。炸药箱可以装在矿车内,但堆放高度不得超过矿车上缘。运输炸药、电雷管的矿车或者车厢必须有专门的警示标识。<br>③爆炸物品必须由井下爆炸物品库负责人或者经过专门培训的人员专人护送。跟车工、护送人员和装卸人员应当坐在尾车内,严禁其他人员乘车。<br>④列车的行驶速度不得超过2 m/s。<br>⑤装有爆炸物品的列车不得同时运送其他物品。<br>(4)井下采用无轨胶轮车运送爆炸物品时,应当按照民用爆炸物品运输管理有关规定执行。<br>(5)水平巷道和倾斜巷道内有可靠的信号装置时,可以用钢丝绳牵引的车辆运送爆炸物品,炸药和电雷管必须分开运输,运输速度不得超过1 m/s。运输电雷管的车辆必须加盖、加垫,车厢内以软质垫物塞紧,防止震动和撞击。严禁用刮板输送机、带式输送机等运输爆炸物品。<br>(6)由爆炸物品库直接向工作地点用人力运送爆炸物品时,应当遵守下列规定:<br>①电雷管必须由爆破工亲自运送,炸药应当由爆破工或者在爆破工监护下运送。<br>②爆炸物品必须装在耐压和抗撞冲、防震、防静电的非金属容器内,不得将电雷管和 |

续表

| 项目 | 具体内容 |
| --- | --- |
| 爆炸物品运输规定 | 炸药混装。严禁将爆炸物品装在衣袋内。领到爆炸物品后,应当直接送到工作地点,严禁中途逗留。<br>③携带爆炸物品上、下井时,在每层罐笼内搭乘的携带爆炸物品的人员不得超过 4 人,其他人员不得同罐上下。<br>④在交接班、人员上下井的时间内,严禁携带爆炸物品人员沿井筒上下 |

## 考点 3 安全爆破

| 项目 | 具体内容 |
| --- | --- |
| 一炮三检制和三人连锁爆破制 | 1. 一炮三检制<br>《煤矿安全规程》规定,爆破作业必须执行"一炮三检制"。<br>"一炮三检制"就是指在采掘工作面装药前、爆破前和爆破后爆破工、班组长和瓦斯检查员都必须在现场,由瓦斯检查员检查瓦斯爆破地点附近 20 m 以内风流中瓦斯浓度达到 1% 时,不准装药、爆破。爆破后瓦斯浓度达到 1% 时,必须立即处理,并不准用电钻打眼。<br>执行"一炮三检制",是为了加强爆破前瓦斯检查,防止漏检,避免在瓦斯超限情况下爆破。<br>2. 三人联锁爆破制<br>爆破工连好线后,把"警戒牌"交给班组长,班组长派人警戒,并检查顶板与支架情况,然后把自己带的"爆破命令牌"交给瓦斯检查员,瓦斯检查员检查瓦斯、煤尘合格后,将自己带的"爆破牌"交给爆破工,爆破工发出爆破口哨进行爆破。<br>"三人联锁爆破制"是爆破工、瓦斯检查工和班组长 3 人,以换牌联锁的方式,互相制约和监督,以确保爆破安全的一项重要制度 |
| 安全起爆程序 | (1)爆破前,爆破工必须把爆炸材料箱放到警戒线以外,做好爆破准备。<br>(2)爆破工在检查连线工作无误后,通知班组长布置警戒。<br>(3)在有煤尘爆炸危险的煤层中,在掘进工作面爆破前,爆破地点附近 20 m 的巷道内,都必须洒水降尘。<br>(4)爆破前,必须加强对各种机器、液压支架和电缆等的保护,或将其移出工作面。<br>(5)班组长认真检查顶板、支架、上下出口、风量、阻塞物、工具设备、洒水等爆破准备工作,达到爆破要求条件时,负责布置警戒,组织人员撤离到规定的安全地点躲避。<br>爆破前,班组长必须亲自布置专人在警戒线和可能进入爆破地点的所有通路上担任警戒工作。警戒人员必须在安全地点警戒。警戒线处应设置警戒牌、栏杆或拉绳。<br>(6)班组长必须清点人数,确认无误后,瓦斯检查员对爆破地点附近 20 m 内风流中瓦斯进行检查,瓦斯浓度在 1% 以下、煤尘符合规定后,方准下达起爆命令。<br>(7)爆破工接到爆破命令后,才允许将爆破母线与连接线(或脚线)进行连接。母线与 |

续表

| 项目 | 具体内容 |
| --- | --- |
| 安全起爆程序 | 电雷管脚线连接后，爆破工即吹口哨并大声叫喊"要爆破啦"，待其他人员离开后，爆破工才最后离开爆破地点，并必须在安全地点起爆。起爆地点到爆破地点的距离必须在作业规程中具体规定。爆破工、警戒人员和爆破时躲避人员都必须躲在有支架、物体等掩护体和支护、通风良好的安全地点。<br>(8)检查线路和爆破通电工作只能由爆破工一人操作。爆破前，爆破工应先用导通表或爆破电桥以及欧姆表检查爆破网路是否导通、电阻是否过大，若网路不通或电阻过大，必须查清原因。<br>(9)爆破时，先将爆破母线扭结解开，牢固地接在发爆器的接线柱上。若网路正常，爆破工接到起爆命令后，必须先发出爆破警号，高喊数声"爆破"或鸣笛数声，至少再等5 s，方可起爆。<br>(10)使用电容式发爆器时，先将钥匙插入发爆器内，将毫秒开关转至"充电"位置，待氖灯泡闪亮稳定(MFB 型发爆器)或红绿灯交替闪烁(MFBB 型发爆器)时，再迅速将开关转至"放电"位置。当经过"放电"位置瞬间，发爆器电能输入爆破网路，从而引爆炮眼的电雷管和炸药。<br>(11)爆破后，爆破工必须立即取下发爆器把手或钥匙，并把爆破母线从发爆器电源上摘下，扭结成短路。<br>(12)装药的炮眼应当班爆破完毕。特殊情况下，当班留有尚未爆破的装药的炮眼时，当班爆破工必须在现场向下一班爆破工交接清楚 |

## 考点4　爆破事故的预防

| 项目 | 具体内容 |
| --- | --- |
| 预防爆破崩人的措施 | (1)爆破母线要有足够的长度，躲避处要选择在能避开飞石、飞煤袭击的安全地点；掩护物要有足够的强度。<br>(2)爆破时，安全警戒必须执行《煤矿安全规程》的规定，班组长必须亲自布置专人在警戒线和可能进入爆破地点的所有通路上担任警戒工作。爆破未结束，任何人都不能进入爆破地点；警戒人员必须在安全地点警戒；必须指定责任心强的人当警戒员，一个警戒员不准同时警戒两个通路；警戒位置不能距离爆破地点过近；爆破后，只有在班组长通知解除警戒，方可到爆破地点检查爆破结果及其他情况。<br>(3)通电后装药炮眼不响时，如使用瞬发雷管，至少等 5 min，如使用延期电雷管至少等 15 min，方可沿线路检查，找出炮不响的原因，不能提前进入工作面，以免炮响崩人。<br>(4)爆破工应最后一个离开爆破地点，并按规定发出数次爆破警号，爆破前应清点人数。<br>(5)采取措施，避免因杂散电流造成突然爆炸崩人。<br>(6)爆破工爆破后要认真、细心地检查工作面爆破情况，防止遗留拒爆、残爆炮眼。处理拒爆、残爆时必须按《煤矿安全规程》规定的程序和方法操作 |

续表

| 项目 | 具体内容 |
| --- | --- |
| 预防爆破崩人的措施 | (7)爆破工应妥善保管好炸药、雷管、发爆器及其把手、钥匙，仔细检查散落在煤、岩中的爆炸材料，以免造成意外伤人 |
| 预防炮烟熏人的措施 | (1)掘进工作面停风或风量不足，或局部通风机的风筒口距离迎头太远时，禁止爆破。对于爆破后出现上述情况，应采取有效措施，增加迎头风量，使炮烟吹散排出。<br>(2)掘进工作面爆破后，待炮烟吹散吹净，作业人员方可进入爆破地点作业。<br>(3)不使用硬化、含水量超标、过期变质的炸药。<br>(4)控制一次爆破量，避免产生的炮烟量超过通风能力。<br>(5)采掘工作面避免串联通风，回风巷应保证有足够的通风断面，不应在巷道内长期堆积坑木、煤、矸障碍物。<br>(6)装药时，要清理干净炮眼内的煤、岩粉和水，保证炸药爆炸时的零氧平衡。<br>(7)爆破时，除警戒人员以外，其他人员都要在进风巷道内躲避等候；单孔掘进巷道内所有人员要远离爆破地点，同时风量要充足。<br>(8)作业人员通过较高浓度的炮烟区时，要用潮湿的毛巾捂住口鼻，并迅速通过。<br>(9)爆破前后，爆破地点附近应充分洒水，以利吸收部分有害气体和煤岩粉。<br>(10)炮眼封孔时应使用水炮泥，并且封泥的质量和长度符合作业规程的规定，以抑制有害气体的生成 |

## 案例分析

2003年7月7日20时，在某煤矿井口，班长卯应良安排放炮员张基坤、职工张永发2人到炸药库领炸药，其他7人一起入井。20时30分到161215工作面回风巷，班长卯应良未到工作面检查工作面安全情况，未召开班前会就进行了分工：3人打炮眼、2人铲煤、2人装车、卯应良和张基坤放炮（两人均有放炮合格证），然后就开始工作。

21时30分，张基坤和张永发背炸药到作业地点（161215工作面机尾）。打好两条穿巷的炮眼后，卯应良跟张基坤说："准备装药。"卯应良做炮头、装药，张基坤充填炮泥。大约23时30分，5条穿采巷道的炮眼都装好了炸药，张基坤安排职工杨小锤到运输上山溜子机头处后，就开始放炮。放炮顺序：从工作面溜子机头至机尾逐条穿采巷道进行，张基坤联线，卯应良敷设放炮母线和放炮，张基坤每次把雷管脚线与放炮母线联接好后，到放炮地点再把放炮器钥匙交给卯应良，卯应良进行启爆，这样依次放了4茬炮，工作面溜子机头和中段的4条穿采巷道都顺利爆破完成。

7月8日0时10分左右进行最后一条穿巷放炮时，张基坤正常进行联线，卯应良把放炮母线敷设好后，到161215进风上山上段问职工高庆吉："你的柱子打了多少棵？"高回答："打了十多棵。"卯应良就沿进风上山往下走，张基坤把雷管脚线与放炮线联好，退下来7～8 m到原穿采巷道的转弯处，卯应良用自己携带的备用放炮器钥匙把炮放响了，此时时间大约是

0时20分，张基坤被吓倒在闲置的溜槽上，张基坤觉得不对劲，放炮器钥匙还在自己身上，炮怎么会响呢？张基坤就喊班长的名字，边喊边沿进风上山往上爬。张基坤看到进风上山上段有灯光，就问："班长卯应良到哪里去了？"上面的人回答说："他已经下来了。"张立即反应过来，炮是卯应良放的，可能出事了，张基坤继续往上爬，发现进风上山距下面原穿采巷道8 m处有一堆煤，上山的左边已被炸成一个长2.0 m、深1.2 m的切口，上山的煤堆长2.0 m、高0.5 m、宽1.3 m，张立即组织5名职工把煤扒开，扒了6 min看见了卯应良，又扒了4 min才把卯应良全部刨出来，当时卯应良的脉搏还在跳动，但很弱，耳朵、嘴巴有血迹，现场的职工喊："班长——卯应良——"卯应良没有回音，大家立即把卯应良往上搬运到161215运输巷，张基坤叫高庆吉、田维元出去向井口调度室汇报，由两人抱着卯应良坐入空矿车，用蓄电池机车牵引运往井口，到了井口卯应良已死亡。

根据以上情况，请分析回答以下问题：

1. 造成此次事故的直接原因和间接原因。

2. 总结事故教训，请拟定此类事故的防范措施。

## 参考答案及解析

1.(1)直接原因：①违反"发爆器的把手、钥匙……必须由爆破工随身携带，严禁转交他人"之规定。两人有放炮钥匙。②现场管理混乱，职责不清，放炮警戒位置不合理。

(2)间接原因：①特殊工种管理存在缺陷。②职工安全教育、培训工作存在差距。

2.(1)事故教训：①放炮工作必须严格按《放炮员操作规程》执行，放炮母线敷设长度必须按作业规程的规定敷设够。②放炮前，班长必须全面检查作业地点的安全情况，确认无危险后，亲自派专人到通入放炮地点各个通口的指定安全位置进行站岗，经班长检查确无危险，并清点好现场作业人数后，方可下达放炮命令。③工程技术人员要经常深入现场，督促作业人员严格按作业规程的要求进行作业，掌握作业现场情况。

(2)防范措施：①加强对特殊工种的管理，在日常工作中经常检查特殊工种执行操作规程情况，并教育他们严格按操作规程作业。②加大对特殊工种的培训、复训工作力度，使特殊工种真正掌握操作技能，达到应知应会的要求。③加强现场安全检查、监察的力度，及时发现隐患并处理。要把事故隐患消灭在萌芽状态。④组织每位职工对自己工作中的违章事件进行反省，总结经验教训，找准存在问题，营造一个遵章守纪、按章作业的良好氛围。

# 第九章　机电运输技术

## 知识框架

- 机电运输技术
  - 机电运输安全综述
    - 机电人身事故综述
  - 煤矿机电运输安全措施
    - 平巷和倾斜井巷运输
    - 立井提升
    - 钢丝绳和连接装置
    - 提升装置

## 考点精讲

## 第一节　机电运输安全综述

### 考点　机电人身事故综述

| 项目 | 具体内容 |
| --- | --- |
| 概述 | 矿井机电人身事故主要是指采煤机、液压支架、刮板输送机、带式输送机、转载机、掘进机、装载机等在工作过程中发生的人身伤害事故，以及发生在低、高压电网与电机车直流架线的人身触电事故。机电事故除了能引发矿井瓦斯、煤尘爆炸和矿井火灾的严重后果外，常见的是频繁发生的非多人伤亡事故 |
| 常见事故 | 1. 采煤机伤人事故<br>采煤机是采煤工作面落煤、装煤的主要设备，其作业空间狭小、环节多、视线差，如果作业人员违章作业或疏忽大意，则很容易发生事故。常见的采煤机伤人事故有滚筒割人、采煤机下行碰人、牵引链弹跳或折断碰人，其中以滚筒割人事故居多。<br>2. 液压支架伤人事故<br>液压支架如果维护不当或违章操作，也易发生机械与人身事故，特别是安装、拆除与运输过程中，发生碰伤人的事故最多。<br>3. 刮板输送机的事故<br>刮板输送机事故主要有机头、机尾翻翘碰人、在溜槽上行走摔倒人、运料碰人、断链碰人、无联轴节保护罩碰人等，其中由于操作不当而使机头、机尾翻翘碰人的事故居多 |

续表

| 项目 | 具体内容 |
| --- | --- |
| 常见事故 | 4. 带式输送机造成的人员伤害事故<br>带式输送机造成的人员伤害事故主要是在连接输送带、踩踏输送带跨越、输送带上面行走、输送带下面通过、清扫输送带等方面，其中连接输送带时发生人身伤害事故居多。事故原因大多是由马虎大意、违章操作造成的。<br>5. 掘进机、装载机发生的事故<br>掘进机、装载机发生的事故大都是由违章作业或非司机操作，以及工作面环境不符合要求造成的。如有的司机没有停止截割头转动，就到工作面检查中线，结果被割死；有的停机不切断电源加以闭锁，其他人擅自开动机器，从而造成事故；有的由于耙斗装载机固定不牢，脱轨翻倒伤人等。<br>6. 触电事故<br>(1)低压电网触电事故的主要原因：①违章带电安装、带电检修、带电检查；②不执行停送电制度，停错、送错电；③用电安全技术管理有漏洞，如设备及电缆漏电，保护装置失灵而没有及时处理或更换。<br>(2)高压电网触电事故的主要原因：①带电清扫、带电检查、带电搬运、带电作业；②没有工作票、没有安全措施、没有执行高压电网作业中停电、验电、放电等规定和要求；③误操作，误停、送电，误认开关和电缆，没有执行作业监护制度，没有悬挂“有人作业，不准送电”牌；④没有高压漏电保护装置。<br>(3)直流触电事故的原因：①架线高度低，不符合《煤矿安全规程》要求；②带电修理电机车集电弓；③工人违章乘坐矿车；④矿车掉道后，使用长铁器处理时触及架线；⑤工人在有架线的巷道里扛钎子、管子等触及架线；⑥架线漏电或没装用直流漏电保护装置 |

# 第二节 煤矿机电运输安全措施

## 考点1 平巷和倾斜井巷运输

| 项目 | 具体内容 |
| --- | --- |
| 带式输送机运输规定 | 新建矿井不得使用钢丝绳牵引带式输送机。生产矿井采用钢丝绳牵引带式输送机运输时，必须遵守下列规定：<br>(1)装设过速保护、过电流和欠电压保护、钢丝绳和输送带脱槽保护、输送带局部过载保护、钢丝绳张紧车到达终点和张紧重锤落地保护，并定期进行检查和试验。<br>(2)在倾斜井巷中，必须在低速驱动轮上装设液控盘式失效安全型制动装置，制动力矩与设计最大静拉力差在闸轮上作用力矩之比在2~3；制动装置应当具备手动和自动双重制动功能。<br>(3)采用钢丝绳牵引带式输送机运送人员时，应当遵守下列规定：<br>①输送带至巷道顶部的垂距，在上、下人员的20 m区段内不得小于1.4 m，行驶区段 |

续表

| 项目 | 具体内容 |
| --- | --- |
| 带式输送机运输规定 | 内的垂距不得小于 1 m。下行带乘人时，上、下输送带间的垂距不得小于 1 m。<br>②输送带的宽度不得小于 0.8 m，运行速度不得超过 1.8 m/s。钢丝绳牵引带式输送机的输送带绳槽至带边的宽度不得小于 60 mm。<br>③人员乘坐间距不得小于 4 m。乘坐人员不得站立或者仰卧，应当面向行进方向。严禁携带笨重物品和超长物品，严禁触摸输送带侧帮。<br>④上、下人员的地点应当设有平台和照明。上行带平台的长度不得小于 5 m，宽度不得小于 0.8 m，并有栏杆。上、下人的区段内不得有支架或者悬挂装置。下人地点应当有标志或者声光信号，距离下人区段末端前方 2 m 处，必须设有能自动停车的安全装置。在机头、机尾下人处，必须设有人员越位的防护设施或者保护装置，并装设机械式倾斜挡板。<br>⑤运送人员前，必须卸除输送带上的物料。<br>⑥应当装有在输送机全长任何地点可由乘坐人员或者其他人员操作的紧急停车装置 |
| 轨道机车运输规定 | 采用轨道机车运输时，应当遵守下列规定：<br>(1)生产矿井同一水平行驶 7 台及以上机车时，应当设置机车运输监控系统；同一水平行驶 5 台及以上机车时，应当设置机车运输集中信号控制系统。新建大型矿井的井底车场和运输大巷，应当设置机车运输监控系统或者运输集中信号控制系统。<br>(2)列车或者单独机车均必须前有照明，后有红灯。<br>(3)列车通过的风门，必须设有当列车通过时能够发出在风门两侧都能接收到声光信号的装置。<br>(4)巷道内应当装设路标和警标。<br>(5)必须定期检查和维护机车，发现隐患，及时处理。机车的闸、灯、警铃(喇叭)、连接装置和撒砂装置，任何一项不正常或者失爆时，机车不得使用。<br>(6)正常运行时，机车必须在列车前端。机车行近巷道口、硐室口、弯道、道岔或者噪声大等地段，以及前有车辆或者视线有障碍时，必须减速慢行，并发出警号。<br>(7)2 辆机车或者 2 列列车在同一轨道同一方向行驶时，必须保持不少于 100 m 的距离。<br>(8)同一区段线路上，不得同时行驶非机动车辆。<br>(9)必须有用矿灯发送紧急停车信号的规定。非危险情况下，任何人不得使用紧急停车信号。<br>(10)机车司机开车前必须对机车进行安全检查确认；启动前，必须关闭车门并发出开车信号；机车运行中，严禁司机将头或者身体探出车外；司机离开座位时，必须切断电动机电源，取下控制手把(钥匙)，扳紧停车制动。在运输线路上临时停车时，不得关闭车灯。<br>(11)新投用机车应当测定制动距离，之后每年测定 1 次。运送物料时制动距离不得超过 40 m；运送人员时制动距离不得超过 20 m |

续表

| 项目 | 具体内容 |
|---|---|
| 轨道线路的要求 | 轨道线路应当符合下列要求：<br>(1)运行7 t及以上机车、3 t及以上矿车，或者运送15 t及以上载荷的矿井、采区主要巷道轨道线路，应当使用不小于30 kg/m的钢轨；其他线路应当使用不小于18 kg/m的钢轨。<br>(2)卡轨车、齿轨车和胶套轮车运行的轨道线路，应当采用不小于22 kg/m的钢轨。<br>(3)同一线路必须使用同一型号钢轨，道岔的钢轨型号不得低于线路的钢轨型号。<br>(4)轨道线路必须按标准铺设，使用期间应当加强维护，定期检修 |
| 架空线及轨道的要求 | 采用架线电机车运输时，架空线及轨道应当符合下列要求：<br>(1)架空线悬挂高度、与巷道顶或者棚梁之间的距离等，应当保证机车的安全运行。<br>(2)架空线的直流电压不得超过600 V。<br>(3)轨道应当符合下列规定：<br>①两平行钢轨之间，每隔50 m应当连接1根断面不小于50 $mm^2$的铜线或者其他具有等效电阻的导线。<br>②线路上所有钢轨接缝处，必须用导线或者采用轨缝焊接工艺加以连接。连接后每个接缝处的电阻应当符合要求。<br>③不回电的轨道与架线电机车回电轨道之间，必须加以绝缘。第一绝缘点设在2种轨道的连接处；第二绝缘点设在不回电的轨道上，其与第一绝缘点之间的距离必须大于1列车的长度。在与架线电机车线路相连通的轨道上有钢丝绳跨越时，钢丝绳不得与轨道相接触。<br>为了防止穿越轨道的钢丝绳将回电电流导向别处，规定钢丝绳不得直接与轨道接触。<br>长度超过1.5 km的主要运输平巷或者高差超过50 m的人员上下的主要倾斜井巷，应当采用机械方式运送人员。运送人员的车辆必须为专用车辆，严禁使用非乘人装置运送人员。严禁人、物料混运 |
| 采用平巷人车运送人员时的规定 | 采用平巷人车运送人员时，必须遵守下列规定：<br>(1)每班发车前，应当检查各车的连接装置、轮轴、车门(防护链)和车闸等。<br>(2)严禁同时运送易燃易爆或者腐蚀性的物品，或者附挂物料车。<br>(3)列车行驶速度不得超过4 m/s。<br>(4)人员上下车地点应当有照明，架空线必须设置分段开关或者自动停送电开关，人员上下车时必须切断该区段架空线电源。<br>(5)双轨巷道乘车场必须设置信号区间闭锁，人员上下车时，严禁其他车辆进入乘车场。<br>(6)应当设跟车工，遇有紧急情况时立即向司机发出停车信号。<br>(7)两车在车场会车时，驶入车辆应当停止运行，让驶出车辆先行 |

续表

| 项目 | 具体内容 |
| --- | --- |
| 倾斜井巷内使用串车提升时的规定 | 倾斜井巷内使用串车提升时,必须遵守下列规定:<br>(1)在倾斜井巷内安设能够将运行中断绳、脱钩的车辆阻止住的跑车防护装置。<br>(2)在各车场安设能够防止带绳车辆误入非运行车场或者区段的阻车器。<br>(3)在上部平车场入口安设能够控制车辆进入摘挂钩地点的阻车器。<br>(4)在上部平车场接近变坡点处,安设能够阻止未连挂的车辆滑入斜巷的阻车器。<br>(5)在变坡点下方略大于1列车长度的地点,设置能够防止未连挂的车辆继续往下跑车的挡车栏。<br>(6)在各车场安设用车时能发出警号的信号装置 |
| 倾斜井巷使用提升机或者绞车提升时的规定 | 倾斜井巷使用提升机或者绞车提升时,必须遵守下列规定:<br>(1)采取轨道防滑措施。<br>(2)按设计要求设置托绳轮(辊),并保持转动灵活。<br>(3)井巷上端的过卷距离,应当根据巷道倾角、设计载荷、最大提升速度和实际制动力等参量计算确定,并有1.5倍的备用系数。<br>(4)串车提升的各车场设有信号硐室及躲避硐;运人斜井各车场设有信号和候车硐室,候车硐室具有足够的空间。<br>(5)提升信号参照《煤矿安全规程》的相关规定。<br>(6)运送物料时,开车前把钩工必须检查牵引车数、各车的连接和装载情况。牵引车数超过规定,连接不良,或者装载物料超重、超高、超宽或者偏载严重有翻车危险时,严禁发出开车信号。<br>(7)提升时严禁蹬钩、行人 |
| 人力推车规定 | 人力推车必须遵守下列规定:<br>(1)1次只准推1辆车。严禁在矿车两侧推车。同向推车的间距,在轨道坡度小于或者等于5‰时,不得小于10 m;坡度大于5‰时,不得小于30 m。<br>(2)推车时必须时刻注意前方。在开始推车、停车、掉道、发现前方有人或者有障碍物,从坡度较大的地方向下推车以及接近道岔、弯道、巷道口、风门、硐室出口时,推车人必须及时发出警号。<br>(3)严禁放飞车和在巷道坡度大于7‰时人力推车。<br>(4)不得在能自动滑行的坡道上停放车辆,确需停放时必须用可靠的制动器或者阻车器将车辆稳住 |

## 考点2　立井提升

| 项目 | 具体内容 |
| --- | --- |
| 立井提升容器与载荷的要求 | 立井提升容器和载荷,必须符合下列要求:<br>(1)立井中升降人员应当使用罐笼。在井筒内作业或者因其他原因,需要使用普通箕 |

续表

| 项目 | 具体内容 |
| --- | --- |
| 立井提升容器与载荷的要求 | 斗或者救急罐升降人员时,必须制定安全措施。<br>(2)升降人员或者升降人员和物料的单绳提升罐笼必须装设可靠的防坠器。<br>(3)罐笼和箕斗的最大提升载荷和最大提升载荷差应当在井口公布,严禁超载和超最大载荷差运行。<br>(4)箕斗提升必须采用定重装载 |
| 罐笼的要求 | 专为升降人员和升降人员与物料的罐笼,必须符合下列要求:<br>(1)乘人层顶部应当设置可以打开的铁盖或者铁门,两侧装设扶手。<br>(2)罐底必须满铺钢板,如果需要设孔,必须设置牢固可靠的门;两侧用钢板挡严,并不得有孔。<br>(3)进出口必须装设罐门或者罐帘,高度不得小于 1.2 m。罐门或者罐帘下部边缘至罐底的距离不得超过 250 mm,罐帘横杆的间距不得大于 200 mm。罐门不得向外开,门轴必须防脱。<br>(4)提升矿车的罐笼内必须装有阻车器。升降无轨胶轮车时,必须设置专用定车或者锁车装置。<br>(5)单层罐笼和多层罐笼的最上层净高(带弹簧的主拉杆除外)不得小于 1.9 m,其他各层净高不得小于 1.8 m。带弹簧的主拉杆必须设保护套筒。<br>(6)罐笼内每人占有的有效面积应当不小于 0.18 $m^2$。罐笼每层内 1 次能容纳的人数应当明确规定。超过规定人数时,把钩工必须制止。<br>(7)严禁在罐笼同一层内人员和物料混合提升。升降无轨胶轮车时,仅限司机一人留在车内,且按提升人员要求运行 |
| 信号工发送信号时的规定 | 用多层罐笼升降人员或者物料时,井上、下各层出车平台都必须设有信号工。各信号工发送信号时,必须遵守下列规定:<br>(1)井下各水平的总信号工收齐该水平各层信号工的信号后,方可向井口总信号工发出信号。<br>(2)井口总信号工收齐井口各层信号工信号并接到井下水平总信号工信号后,才可向提升机司机发出信号。<br>信号系统必须设有保证按上述顺序发出信号的闭锁装置 |
| 联锁的要求 | 立井罐笼提升井口、井底和各水平的安全门与罐笼位置、摇台或者锁罐装置、阻车器之间的联锁,必须符合下列要求:<br>(1)井口、井底和中间运输巷的安全门必须与罐位和提升信号联锁:罐笼到位并发出停车信号后安全门才能打开;安全门未关闭,只能发出调平和换层信号,但发不出开车信号;安全门关闭后才能发出开车信号;发出开车信号后,安全门不能打开。<br>(2)井口、井底和中间运输巷都应当设置摇台或者锁罐装置,并与罐笼停止位置、阻车器和提升信号系统联锁:罐笼未到位,放不下摇台或者锁罐装置,打不开阻车器;摇台或 |

续表

| 项目 | 具体内容 |
| --- | --- |
| 联锁的要求 | 者锁罐装置未抬起，阻车器未关闭，发不出开车信号。<br>(3)立井井口和井底使用罐座时，必须设置闭锁装置，罐座未打开，发不出开车信号。升降人员时，严禁使用罐座 |

## 考点3　钢丝绳和连接装置

| 项目 | 具体内容 |
| --- | --- |
| 钢丝绳安全系数的要求 | 各种用途钢丝绳的安全系数，必须符合下列要求：<br>(1)各种用途钢丝绳悬挂时的安全系数，必须符合《煤矿安全规程》中钢丝绳安全系数最小值表中的要求。<br>(2)在用的缠绕式提升钢丝绳在定期检验时，安全系数小于下列规定值时，应当及时更换：<br>①专为升降人员用的小于7。<br>②升降人员和物料用的钢丝绳：升降人员时小于7，升降物料时小于6。<br>③专为升降物料和悬挂吊盘用的小于5 |
| 新钢丝绳的使用与管理规定 | 新钢丝绳的使用与管理，必须遵守下列规定：<br>(1)钢丝绳到货后，应当进行性能检验。合格后应当妥善保管备用，防止损坏或者锈蚀。<br>(2)每根钢丝绳的出厂合格证、验收检验报告等原始资料应当保存完整。<br>(3)存放时间超过1年的钢丝绳，在悬挂前必须再进行性能检测，合格后方可使用。<br>(4)钢丝绳悬挂前，必须对每根钢丝做拉断、弯曲和扭转3种实验，并以公称直径为准对实验结果进行计算和判定：<br>①不合格钢丝的断面积与钢丝总断面积之比达到6%，不得用作升降人员；达到10%，不得用作升降物料。<br>②钢丝绳的安全系数小于《煤矿安全规程》中规定的安全系数时，该钢丝绳不得使用。<br>(5)主要提升装置必须有检验合格的备用钢丝绳。<br>(6)专用于斜井提升物料且直径不大于18 mm的钢丝绳，有产品合格证和检测检验报告等，外观检查无锈蚀和损伤的，可以不进行第(1)(3)条所要求的检验 |
| 在用钢丝绳的使用与管理规定 | 在用钢丝绳的检验、检查与维护，应当遵守下列规定：<br>(1)升降人员或者升降人员和物料用的缠绕式提升钢丝绳，自悬挂使用后每6个月进行1次性能检验，悬挂吊盘的钢丝绳，每12个月检验1次<br>(2)升降物料用的缠绕式提升钢丝绳，悬挂使用12个月内必须进行第一次性能检验，以后每6个月检验1次。<br>(3)缠绕式提升钢丝绳的定期检验，可以只做每根钢丝的拉断和弯曲2种实验。实验 |

续表

| 项目 | 具体内容 |
| --- | --- |
| 在用钢丝绳的使用与管理规定 | 结果,以公称直径为准进行计算和判定。出现下列情况的钢丝绳,必须停止使用:<br>①不合格钢丝的断面积与钢丝总断面积之比达到25%时。<br>②钢丝绳的安全系数小于《煤矿安全规程》中规定的安全系数时。<br>(4)摩擦式提升钢丝绳、架空乘人装置钢丝绳、平衡钢丝绳以及专用于斜井提升物料且直径不大于18 mm的钢丝绳,不受第(1)(2)条限制。<br>(5)提升钢丝绳必须每天检查1次,平衡钢丝绳、罐道绳、防坠器制动绳(包括缓冲绳)、架空乘人装置钢丝绳、钢丝绳牵引带式输送机钢丝绳和井筒悬吊钢丝绳必须每周至少检查1次。对易损坏和断丝或者锈蚀较多的一段应当停车详细检查。断丝的突出部分应当在检查时剪下。检查结果应当记入钢丝绳检查记录簿。<br>(6)对使用中的钢丝绳,应当根据井巷条件及锈蚀情况,采取防腐措施。摩擦提升钢丝绳的摩擦传动段应当涂、浸专用的钢丝绳增摩脂。<br>(7)平衡钢丝绳的长度必须与提升容器过卷高度相适应,防止过卷时损坏平衡钢丝绳。使用圆形平衡钢丝绳时,必须有避免平衡钢丝绳扭结的装置。<br>(8)严禁平衡钢丝绳浸泡水中。<br>(9)多绳提升的任意一根钢丝绳的张力与平均张力之差不得超过±10%。<br>有接头的钢丝绳,仅限于下列设备中使用:平巷运输设备;无极绳绞车;架空乘人装置;钢丝绳牵引带式输送机。钢丝绳接头的插接长度不得小于钢丝绳直径的1 000倍。<br>在钢丝绳使用期间,断丝数突然增加或者伸长突然加快,必须立即更换 |
| 连接装置性能指标的要求 | 立井和斜井使用的连接装置的性能指标和投用前的试验,必须符合下列要求:<br>(1)各种环链的安全系数,必须以曲梁理论计算的应力为准,并同时符合下列要求:按材料屈服强度计算的安全系数,不小于2.5;以模拟使用状态拉断力计算的安全系数,不小于13。<br>(2)各种连接装置主要受力件的冲击功必须符合下列要求:常温(15 ℃)下不小于100 J;低温(-30 ℃)下不小于70 J。<br>(3)各种保险链以及矿车的连接环、链和插销等,必须符合下列要求:<br>①批量生产的,必须做抽样拉断试验,不符合要求时不得使用。<br>②初次使用前和使用后每隔2年,必须逐个以2倍于其最大静荷重的拉力进行实验,发现裂纹或者永久伸长量超过0.2%时,不得使用。<br>(4)立井提升容器与提升钢丝绳的连接,应当采用楔形连接装置。每次更换钢丝绳时必须对连接装置的主要受力部件进行探伤检验,合格后方可继续使用。楔形连接装置的累计使用期限:单绳提升不得超过10年;多绳提升不得超过15年。<br>(5)倾斜井巷运输时,矿车之间的连接、矿车与钢丝绳之间的连接,必须使用不能自行脱落的连接装置,并加装保险绳。<br>(6)倾斜井巷运输用的钢丝绳连接装置,在每次换钢丝绳时,必须用2倍于其最大静荷重的拉力进行实验 |

续表

| 项目 | 具体内容 |
|---|---|
| 连接装置性能指标的要求 | (7)倾斜井巷运输用的矿车连接装置,必须至少每年进行1次2倍于其最大静荷重的拉力实验 |

## 考点4 提升装置

| 项目 | 具体内容 |
|---|---|
| 提升装置的装设要求 | 提升装置必须按下列要求装设安全保护:<br>(1)过卷和过放保护。当提升容器超过正常终端停止位置或者出车平台0.5 m时,必须能自动断电,且使制动器实施安全制动。<br>(2)超速保护。当提升速度超过最大速度15%时,必须能自动断电,且使制动器实施安全制动。<br>(3)过负荷和欠电压保护。<br>(4)限速保护。提升速度超过3 m/s的提升机必须装设限速保护,以保证提升容器或者平衡锤到达终端位置时的速度不超过2 m/s。当减速段速度超过设定值的10%时,必须能自动断电,且使制动器实施安全制动。<br>(5)提升容器位置指示保护。当指示器失效时,能自动断电,且使制动器实施安全制动。<br>(6)闸间隙保护装置。当闸间隙装置超过规定值时,能自动报警或自动断电。<br>(7)松绳保护。缠绕式提升机应当设置松绳保护装置并接入安全回路或者报警回路。箕斗提升时,松绳保护装置动作后,严禁受煤仓放煤。<br>(8)仓位超限保护。箕斗提升的井口煤仓仓满时,能报警和自动断电。<br>(9)减速功能保护。当提升容器或者平衡锤到达设计减速点时,能示警并开始减速。<br>(10)错向运行保护。当发生错向时,能自动断电,且使制动器实施安全制动。<br>过卷保护、超速保护、限速保护和减速功能保护应当设置为相互独立的双线型式。缠绕式提升机应当加设定车装置。<br>提升机必须装设可靠的提升容器位置指示器、减速声光示警装置,必须设置机械制动和电气制动装置。严禁司机擅自离开工作岗位。<br>机械制动装置应当采用弹簧式,能实现工作制动和安全制动。工作制动必须采用可调节的机械制动装置。安全制动必须有并联冗余的回油通道。双滚筒提升机每个滚筒的制动装置必须能够独立控制,并具有调绳功能 |
| 提升机操作规定 | 提升机操作必须遵守下列规定:<br>(1)主要提升装置应当配有正、副司机。自动化运行的专用于提升物料的箕斗提升机,可不配备司机值守,但应当设图像监视并定时巡检。<br>(2)升降人员的主要提升装置在交接班升降人员的时间内,必须由正司机操作,副司机监护 |

续表

| 项目 | 具体内容 |
| --- | --- |
| 提升机操作规定 | (3)每班升降人员前,应当先空载运行1次,检查提升机动作情况;但连续运转时,不受此限。<br>(4)如发生故障,必须立即停止提升机运行,并向矿调度室报告 |
| 提升装置的维护与检测 | (1)新安装的矿井提升机,必须验收合格后方可投入运行。专门升降人员及混合提升的系统应当每年进行1次性能检测,其他提升系统每3年进行1次性能检测,检测合格后方可继续使用。<br>(2)提升装置管理必须具备下列资料,并妥善保管:提升机说明书;提升机总装配图;制动装置结构图和制动系统图;电气系统图;提升机、钢丝绳、天轮、提升容器、防坠器和罐道等的检查记录簿;钢丝绳的检验和更换记录簿;安全保护装置试验记录簿;故障记录簿;岗位责任制和设备完好标准;司机交接班记录簿;操作规程。制动系统图、电气系统图、提升装置的技术特征和岗位责任制等应当悬挂在提升机房内 |

## 案例分析

2008年1月22日早班10点50分左右,某矿采二工区机动班副班长焦某、新入矿技校生汪某在1115联络巷卸矿车内630变速箱时,起吊变速箱用的直径6.3 mm钢丝绳突然断裂,吊起的变速箱落回矿车将矿车砸倒,站在矿车一侧正在拉葫芦的焦、汪二人被挤在巷道左帮。造成焦某死亡,汪某腹部受轻伤。

根据以上情况,请分析回答以下问题:

1. 简述在用钢丝绳的管理规定。

2. 请拟定此类事故的防范措施。

## 参考答案及解析

1. 在用钢丝绳的检验、检查与维护,应当遵守下列规定:

(1)升降人员或者升降人员和物料用的缠绕式提升钢丝绳,自悬挂使用后每6个月进行1次性能检验,悬挂吊盘的钢丝绳,每12个月检验1次。

(2)升降物料用的缠绕式提升钢丝绳,悬挂使用12个月内必须进行第一次性能检验,以后每6个月检验1次。

(3)缠绕式提升钢丝绳的定期检验,可以只做每根钢丝的拉断和弯曲2种实验。实验结果,以公称直径为准进行计算和判定。出现下列情况的钢丝绳,必须停止使用:

①不合格钢丝的断面积与钢丝总断面积之比达到25%时;

②钢丝绳的安全系数小于《煤矿安全规程》中规定的安全系数时。

(4)摩擦式提升钢丝绳、架空乘人装置钢丝绳、平衡钢丝绳以及专用于斜井提升物料且直径不大于18 mm的钢丝绳,不受第(1)(2)条限制。

(5)提升钢丝绳必须每天检查1次,平衡钢丝绳、罐道绳、防坠器制动绳(包括缓冲绳)、架空乘人装置钢丝绳、钢丝绳牵引带式输送机钢丝绳和井筒悬吊钢丝绳必须每周至少检查1次。对易损坏和断丝或者锈蚀较多的一段应当停车详细检查。断丝的突出部分应当在检查时剪下。检查结果应当记入钢丝绳检查记录簿。

(6)对使用中的钢丝绳,应当根据井巷条件及锈蚀情况,采取防腐措施。摩擦提升钢丝绳的摩擦传动段应当涂、浸专用的钢丝绳增摩脂。

(7)平衡钢丝绳的长度必须与提升容器过卷高度相适应,防止过卷时损坏平衡钢丝绳。使用圆形平衡钢丝绳时,必须有避免平衡钢丝绳扭结的装置。

(8)严禁平衡钢丝绳浸泡水中。

(9)多绳提升的任意一根钢丝绳的张力与平均张力之差不得超过±10%。

有接头的钢丝绳,仅限于下列设备中使用:平巷运输设备;无极绳绞车;架空乘人装置;钢丝绳牵引带式输送机。钢丝绳接头的插接长度不得小于钢丝绳直径的1 000倍。

在钢丝绳使用期间,断丝数突然增加或者伸长突然加快,必须立即更换。

2. 防范措施:

(1)强化对职工的安全教育,切实增强职工按章作业的能力和自觉性。

(2)加强薄弱人员的排查与帮教,及时消除人的不安全行为。

(3)强化零星施工地点及零散作业人员的安全管理,做到有措施、有安排、有检查、有落实,确保安全作业。

(4)举一反三,加大隐患排查力度,超前防范各类事故。

# 第十章　边坡灾害防治技术

## 知识框架

边坡灾害防治技术
- 煤矿边坡灾害相关知识
  - 边坡工程一般规定
  - 边坡整治
- 煤矿边坡灾害防治技术措施
  - 不稳定边坡的预防措施
  - 边坡的安全管理

## 考点精讲

## 第一节　煤矿边坡灾害相关知识

### 考点1　边坡工程一般规定

| 项目 | 具体内容 |
| --- | --- |
| 概念 | 为满足工程需要而对自然边坡和人工边坡进行改造,称为边坡工程 |
| 边坡岩土工程勘察与设计 | 露天煤矿边坡岩土工程勘察是边坡稳定性评价的重要基础工作。露天煤矿采掘场最终边坡角的大小和稳定程度对露天煤矿的剥离量、生产和安全影响极大,是影响露天开采经济效益的重要因素之一。而可靠的工程地质参数是确定经济合理的边坡角的基础。<br>露天煤矿边坡工程勘察场地复杂程度可分为以下四种类型:<br>(1)简单型。岩土类型比较单一,岩性变化不大,岩层产状稳定,接触面比较规则,褶皱、断裂不发育,地质结构简单,水文地质条件单一。<br>(2)中等复杂型。岩石类型较多,岩性变化较大,岩层或结构面不够稳定,褶皱、断裂较发育,有顺坡向软弱结构面,地质结构和水文地质条件较复杂。<br>(3)复杂型。岩石类型多,岩性变化大,岩层产状多变,褶皱、断裂发育,软弱结构面发育,地质结构和水文地质条件复杂。<br>(4)很复杂型。岩石类型很多,岩性多变,岩体破碎现象十分显著,次一级褶皱和断裂发育,软弱结构面十分发育,地质结构和水文地质条件很复杂且对边坡稳定影响强烈。地质条件的复杂程度直接影响到勘察工作的布置。<br>边坡工程设计受安全性及经济效益的影响,边坡角度设计过陡,边坡易出现滑坡事故,边坡角度设计过缓,剥离费用增大,效益降低。边坡设计就是要在保证安全的基础上给出最优的边坡角度 |

续表

| 项目 | 具体内容 |
| --- | --- |
| 采装一般规定 | 露天采场最终边坡的台阶坡面角和边坡角，必须符合最终边坡设计要求。最小工作平盘宽度，必须保证采掘、运输设备的安全运行和供电通信线路、供排水系统、安全挡墙等的正常布置。<br>采场最终边坡管理应当遵守下列规定：采掘作业必须按设计进行，坡底线严禁超挖；临近到界台阶时，应当采用控制爆破；最终煤台阶必须采取防止煤风化、自燃及沿煤层底板滑坡的措施 |
| 其他相关规定 | 露天煤矿应当进行专门的边坡工程、地质勘探工程和稳定性分析评价。应当定期巡视采场及排土场边坡，发现有滑坡征兆时，必须设明显标志牌对设有运输道路、采运机械和重要设施的边坡，必须及时采取安全措施。发生滑坡后，应当立即对滑坡区采取安全措施，并进行专门的勘察、评价与治理工程设计。<br>非工作帮形成一定范围的到界台阶后，应当定期进行边坡稳定分析和评价，对影响生产安全的不稳定边坡必须采取安全措施。<br>工作帮边坡在临近最终设计的边坡之前，必须对其进行稳定性分析和评价。当原设计的最终边坡达不到稳定的安全系数时，应当修改设计或者采取治理措施。<br>露天煤矿的长远和年度采矿工程设计，必须进行边坡稳定性验算。达不到边坡稳定要求时，应当修改采矿设计或者制定安全措施。<br>排土场边坡管理必须遵守下列规定：<br>(1)定期对排土场边坡进行稳定性分析，必要时采取防治措施。<br>(2)内排土场建设前，查明基底形态、岩层的赋存状态及岩石物理力学性质，测定排弃物料的力学参数，进行排土场设计和边坡稳定计算，清除基底上不利于边坡稳定的松软土岩。<br>(3)内排土场最下部台阶的坡底与采掘台阶坡底之间必须留有足够的安全距离。<br>(4)内部排土场必须采取有效的防排水措施，防止或者减少水流入排土场 |

## 考点2 边坡整治

| 项目 | 具体内容 |
| --- | --- |
| 边坡整治 | 水是促进边坡破坏的主要因素，对于地下水威胁边坡稳定的区域，需进行必要的疏干工作，如开凿输水平巷，开挖拦截水沟，钻孔放水及群孔抽水等。<br>在采掘场周围、坑内平盘上及排土场的必要地区，修设完整的防排水系统，并设专人管理，每年雨季前，应进行全面检查、维修。<br>为维护边坡完整，防止边坡垮落，禁止在到界边坡上窑掏送道采煤。如需采出部分残留三角煤，应提出保证边坡稳定的安全技术措施，报上级管理部门批准方可开采。杜绝任何单位、任何个人擅自决定的乱采滥挖现象。如遇因此而发生的边坡滑落，要追究当事者个人责任 |

续表

| 项目 | 具体内容 |
|---|---|
| 边坡整治 | 对矿内明火,应采取必要的措施予以消除。<br>对局部不稳定边坡,可以采取弱层爆破,滑体换填,边坡加固(护坡、挡墙、抗滑桩、预应力锚杆、表面喷水泥砂浆)等措施,或不切弱层预留防滑煤柱的方法进行处理。同时各矿要结合自己的实际情况,不断研究新方法,引进新技术 |

## 第二节　煤矿边坡灾害防治技术措施

### 考点1　不稳定边坡的预防措施

| 项目 | 具体内容 |
|---|---|
| 边坡防护 | 随着开采深度的加深,必须对边坡加强管理,指派专人进行经常性隐患排查,发现问题按照“五定”原则进行整改,防止滑坡等灾害发生。<br>在露天矿山端帮和非工作帮易滑坡的部位和软岩部位,必要时可以种植草本植物或者灌木,不具备种植条件的用柳条等编织网格预防滑坡。在地表水丰富的地区和降水频繁的区域,要设置泄流通畅的排水系统,严防地表水或者降水流入矿坑内,对露天矿边坡造成严重的冲刷或者滑坡;在深凹型露天矿,需要在矿坑外周围低洼地带设置防洪堤或者修筑排水设施。在靠近端帮爆破时,宜采用预裂爆破法,并且要降低单孔药量,加密布孔,使工程爆破作业对边坡产生的破坏程度降到最低 |
| 边坡抗滑加固方法 | 边坡抗滑加固是防止滑坡的一项重要技术措施,不稳定边坡抗滑加固方法一般有修筑挡墙、水泥浇筑抗滑桩、金属锚杆(索)支护、护坡工程等 |
| 边坡的位移监测 | 对矿山各台阶坡面的位移进行监测,每天记录 GPS 监测的数据,根据记录数据可以分析判断边坡是否具有滑坡的可能性,便于及早做好边坡防滑预防措施;用测震仪监测矿山工程爆破震动对边坡的影响,根据监测数据可以获得矿山工程爆破震动对边坡稳定性的动态跟踪 |

### 考点2　边坡的安全管理

| 项目 | 具体内容 |
|---|---|
| 合理确定边坡参数 | 边坡稳定是露天采矿的安全保证。工作台阶高度和宽度参数的设计,直接影响着露天开采的技术指标和安全指标。确定工作台阶高度要考虑的因素很多,比如矿体的埋藏地质条件、穿孔技术、挖掘机挖掘半径等,一般确定台阶高度不超过 12 m。采掘工作平盘宽度需要满足爆破、铲装和运输等作业要求,并随着采掘施工的推进而不断移动。一般情况下,台阶坡面角的大小与开采推进方向、穿爆方式、矿岩性质、节理发育和矿岩 |

续表

| 项目 | 具体内容 |
|---|---|
| 合理确定边坡参数 | 构造情况等因素有关，但是主要取决于矿岩性质，软岩工作台阶坡面角不大于矿岩自然安息角；硬岩工作台阶坡面角最大不超过 75°。在矿山设计中，应该根据矿山的地质条件、矿岩性质和铲装运输机械设备的型号确定正确的坡面角，根据坡面角大小估算最小工作平盘宽度。最终边坡角与岩石的性质、地质构造、水文地质条件、开采深度、服务年限、经济合理剥采比等因素有关，一般情况下，最终边坡角不超过 60° |
| 选择最佳的开采顺序和推进方向 | 一般情况下，露天矿山采用由顶部到底部的开采顺序。穿孔作业时，根据矿岩地质条件确定超深孔的深度值（穿孔深度大于台阶高度），防止松动爆破后出现大块和台阶根部出现根底。坚决杜绝在采掘作业过程中在台阶底部掏采等私挖乱采行为，在铲装作业工程中避免台阶边坡形成伞檐。露天采矿初始拉沟位置和推进方向的选择，应考虑矿体的地形地貌、构造、断层、向斜、背斜、埋藏深度、运输方式、生产能力、生产剥采比等因素，做到科学开采 |
| 采用先进的中深孔松动爆破技术 | 中深孔松动爆破技术是目前国内露天矿山剥离的主要爆破方式，采用钻孔深度大于 5 m，以非电起爆系统为主的多段微差爆破，实践证明中深孔松动采矿工程爆破技术适用于各类矿山。这种爆破技术安全可靠性高，操作简单，爆破矿岩能力大，大块率低，爆破器材购买方便，松动矿岩位移可控，飞石较少，爆破成本可以接受，对台阶边坡震动较小，可以减少对边坡的破坏 |
| 矿山建立边坡安全管理制度 | 边坡安全管理制度是露天矿山必须具有的一项安全管理制度，明确边坡管理责任人，编制边坡监测方案，配备专人进行定期监测并记录数据。当通过现场检查或者监测数据拟合分析，发现边坡上有裂隙位移或有大块浮石及伞檐时，必须采取有效的安全预防措施，及时清理边坡上部的大块浮石及伞檐，对有裂隙位置的应当采取加固边坡的措施或者监测位移变化，迅速撤离可能受到威胁的作业人员和设备 |

## 案例分析

2017 年 8 月 11 日 15 时 30 分左右，某露天煤矿四采区 A6、A7 区段西帮发生边坡滑坡事故，造成 9 人死亡，1 人受伤，直接经济损失 3 432 万元。

2017 年 8 月 11 日上午，四采区 A7 区取煤工王满义、刘彦龙受 A7 区负责人刘宝华指派，调度指挥 31 号挖掘机司机方利美、21 号挖掘机司机曹恒军、58 号挖掘机司机张岳峰、80 号挖掘机司机黄菊在下取煤平台作业，同时在下取煤平台的还有 A6 区工程队现场管理员杜桂星。

A6 区取煤工洪鹏调度指挥 63 号挖掘机司机李庆良、86 号挖掘机司机臧千雷、666 号工程车司机李春旺、336 号工程车司机刘锦、72 号工程车司机于晶晶在上取煤平台作业。

15 时 30 分左右，煤业加油站员工冯志宏、刘志航驾驶加油车在 A7 区施工现场为机具加油时发生滑坡事故。在上取煤平台作业的取煤工洪鹏以及李庆良、李春旺、刘锦、于晶晶各自驾驶机具逃生。臧千雷驾驶86号挖机被滑坡土石推落至工区底部，随后被甩入工区底部积水坑内，最终获救。在下取煤平台作业的王满义、刘彦龙、A6区工程队现场管理员杜桂星、31号挖机司机方利美、21号挖机司机曹恒军、58号挖机司机张岳峰、80号挖机司机黄菊和加油站员工冯志宏、刘志航被埋遇难。

事故发生后，该煤矿未向上级有关部门报告事故情况，而是自行展开抢救。8月11日，找到一名受伤人员臧千雷（86号挖掘机司机，骨折受伤）和三名遇难者冯志宏（加油车司机）、刘志航（加油车司机）、曹恒军（21号挖掘机司机）的遗体。8月12日在滑坡体下方水坑边找到第四名遇难者杜桂星（现场管理员）的遗体。

至9月8日，9名遇难人员（包括该煤矿自行搜救4人）和被埋压的5台挖掘机、1辆加油车、1辆皮卡车全部找到，抢险救援工作结束。

根据以上情况，请分析回答以下问题：

1. 列举边坡抗滑加固方法。

2. 请拟定此类事故的防范措施。

## 参考答案及解析

1. 边坡抗滑加固是防止滑坡的一项重要技术措施，不稳定边坡抗滑加固方法一般有修筑挡墙、水泥浇筑抗滑桩、金属锚杆（索）支护、护坡工程等。

2. 防范措施：

（1）牢固树立“红线”意识，强化法制观念，强化法制思维，坚持依法办矿、依法管矿，严禁层层转包、以包代管，严禁超批准用地采矿，严禁超能力组织生产。

（2）夯实安全生产基础，认真落实安全生产主体责任。露天煤矿要严格落实边坡管理制度，加强对边坡的监测监控预警工作，定期巡视采场及排土场边坡，对排水设施和防排水工程不完善等安全隐患要采取有效措施进行重点治理，发现滑坡等事故征兆，要立即停产撤人，并设立明显标志，不得冒险组织作业。

（3）严格落实兼并重组主体企业安全管理责任。

（4）地方政府及有关职能部门要强化责任意识，提升监管实效。

（5）严格事故报告和举报核查工作。

# 第十一章　排土场及矸石山灾害防治技术

## 知识框架

- 排土场及矸石山灾害防治技术
  - 排土场及矸石山危险有害因素辨识
    - 排土场及矸石山危险有害因素
  - 煤矿排土场灾害防治
    - 排土场灾害防治技术措施
  - 煤矿矸石山灾害防治
    - 矸石山灾害防治技术措施

## 考点精讲

## 第一节　排土场及矸石山危险有害因素辨识

### 考点　排土场及矸石山危险有害因素

| 项目 | 具体内容 |
|---|---|
| 排土场及矸石山危险有害因素 | (1)排土场滑坡。排土场滑坡类型分为排土场内部滑坡、沿排土场与基底接触面的滑坡和沿基底软弱面的滑坡3种。<br>(2)泥石流。泥石流总产生在沟谷中或地上的一种饱含大量泥沙,石块和巨砾的固液两相流体,它是各种自然应力和人为因素综合作用的结果。它给自然环境和人们生产活动带来巨大的破坏和灾害。<br>(3)固体废弃物。排土场及矸石山经过长年累月的堆放,最终成为占地巨大,甚至占地规模达到方圆数公里的固体废弃物堆积场,给安全环保造成了巨大的压力。<br>(4)水污染。煤矸石经雨水淋溶进入水域或渗入土壤,会影响水体和土壤,进而影响农作物的生长,造成农业减产,还会经过食物链进入人体,危及人体健康。<br>(5)粉尘或扬尘。矿山排土场在卸土和转排时存在大量的固体小颗粒,产生大量的灰尘,随风四处飞扬,不仅影响着排土作业人员的身体健康,而且对排土场周围造成危害,污染空气,附近农田里积上一层灰尘,影响了庄稼的质量和收成。<br>(6)有害气体。煤矸石是采煤和洗煤过程中的排弃物,通常占采煤量的15%~20%。自燃时释放出大量二氧化硫、一氧化碳、硫化氢等有害气体,严重污染周围大气环境,危害人们身体健康 |

# 第二节 煤矿排土场灾害防治

## 考点 排土场灾害防治技术措施

| 项目 | 具体内容 |
| --- | --- |
| 概念 | 排土场又称废石场，是指露天矿山采矿排弃物集中排放的场所，是一种巨型人工松散堆垫体，存在严重的安全问题。排土场失稳将导致矿山土场灾害和重大工程事故，不仅影响矿山的正常生产，也将使矿山蒙受巨大的经济损失 |
| 位置选择 | 排土场位置的选择，应当保证排弃土岩时，不致因大块滚落、滑坡、塌方等威胁采场、工业场地、居民区、铁路、公路、农田和水域的安全。排土场位置选定后，应当进行地质测绘和工程、水文地质勘探，以确定排土参数。<br>当出现滑坡征兆或者其他危险时，必须停止排土作业，采取安全措施 |
| 铁路排土线路的要求 | 铁路排土线路必须符合下列要求：路基面向场地内侧按段高形成反坡；排土线设置移动停车位置标志和停车标志。<br>列车在排土线路的卸车地段应当符合下列要求：<br>(1)列车进入排土线后，由排土人员指挥列车运行。机械排土线的列车运行速度不得超过 20 km/h；人工排土线不得超过 15 km/h；接近路端时，不得超过 5 km/h。<br>(2)严禁运行中卸土。<br>(3)新移设线路，首次列车严禁牵引进入。<br>(4)翻车时 2 人操作，操作人员位于车厢内侧。<br>(5)采用机械化作业清扫自翻车，人工清扫必须制定安全措施。<br>(6)卸车完毕，在排土人员发出出车信号后，列车方可驶出排土线 |
| 单斗挖掘机排土规定 | 单斗挖掘机排土应当遵守下列规定：<br>(1)受土坑的坡面角不得大于 70°，严禁超挖。<br>(2)挖掘机至站立台阶坡顶线的安全距离：①台阶高度 10 m 以下为 6 m；②台阶高度 11～15 m 为 8 m；③台阶高度 16～20 m 为 11 m；④台阶高度超过 20 m 时必须制定安全措施 |
| 矿用卡车排土场及排弃作业规定 | 矿用卡车排土场及排弃作业应当遵守下列规定：<br>(1)排土场卸载区必须有连续的安全挡墙，车型小于 240 t 时安全挡墙高度不得低于轮胎直径的 0.4 倍，车型大于 240 t 时安全挡墙高度不得低于轮胎直径的 0.35 倍。不同车型在同一地点排土时，必须按最大车型的要求修筑安全挡墙，特殊情况下必须制定安全措施。<br>(2)排土工作面向坡顶线方向应当保持 3%～5% 的反坡 |

续表

| 项目 | 具体内容 |
| --- | --- |
| 矿用卡车排土场及排弃作业规定 | (3)应当按规定顺序排弃土岩,在同一地段进行卸车和排土作业时,设备之间必须保持足够的安全距离。<br>(4)卸载物料时,矿用卡车应当垂直排土工作线;严禁高速倒车、冲撞安全挡墙 |
| 排土机排土规定 | 排土机排土必须遵守下列规定:<br>(1)排土机必须在稳定的平盘上作业,外侧履带与台阶坡顶线之间必须保持一定的安全距离。<br>(2)工作场地和行走道路的坡度必须符合排土机的技术要求。<br>排土场卸载区应当有通信设施或者联络信号,夜间应当有照明 |

# 第三节　煤矿矸石山灾害防治

## 考点　矸石山灾害防治技术措施

| 项目 | 具体内容 |
| --- | --- |
| 概念 | 矸石山是煤矿集中堆置废料的场所,矸石山是煤矿最显著的标志之一,采煤时,煤矸石会被分离出来堆放在一边,久而久之堆积成山 |
| 矸石山选址要求 | (1)新建矿井一般不得设置永久性矸石山,可建临时性排矸场(以下统称矸石山)。矸石山的设计选址、建设必须符合有关技术规范和法规。矿井建设开发中要有矸石山设计专篇。<br>(2)矸石山与周围居住区、标准轨距铁路、公路、工业建筑物之间必须保持一定的安全距离。不得布置在居住区、工业广场、井口主导风向上风侧。各项距离的合理值必须在矸石山设计选址前经论证后确定。<br>(3)矸石山堆存应符合生产安全要求,不得布置在煤层露头、表土下 10 m 以内有煤层和存在漏风的采空区上方塌陷范围内,同时要考虑地形、地质条件,防止滑坡和矸石滑落冲毁农田沟渠、道路。<br>(4)布置矸石山提升绞车道时,其位置不宜正对工业广场的主要建筑物,不宜与现有公路、排水渠道、人行道等交叉。提升绞车道的坡度一般不大于25° |
| 矸石山日常管理 | (1)矸石山四周必须设置安全警戒区。安全警戒区内禁止建设永久性建筑,并应在明显位置设立永久性危险标记,防止闲杂人员擅自入内。<br>(2)生产矿井必须对进入矸石山的煤矸石定期进行取样分析化验,以确定其自燃倾向性,并建档管理。新建矿井应在矿井地质报告中对不同岩(煤)层的硫、碳等可能引发自燃的元素含量进行检测,确定其自燃倾向性,明确标注于岩层综合柱状图 |

续表

| 项目 | 具体内容 |
|---|---|
| 矸石山日常管理 | (3)矸石山堆存量达到设计容量或者因安全原因不允许再堆存煤矸石时,应停止使用。矸石山堆存活动结束后,如不能立即开发利用,必须对矸石山进行安全处置和生态恢复 |
| 矸石山堆放方式及预防自燃 | (1)对于黄铁矿含量高和反应活性高的煤矸石,排放前喷洒适量石灰乳液或者添加适量黄土和石灰混合物,中和氧化产酸;防止黄铁矿在酸性条件下加速氧化反应产热,引起自燃。经鉴定为高自燃倾向性的矸石应采取分层堆积方式。<br>(2)尽可能减小矸石山堆积斜面的坡度。堆积坡度一般不得大于42°。<br>(3)严禁向矸石山倾倒温度大于70 ℃的物料和易燃物如坑木、锯末、生活垃圾等。采掘矸石与洗选矸石应分别堆放 |
| 矸石山自燃防范 | (1)矸石山有自燃倾向或已发生过自燃的,必须制定具有操作性的管理制度、危害预警措施、应急预案等。煤矿企业要有固定的矸石山管理与灾害治理专业队伍或专职人员。<br>(2)矸石山自燃倾向性高的煤矿要建立自燃预警管理制度,定期测温及预测、预警预报机制,并建立相应技术管理资料库。<br>(3)自燃严重的矸石山,暴雨天气必须封锁安全警戒区,禁止人员和车辆接近。当矸石山出现异常现象,特别是雨雪天应加强监测、监控 |
| 矸石山灭火 | (1)矸石山自燃是发生灾害事故和造成周围环境污染的主要因素,必须及时进行灭火工作,消除灾害性事故隐患和环境污染源。<br>(2)灭火前要进行调研,选择技术成熟、先进的灭火技术,制定灭火技术方案。对参与灭火人员进行专业技术培训和安全培训,并配备防护用品,防止人员中毒。<br>(3)自燃矸石山的灭火工作,应遵循尽早进行的原则。矸石山灭火工作宜采取先易后难、先下后上、由外向里的灭火策略,防止灭火过程中发生灾害性事故。大雨和暴雨天气严禁灭火作业。<br>(4)矸石山自燃严禁用水直接灭火。不宜采用大规模开挖方式灭火,如决定采用该方式灭火,要采取措施释放积存在矸石山内部的可燃气体,防止阴燃区暴露后转成明火,点燃积存内部的可燃气团。<br>(5)完成灭火后的矸石山必须组织进行验收,并对灭火后的矸石山采取安全措施和生态恢复措施,防止自燃再次发生 |
| 矸石山崩塌防范 | (1)对矸石山的不安全坡面和大范围危崖应及时进行处理,以防范危崖崩塌。<br>(2)未经允许严禁对在用或者停用矸石山进行私采乱挖。如需对停用矸石山进行开发性利用,必须制定开挖方案与安全措施,报企业主要负责人审批后,方可组织实施 |
| 煤矸石综合利用 | (1)煤矸石是指煤矿在开拓掘进、采煤和煤炭洗选等生产过程中排出的含碳岩石,是煤矿生产过程中的废弃物 |

续表

| 项目 | 具体内容 |
|---|---|
| 煤矸石综合利用 | (2)煤矸石综合利用是指利用煤矸石进行井下充填、发电、生产建筑材料、回收矿产品、制取化工产品、筑路、土地复垦等。<br>(3)煤矸石综合利用应当坚持减少排放和扩大利用相结合,实行就近利用、分类利用、大宗利用、高附加值利用,提升技术水平,实现经济效益、社会效益和环境效益有机统一,加强全过程管理,提高煤矸石利用量和利用率。<br>(4)综合利用煤矸石是最积极的防灾措施。煤矿企业应该从科学发展观的高度,化害为利,变废为宝,加大对煤矸石综合利用工作的力度,逐步减少矸石山存量,减少环境污染,最终消除矸石山。<br>(5)煤矸石综合利用要坚持"因地制宜,积极利用"的指导思想,实行"谁排放、谁治理"的原则,做到减少排放和扩大利用相结合,实现经济效益与社会效益、环境效益、安全生产相统一。<br>(6)煤矿企业要加强煤矸石综合利用技术的开发和推广应用,重点发展煤矸石发电、煤矸石生产建筑材料及制品、复垦塌陷区等大宗用量和高科技含量、高附加值的实用技术。<br>(7)煤矸石综合利用方案中涉及煤矸石产生单位自行建设的工程,要与煤矿(选煤厂)工程同时设计、同时施工、同时投产使用;涉及为其他单位提供煤矸石的工程,煤矸石利用单位应当具备符合国家产业政策和环境保护要求的生产与处置能力 |
| 综合管理制度和监管监察制度 | (1)煤矿生产经营单位主要负责人是矸石山灾害防范和治理工作第一责任人。存在矸石山的煤矿要将矸石山管理与治理纳入煤矿安全生产制度和环境保护法律制度的范畴,制定矸石山隐患排查制度、矸石山灾害事故报告制度、取矸作业灾害防范操作规程、矸石山灾害治理与综合利用档案制度等。明确责任领导、责任单位、责任人员,严格按制度进行管理和灾害防范工作。<br>(2)煤矿安全监管部门、监察机构应加强对煤矿矸石山的监管监察,将煤矿矸石山灾害防范与治理列入监管、监察的执法内容。针对本地区煤矿矸石山的实际情况,制定监管、监察工作计划,开展对煤矿矸石山灾害防范与治理工作的专项监察,促进煤矿企业加强矸石山灾害防范与治理工作。凡是矸石山达不到安全条件的,要责令煤矿企业按要求进行整改;煤矿企业如不按要求进行整改,造成人员伤亡事故的,将依照有关规定对相关责任人给予处分;构成犯罪的,依照刑法有关规定追究刑事责任。<br>(3)煤矿企业应保障矸石山灾害防范治理费用的投入,其费用列入煤炭生产安全费用 |

## 案例分析

中梁山煤矿位于某市郊区,距市区 18 km,煤田范围内有南北两对矿井,1955 年建矿,1959 年简易投产。

南矿位于中梁山井田的南梁,竖井平调开拓,年设计能力 90 万 t,1962 年调整为 60 万 t。

由于地质条件复杂,灾害严重,事故频繁。

此次溃渣事故发生在中梁山煤矿南端一石门集中上山。该集中上山于1971年由南矿设计施工,三心拱形,下宽2.43 m,高2.36 m,中间用木料和板子隔成人行间、溜煤(矸)间。底板上安有20型溜子的旧溜槽,以利煤、矸自溜。

南矿+390 m水平材料、煤、矸原均由副井提运。从1987年11月13日起,因水平延伸,井筒安装停止了提运。南矿决定将该集中上山作为+390 m水平掘进的302队、303队、延伸5分队等下煤、下渣用,由各队安排人在+280 m水平集中运输。大巷用3 t矿车装车运出地面。因以前下渣、溜矸间有所损坏,导致下渣不畅通,滞留底板存渣50余立方米,南矿决定修理该集中上山。

通常集中上山渣放不脱就用水冲。+390 m水平生产用水系用+280 m水平井底仓用泵排至风井800 $m^3$(标高+620 m)然后自流向下供水。入冬以来,井下水源不足,生产用水得不到保证,因此事故前三天,掘进队停止了作业。在2月1日下午南矿召开的安全检查整改会议上,主持会议的同志决定,在+390 m水平作业的302队、303队修理南一石门集中上山和放渣,由生产科牵头组织安全科、302队、303队各派一人2月2日早班下井现场检查后最后决定。

2月2日早班检查后,生产科负责人认为是正常工作安排,未向矿领导汇报,也未再召开会议研究,遂分别安排302队负责集中上山下段,303队负责集中上山上段,任务是放渣、修打中柱、补挡板、换溜槽,要求2月4日中班完成,交付使用。2月3日早班,两个队派去的人,因溜矸间底部积存的渣放不脱又没有水,没干什么工作,中班(16~24时)18时左右离开工作地点出井。

2月4日夜班(0~8点),302队出勤7人、303队出勤11人0时乘第一次人车入井,至南一石门运输大巷下车。303队9人去附近工具房取工具,其余工人和302队7人直接由进风斜巷经抬高石门进入集中上山。正在此时,集中上山溜矸间积存的水、煤、渣突然溃下,冲入人行间的矸流将先进入集中上山的6人冲下,造成4人死亡、2人重伤,后面的3人刚走到下段集中上山下口连路平巷处,溃下的水、煤、渣产生的压力将3人推倒,其中1人轻伤,2人幸免于难。

根据以上情况,请分析回答以下问题:

请拟定此类事故的防范措施。

## 参考答案及解析

防止此类事故的措施:

(1)从设计施工上要吸取深刻教训,以满足安全生产需要。

(2)整治病害工程一定要上级分管领导安排,主管业务部门组织有关人员现场检查,制定周密的组织、技术安全措施,并向施工人员贯彻。施工队负责人必须先到现场检查,做到心中有数,布置生产工作任务同时布置安全措施。没有队干部在现场指挥不准作业。安监、安全部门派人到现场检查监督。

(3)严格交接班制度，施工队负责人在交班中不但要交清下一班的工作任务和安全注意事项，还要交清本班完成工作量。

(4)集中上山放渣不准人员进入溜矸间，亦不准放水冲渣。若确实放不掉需处理时，要制定安全措施。严禁无人无控制的用水灌渣。

(5)井下供水应采取措施，冬季水源不足时，安设水泵将水沟的水排至井底水仓，保证水源，对水泵司机要加强教育，开泵时间应保证正常供水。

# 第十二章 矿山救护

## 知识框架

- 矿山救护
  - 矿井灾害预防和处理计划
    - 矿井灾害预防和处理计划的主要内容
    - 预防矿井事故发生措施的编制要求
    - 编制处理灾害和恢复生产措施的原则
    - 处理重大灾害事故的指导原则和一般措施
  - 矿山救护队
    - 矿山救护队的组成与任务
    - 矿山救护队的行动准则
    - 矿山救护队在侦察工作中应注意的事项
  - 矿工自救
    - 事故现场人员行动原则
    - 发生灾害时的自救办法
  - 现场创伤急救技术
    - 心肺复苏技术
    - 止血技术
    - 包扎技术
    - 骨折固定技术
    - 伤员搬运

## 考点精讲

## 第一节 矿井灾害预防和处理计划

### 考点1 矿井灾害预防和处理计划的主要内容

| 项目 | 具体内容 |
|---|---|
| 概况 | 矿井灾害预防和处理计划由文字说明、附图以及消防材料设备和必需工程规划表组成 |

续表

| 项目 | 具体内容 |
|---|---|
| 文字说明资料 | (1)可能发生事故地点的自然条件、生产条件及预防的事故性质、原因和预兆。<br>(2)出现各种事故时,保证人员安全撤退所必须采取的措施。<br>(3)预防、处理各种事故和恢复生产的具体技术措施。<br>(4)实现预防措施的单位及负责人。<br>(5)参加处理事故指挥部的人员组成、分工和其他有关人员名单、通知方法和顺序 |
| 附图及有关处理各种事故必备的技术资料 | (1)矿井通风系统图、反风试验报告以及反风时保证反风设施完好可靠的检查报告。<br>(2)矿井供电系统图和井下电话的安装地点。<br>(3)井下消防洒水管路、排水管路和压风管路的系统图。<br>(4)地面和井下消防材料库位置及其储备的材料、设备、工具的品名和数量登记表。<br>(5)地面、井下对照图,图中应标明井口位置和标高、地面铁路、公路、钻孔、水井、水管、贮水池及其他存放可供处理事故用的材料、设备和工具的地点 |
| 人员救护的措施 | (1)及时通知灾区和受威胁地区人员的方法(电话、音响、放特殊气味等)及所需材料设备。<br>(2)人员撤退路线及该路线上需设的照明设备、路标、自救器及临时避难硐室的位置。<br>(3)风流控制方法、实现步骤及其适用条件。<br>(4)发生事故后,对井下人员的统计方法(一般采用矿灯牌和考勤记录统计在井下的人数及其姓名)。<br>(5)救护队员向遇灾人员接近的移动路线。<br>(6)向待救人供给空气、食物和水的方法 |

## 考点2　预防矿井事故发生措施的编制要求

| 项目 | 具体内容 |
|---|---|
| 编制要求 | (1)应规定执行各项安全措施的具体办法。<br>(2)对职工进行安全技术教育的安排。<br>(3)定期组织安全检查,及时处理不安全因素。<br>(4)根据矿井瓦斯涌出的情况及规律、煤尘爆炸的倾向性、积水区域和火灾发生的可能性等因素,提出预防各种重大灾害事故的组织措施、技术措施。<br>(5)规定经常检查这些预防措施的落实情况。<br>(6)必须规定为预防事故发生所必须完成的安全技术措施工程,增添的设备和必备的安全检测仪器、仪表的数量、安装地点,管理的办法和负责人等 |

## 考点3　编制处理灾害和恢复生产措施的原则

| 项目 | 具体内容 |
|---|---|
| 原则 | (1)处理火灾事故,应根据已探明的火区地点和范围制定控制火势及灭火的方法,风流调度的原则和方法,防止产生瓦斯、煤尘爆炸的措施、步骤,防火墙的位置、材料和修建的顺序等 |

续表

| 项目 | 具体内容 |
|---|---|
| 原则 | (2)处理爆炸事故,关键是制定出如何迅速恢复通风,用适当的风量冲洗灾区,避免出现或消除火源,防止出现瓦斯连续爆炸的措施。<br>(3)其他事故的预防和处理措施也应根据本矿井具体情况制定 |

## 考点4 处理重大灾害事故的指导原则和一般措施

| 项目 | 具体内容 |
|---|---|
| 瓦斯煤尘爆炸事故的处理 | 矿井一旦发生瓦斯煤尘爆炸,应迅速组织灾区人员佩戴自救器撤离灾区。救护队立即赶赴现场,探明爆炸事故地点,查明波及范围,监测气体成分,并组织人力抢救遇险人员。发现火源立即扑灭,防止二次爆炸。迅速清理现场,抢修通风设施,并恢复通风和通信。排放因通风设施破坏而造成的瓦斯积聚。在排放中要首先清理排放线路中的火源,并严格控制排放瓦斯浓度。<br>1.低浓度瓦斯爆炸的处理<br>所谓低浓度瓦斯爆炸是指在正常涌出瓦斯的情况下,因微风或无风造成瓦斯积聚到爆炸下限以上,遇火源引起的瓦斯爆炸。其特点是瓦斯有一个积聚的过程。当发生第一次瓦斯爆炸后,需一定时间积聚,才可能发生第二次爆炸。爆炸间隔时间的长短取决于绝对瓦斯涌出量和风量。大量瓦斯连续爆炸的案例表明,爆炸间隔时间不一,分布也无规律,有时间隔几分钟,有时间隔1~2 h,甚至几小时。处理此类瓦斯爆炸,应尽快恢复灾区通风,利用风流带走涌出的瓦斯,不让瓦斯浓度达到爆炸界限。若通风系统破坏严重(如多处风门被摧毁、冒顶堵塞严重),一时无法恢复时,应千方百计查明灾区内是否存在火源。无火源存在时应集中力量抢救人员,然后在严密监视瓦斯浓度的情况下,逐段恢复通风。若有火源存在,则根据火源位置、火势大小、灾区通风情况和瓦斯情况,慎重决定灭火方案。<br>对瓦斯爆炸引起的采煤工作面火源,如果行动迅速、灭火器材充足、火势不大时,可利用灭火器材或水进行直接灭火。当火源为工作面上隅角瓦斯燃烧时,灭火时要注意严防把火苗赶到采空区内,以免发生瓦斯爆炸。上隅角瓦斯燃烧的扑灭,危险性较大,因为瓦斯燃烧时的火源可能在巷道上部到处乱窜,甚至进入采空区内,引起采空区瓦斯燃烧或爆炸。当灭火器材(干粉灭火器)和水量不足、瓦斯涌出量较大时,要在短时间内扑灭上隅角的瓦斯燃烧是相当不易和危险的,最安全有效的方法是果断封闭采煤工作面。<br>如果火源在采煤工作面回风巷,灭火时要防止工作面和采空区大量瓦斯涌出和流向火源,引起二次爆炸。对于供氧充足的火源(如采煤工作面进风巷或采煤工作面入口附近的火源)且为低浓度的瓦斯爆炸,唯一的有效措施就是果断封闭灾区,断绝供氧,避免引起再次爆炸,扩大灾情。<br>掘进巷道发生瓦斯爆炸后,除造成人员伤亡外,还会造成灾区影响范围内巷道垮落、通风设施和通风设备的破坏,引燃全风压通风的巷道内不阻燃输送带、电缆等。在掘进供风停止的情况下,一般而言(正常涌出瓦斯)瓦斯爆炸只发生一次,即使爆炸后掘进巷道内有火源出现(爆炸后高温引燃遇难者衣服、不阻燃风筒或其他易燃物),其存在的时 |

续表

| 项目 | 具体内容 |
|---|---|
| 瓦斯煤尘爆炸事故的处理 | 间也是短暂的,这是因为供风停止,巷道中氧浓度很低所致。同理,即使巷道中瓦斯再次积聚,也不具备爆炸的条件。如果掘进巷道与老巷或采空区之间存在漏风通道,或局部通风机仍在供风,同时存在阴燃火源或者爆炸火源为巷道中高冒处的火点,就存在二次爆炸的可能。<br>处理掘进巷道的瓦斯爆炸时,在专人严密监测(视)瓦斯情况下,全力以赴抢救遇险遇难人员,扑灭或杜绝火源,防止再次爆炸,清理堵塞物,处理冒顶区,在确定灾区无火源时,及时恢复灾区通风(启动局部通风机);如不能确认灾区内有无火源,应慎重考虑是否启动局部通风机,以免再次爆炸。<br>掘进巷道瓦斯爆炸后,若出现火源,如果易于直接灭火,可利用灭火器材和灭火设备及时扑灭,但要时刻注视瓦斯情况,并防止水煤气爆炸伤人。灭火后,还需认真清查有无阴燃火源。若火势很大,或火源在高冒处,尤其是该巷道与老巷、采空区沟通,短时间内不能扑灭火源,或灭火时存在二次爆炸危险,应指派救护队集中力量迅速救出人员,再按独头巷道火灾事故处理方法采取相应措施(如封闭爆炸巷道)进行处理。对爆炸后产生的外围明火(全风压通风巷道中输送带、电缆等的燃烧),应首先防止火势蔓延,然后扑灭。若爆炸后,引燃了距爆源较近盲巷中的瓦斯,要采取慎之又慎的方法处理(如及时封闭巷道),避免盲巷中瓦斯爆炸。<br>2. 高浓度瓦斯爆炸的处理<br>高浓度瓦斯爆炸是指瓦斯喷出或煤与瓦斯突出后,高浓度瓦斯被风流稀释到爆炸界限以内引起的瓦斯爆炸。其特点是在第一次瓦斯爆炸后,灾区内仍存在大量高浓度瓦斯,这些瓦斯被风流冲淡后遇火源即可再次爆炸。处理这类瓦斯爆炸应该首先查明灾区内有无火源。若有火源存在,严禁启动局部通风机供风,否则,风流既冲淡了高浓度瓦斯,又提供了瓦斯爆炸所需的氧气。此时,应在不供风的条件下集中力量救人和灭火,无法灭火或灭火无效时,应及时予以封闭。<br>若无火源,则在集中力量救人后,按排放瓦斯的要求处理积存的瓦斯。<br>3. 煤尘爆炸事故的处理<br>煤尘爆炸事故的处理方法与处理瓦斯爆炸事故基本相同。但要注意:灾害发生时首先切断灾区(甚至灾区周围区域)电源,而且停电操作应在灾区以外的地点进行,以免再次引起瓦斯或煤尘爆炸。对灾区进行侦察过程中,发现火源立即扑灭,防止二次爆炸。若火势较大,暂时不能消灭时,应立即局部封闭,再研究灭火方案,防止再次引爆瓦斯或煤尘。救灾过程中要注意寻找煤尘爆炸的痕迹(黏焦)和判断起爆源。煤尘连续爆炸的可能性很大,在思想上和物质上应有准备,以免措手不及,出现难以控制的局面 |
| 矿井明火火灾的处理 | 处理矿井明火火灾时,要注意避免火风压引起风流紊乱和产生瓦斯煤尘爆炸造成事故扩大。<br>1. 正确调度风流<br>实践证明,火灾时风流调度正确,对灭火救灾的效果起着决定性的作用。因此,在处理明火火灾事故时,在弄清火灾性质、发火位置、火势大小、火灾蔓延方向和速度、遇险人员的分布及其伤亡情况、灾区风流(风量大小及其流向)及瓦斯等情况后,要正确选择通风方法 |

续表

| 项目 | 具体内容 |
| --- | --- |
| 矿井明火火灾的处理 | 处理火灾时常用的通风方法有正常通风、增减风量、反风、火烟短路、停止主要通风机运转等。无论采用何种通风方法,都必须满足下列基本要求:<br>(1)保证灾区和受威胁区人员的安全撤退。<br>(2)防止火灾扩大,创造接近火源直接灭火的条件。<br>(3)避免火灾气体达到爆炸浓度,避免瓦斯通过火区,避免瓦斯、煤尘爆炸。<br>(4)防止出现再生火源和火烟逆退。<br>(5)防止产生火风压造成风流逆转。<br>扑灭井下火灾时,救灾指挥部应根据火源位置、火灾波及范围、遇险或受威胁人员的分布,迅速而慎重地决定通风方法。<br>2. 避免火风压造成风流逆转<br>在发生明火火灾时,必须全面考虑火灾的发生地点及其在整个通风系统中的位置,预计火风压的影响范围,及早撤出受威胁地区的人员,并采取稳定风流的措施,防止风流逆转。具体措施有以下几种。<br>(1)积极灭火,控制火势。<br>火灾发生后,应尽一切可能创造条件积极灭火。直接灭火无效时,在灾区人员已撤出的情况下,应在火源的进风侧建筑临时密闭,适当控制火区进风量,减少火烟生成。但需注意火灾发生在上行风流中时,主要密闭应建在火源所在的主干风路中(密闭与火源之间无旁侧风道)。如果这种要求难以达到,则应首先把旁侧风流封闭起来,然后封闭主干风路,以免在旁侧风路产生风流逆转和引起瓦斯爆炸。在下行风路中发火时,应首先封闭旁侧风道,暂时加大火源所在风流的风量,防止风流逆转,需要时再在火源所在风道中建造密闭。<br>(2)正确调度风流,避免事故扩大。<br>当火灾发生在分支风流中时,应维持主要通风机原来的工作状态,特别是在救人、灭火阶段,不能采取减风或停止主要通风机运转的措施。在多台通风机抽出式通风矿井,不能把承担排烟任务的那台通风机停运。如果火灾发生在上行风流,在有些情况下,把其他的无火烟的通风机停转,可能更有利些。当出现风流逆转的征兆时(出现火烟滚退、逆退、风量减少),应增大火区风量,避免风流逆转。<br>(3)减少排烟风路风阻,加大排烟能力。<br>在可能的排烟风路上,应迅速打开风窗或已有的防火风门甚至密闭,消除阻碍风流和火烟流动的障碍物,使回风线路畅通和扩大排烟能力,迅速将火烟直接导入总回风道排走 |
| 内因火灾事故的处理 | 应根据已探明的火区地点和范围制定控制火势的方法,风流调度原则和方法,防止产生瓦斯、煤尘爆炸的措施、步骤,采用的灭火方法,防火墙的位置、材料和修建顺序等。<br>1. 矿井自然发火征兆<br>(1)巷道中出现雾气及支架上出现水珠。<br>(2)能闻出煤油味、汽油味、松节油味或焦油味。<br>(3)从煤自燃地点流出的空气,气温较高 |

续表

| 项目 | 具体内容 |
| --- | --- |
| 内因火灾事故的处理 | (4)当人接近火区附近,有头痛、闷热、精神疲劳等不适的感觉。<br>2. 内因火灾处理措施<br>(1)了解自然发火征兆,及早发现自燃征兆,为处理自燃发火提供时间与物质准备。<br>(2)加强高温点处理,控制火区发展。<br>(3)一旦发现明火、烟雾,立即通知救护队赶到现场,并迅速撤出火区范围内所有人员。<br>(4)在火势得到控制、不蔓延的条件下,可先利用注浆液直接灭火。<br>(5)发生内因火灾,应首先进行火区封闭,在隔离火区的条件下,用打钻注浆法、均压法等进行综合灭火。<br>(6)积极推广均压法在灭火中的应用。<br>(7)治理矿井内因火灾要求做到"堵""均""调""改""灌"综合治理,达到杜绝火区漏风,惰化火区,防止蔓延,实现安全生产。<br>(8)对火区一氧化碳等有害气体,救护队要按规定进行监测,防止发生一氧化碳中毒,造成人员伤亡事故 |
| 透水事故的处理 | (1)一水平发生严重水灾事故后,应迅速通知二水平工作人员撤离。<br>(2)当水灾威胁泵房安全时,在二水平人员撤出后,可将水导入二水平。<br>(3)针对水灾具体情况进行堵水。<br>(4)对采空区突水,应避开水头向高处转移,撤出突水区域。<br>(5)制定防止二次透水的措施 |
| 煤与瓦斯突出事故的处理 | 1. 矿井瓦斯突出事故预兆<br>(1)煤层层理紊乱,松硬不均或变松,煤暗淡无光,煤层受挤压褶曲,厚度变化,煤层干燥等。<br>(2)工作面支架有声响,有煤炮声,煤岩开裂,片帮、掉渣剥落,底鼓,钻孔变形,夹钻杆等。<br>(3)瓦斯涌出异常,忽大忽小,闷人,煤尘增大,气味异常,煤壁变冷或变热等。<br>2. 瓦斯突出的处理措施<br>(1)组织工人学习瓦斯突出基本知识,了解突出征兆,使工人懂得一旦发现突出征兆应迅速撤离现场。<br>(2)发生煤与瓦斯突出事故后,通知工人佩戴自救器迅速撤离现场,并由救护队员抢救遇险人员。<br>(3)立即在安全地点切断灾区电源,在灾区范围内不得随意启动、关闭任何电源,在灾区杜绝一切火源点产生。<br>(4)加强灾害区域通风,迅速排放巷道中瓦斯,为抢险救灾工作创造条件。<br>(5)迅速清理巷道中堵塞物,恢复通风,抢救人员,并在扒开被堵区域之前,必须保证用压风向被堵区域供氧。<br>(6)遇险人员利用压风进行自救。<br>(7)进入灾区之后,认真检查有无火源,发现火源立即组织灭火,灭火过程中应注意瓦斯、煤尘变化。<br>(8)处理事故中所用的工具,必须能防止火花产生,防止二次事故发生 |

# 第二节　矿山救护队

## 考点1　矿山救护队的组成与任务

| 项目 | 具体内容 |
|---|---|
| 概念 | 矿山救护队是煤矿事故发生后最直接和最主要的应急组织 |
| 组成 | 救护队的成员，应由政治思想好、身体健壮而且具有一定煤矿生产实践经验的各工种人员组成。矿山救护队的编制一般是在每个矿区设立大队，大队下设若干中队，每个中队有3～6个小队，每个小队有7～9名队员 |
| 任务 | (1)定期进行安全检查，做到预防为主，消除隐患，并督促和协同矿上及时消除事故隐患。<br>(2)矿井出现事故后，迅速抢救遇难人员，并负责事故的处理。<br>(3)参加处理有可能波及井下的地面火灾。<br>(4)经常进行业务技术训练，对救护工作精益求精，并且负责对辅助救护队的训练和技术指导。辅助救护队平时参加生产，定期进行救护训练，当井下出现灾害时，则应配合专业救护队参加救灾工作 |

## 考点2　矿山救护队的行动准则

| 项目 | 具体内容 |
|---|---|
| 原则 | (1)矿山救护大队负责整个矿区的救灾工作，其队部应设在矿区领导机关附近或与矿区内各矿井距离适中的地点。救护中队是处理矿井各种灾害事故的独立作战单位，它应以发生事故后在15～20 min内就能到达现场为原则。救护队驻在一个矿井，可负责相邻几个矿井。对大型事故，救护大队可调动几个救护中队协同作战，必要时可由上级调请兄弟矿区救护队互相支援。<br>(2)为能及时迅速地完成救灾任务，矿山救护队应经常处于戒备状态，值班队所用的救护设备和矿灯应全部完好并放在专用汽车上，这样在紧急情况下，能于1 min之内出动，以便做到对事故的及时处理。<br>(3)在救护中队中，日常由各小队轮流担任值班队、待机队和休息队。值班队由一名队员负责通信电话，其余队员集中于队部学习或休息；待机队可在队部从事训练，检修设备或下井熟悉情况；休息队队员必须做到一旦需要能很快得到通知，返回队部。电话值班队员接到矿井召请救灾电话时，应立即发出警报，并要详细记录发生事故的种类、地点和范围等。值班负责人则应迅速集合值班队员，在简述情况后，立即乘车出发。当值班队出动后，待机队即转为值班队，而休息队则转为待机队。<br>(4)矿山救护队在灾区行动中应特别注意以下事项：<br>①进入灾区的救护小队队员不得少于6人，进入前必须检查氧气呼吸器，氧气压力不得低于18 MPa，并按规定佩戴和使用。救护小队必须携带一台全面罩氧气呼吸器和不低于18 MPa的两个备用氧气瓶，以及氧气呼吸器工具和备件袋。如不能确认井筒和井底车场有无有害气体，救护队员必须在地面将氧气呼吸器佩戴好。否则可能造成伤亡 |

续表

| 项目 | 具体内容 |
|---|---|
| 原则 | ②救护小队在窒息区工作时,小队长应使队员保持在彼此能看到或听到信号的范围以内;任何情况下严禁指战员单独行动,严禁通过口具讲话或摘掉口具讲话;小队长应经常观察队员呼吸器的氧气压力,并根据氧气压力最低的一名队员来确定整个小队的返回时间。在窒息区通过口具讲话,是救护队较普遍的一种违章现象,时间一长,就会发生中毒,甚至造成死亡。<br>③进入灾区从事救护工作时,任何情况下氧气呼吸器都必须保留不低于 5 MPa 的压力;发现有队员身体不适或氧气呼吸器发生故障难以排除时,全小队必须立即撤出。<br>④矿山救护队员在灾区工作一个呼吸器班后,应至少休息 8 h,才能重新佩戴氧气呼吸器工作 |

## 考点 3 矿山救护队在侦察工作中应注意的事项

| 项目 | 具体内容 |
|---|---|
| 注意事项 | 《煤矿安全规程》规定,矿山救护队指挥员应亲自组织和参加侦察工作。在布置侦察任务时,必须向所有队员说明所了解的各种情况,应做到侦察任务清楚、行进路线明确,小队的行进方向、时间应标在图纸上。<br>矿山救护队员在侦察时应做到以下几点:<br>(1)井下基地设待机小队,并用灾区电话与侦察小队保持不断联系。<br>(2)进入灾区侦察,必须携带必要的装备。视线不清时应用探险棍探测前进,队员之间要用联络绳连接。<br>(3)侦察小队进入灾区前,应考虑退路被堵后应采取的措施,规定返回的时间,并用灾区电话与井下基地保持联络。小队应按规定时间原路返回,如果不能按原路返回,应经布置侦察任务的指挥员同意。如果没有按时返回或通信中断,待机小队应立即进入救援。<br>(4)侦察行进中,应在巷道交叉口设明显的路标,防止返回时走错路线。<br>(5)进入灾区时,小队长在队列之前,副小队长在队列之后,返回时与此相反。在搜索遇险遇难人员时,小队队形应与巷道中线斜交前进。<br>(6)侦察小队人员应有明确分工,分别检查通风、气体浓度、温度、顶板等情况,做好记录,并把侦察结果标记在图纸上。<br>(7)在远距离和复杂巷道中侦察时,可组织几个小队分区段侦察。发现遇险人员应全力抢救,并护送到通风巷道或井下基地。在发现遇险人员的地点要检查气体,并做好标记。<br>(8)侦察工作要仔细认真,做到有巷必到,凡走过的巷道要标注留名,并绘出侦察线路示意图。<br>(9)侦察结束后,带队指挥员必须立即向布置侦察任务的指挥员汇报侦察结果。<br>(10)矿山救护队在处理火灾、爆炸、突出、水灾和冒顶事故时的具体行动原则,《矿山救护规程》中都作出了具体而明确的规定,煤矿主要负责人和矿山救护人员都必须严格遵守,以便安全、顺利地消除事故 |

# 第三节　矿工自救

## 考点1　事故现场人员行动原则

| 项目 | 具体内容 |
| --- | --- |
| 概念 | 矿井发生事故后，在矿山救护队到达事故地点进行抢救之前，矿工如能及时采取措施，正确开展自救互救，则可以减小事故危害程度，减少人员伤亡。<br>所谓“自救”，就是矿井发生意外灾变事故时，在灾区或受灾变影响区域的每个工作人员进行避灾和保护自己的方法。自救的成效如何，决定于自救方法的正确性。其具体内容包括：①熟悉所在矿井的灾害预防和处理计划；②熟悉矿井的避灾路线和安全出口；③掌握避灾方法，会使用自救器；④掌握抢救伤员的基本方法及现场急救的操作技术 |
| 行动原则 | 1. 及时报告灾情<br>发生灾变事故后，事故地点附近的人员应尽量了解或判断事故性质、地点和灾害程度，迅速利用最近处的电话或其他方式向矿调度室汇报，并迅速向事故可能波及的区域发出警报，使其他工作人员尽快知道灾情。在汇报灾情时，要将看到的异常现象（火烟、飞尘等），听到的异常声响，感觉到的异常冲击如实汇报，不能凭主观想象判定事故性质，以免造成错觉，影响救灾。这方面我国煤矿救灾中是有沉痛教训的。<br>2. 积极抢救<br>灾害事故发生后，处于灾区内以及受威胁区域的人员应沉着冷静。根据灾情和现场条件，在保证自身安全的前提下，采取积极有效的方法和措施，及时投入到现场抢救中，将事故消灭在初起阶段或控制在最小范围，最大限度地减少事故造成的损失。在抢救时，必须保持统一的指挥和严密的组织，严禁冒险蛮干和惊慌失措，严禁各行其是和单独行动；要采取防止灾区条件恶化和保障救灾人员安全的措施，特别要提高警惕，避免中毒、窒息、爆炸、触电、二次突出、顶帮二次垮落等再生事故的发生。<br>3. 安全撤离<br>当受灾现场不具备事故抢救的条件，或可能危及人员的安全时，应由在场负责人或有经验的老工人带领，根据矿井灾害预防和处理计划中规定的撤退路线和当时当地的实际情况，尽量选择安全条件最好、距离最短的路线，迅速撤离危险区域。在撤退时，要服从领导，听从指挥，根据灾情使用防护用品和器具；要发扬团结互助的精神和先人后己的风格，主动承担工作任务，照料好伤员和年老体弱者；遇有溜煤眼、积水区、垮落区等危险地段，应探明情况，谨慎通过。<br>灾区人员撤出路线选择的正确与否决定着自救的成败。<br>4. 妥善避灾<br>如无法撤退（通路冒顶阻塞、在自救器有效工作时间内不能到达安全地点等），应迅速进入预先筑好的或就近地点快速建筑的临时避难硐室，妥善避灾，等待矿山救护队的救援，切忌盲动 |

续表

| 项目 | 具体内容 |
| --- | --- |
| 行动原则 | 事故现场实例表明，遇险人员在采取合适的自救措施后，是能够坚持较长时间而遇救的。相反，如果自救措施不当，则可能造成死亡 |

## 考点2　发生灾害时的自救办法

| 项目 | 具体内容 |
| --- | --- |
| 瓦斯与煤尘爆炸事故时的自救与互救 | 1. 防止瓦斯爆炸时遭受伤害的措施<br>据亲身经历过瓦斯爆炸的人员回忆，瓦斯爆炸前感觉到附近空气有颤动的现象发生，有时还发出“嘘嘘”的空气流动声，一般被认为是瓦斯爆炸前的预兆。<br>井下人员一旦发现这种情况，要沉着、冷静，采取措施进行自救。具体方法是：背向空气颤动的方向，俯卧倒地，面部贴在地面，闭住气暂停呼吸，用毛巾捂住口鼻，防止把火焰吸入肺部。最好用衣物盖住身体，尽量减少身体暴露面积，以减少烧伤。爆炸后，要迅速按规定佩戴好自救器，弄清方向，沿着避灾路线赶快撤退到新鲜风流中。若巷道破坏严重，不知撤退是否安全时，可以到棚子较完整的地点躲避，等待救护。<br>为什么遇到爆炸预兆要立即卧倒？还要强调用衣物护好身体呢？<br>(1)卧倒能降低身体高度，避开冲击波的强力冲击，减少危险。如某矿发生的瓦斯爆炸事故，第一次爆炸后，放炮员和其他人被从工具箱上抛了下来。放炮员和其他人立即向外撤出。正走间，放炮员看到前边几十米远的顶板处一片火光，他预感到要再次爆炸，就立即卧倒在地。接着就听到“轰”的一声巨响，身上落了一层厚厚的碎矸石。当他从地上爬起后，发现和他一起外撤的几名工人，由于没有及时卧倒而全部死亡。<br>(2)用衣物护好身体，能避免烧伤。发生爆炸事故，产生的高温高压气体对皮肤的烧伤是相当严重的。但由于是瞬间即逝，所以，凡是被衣裤、手套、胶靴等保护遮盖的部位，基本都未烧伤。因而，矿工在井下工作中，把劳动保护用品穿戴好，对保证矿工的安全很重要。<br>2. 煤与瓦斯突出时的自救与互救<br>(1)发现突出预兆后现场人员的避灾措施：①矿工在采煤工作面发现有突出预兆时，要以最快的速度通知人员迅速向进风侧撤离。撤离中快速打开隔离式自救器并佩戴好，迎着新鲜风流继续外撤。如果距离新鲜风流太远，应首先到避难硐室或利用压风自救系统进行自救。②掘进工作面发现煤与瓦斯突出预兆时，必须迅速撤至防突反向风门外侧，并把防突风门关好，然后继续外撤。如自救器发生故障或佩戴自救器不能安全到达有新鲜风流的地点时，应在撤出途中到避难硐室或利用压风自救系统进行自救，等待援救。<br>(2)发生突出事故后现场人员的避灾措施。在有煤与瓦斯突出危险的矿井，矿工要把隔离式自救器带在身上，一旦发生煤与瓦斯突出事故，立即打开外壳佩戴好，迅速外撤。在撤退途中，如果退路被堵或自救器有效时间不够，可到矿井专门设置的井下避难硐室或压风自救装置处暂避，也可寻找有压缩空气管路的巷道、硐室躲避。这时要把管子的螺丝接头卸开，形成正压通风，延长避难时间，并设法与外界保持联系 |

续表

| 项目 | 具体内容 |
| --- | --- |
| 矿井火灾事故的自救 | (1)首先要尽最大可能迅速了解或判明事故的性质、地点、范围和事故区域的巷道情况、通风系统、风流及火灾烟气蔓延的速度、方向以及自己所处巷道位置之间的关系,并根据矿井灾害预防和处理计划及现场的实际情况,确定撤退路线和避灾自救的方法。<br>(2)撤退时,任何人无论在任何情况下都不要惊慌、不能狂奔乱跑。应在现场负责人及有经验的老工人带领下有组织地撤退。<br>(3)位于火源进风侧的人员,应迎着新鲜风流撤退。<br>(4)位于火源回风侧的人员或是在撤退途中遇到烟气有中毒危险时,应迅速戴好自救器,尽快通过捷径绕到新鲜风流中去或在烟气没有到达之前,顺着风流尽快从回风出口撤到安全地点;如果距火源较近而且越过火源没有危险时,也可迅速穿过火区撤到火源的进风侧。<br>(5)如果在自救器有效作用时间内不能安全撤出,应寻找有压风管路系统的地点,以压缩空气供呼吸之用。<br>(6)撤退行动既要迅速果断,又要快而不乱。撤退中应靠巷道有联通出口的一侧行进,避免错过脱离危险区的机会,同时还要随时注意观察巷道和风流的变化情况,谨防火风压可能造成的风流逆转。人与人之间要互相照应,互相帮助,团结友爱。<br>(7)如果无论是逆风或顺风撤退,都无法躲避着火巷道或火灾烟气可能造成的危害,则应迅速进入避难硐室;没有避难硐室时应在烟气袭来之前,选择合适的地点就地利用现场条件快速构筑临时避难硐室,进行避灾自救。<br>(8)火区回风侧人员逆烟撤退具有很大的危险性,在一般情况下不要这样做。除非是在附近有脱离危险区的通道出口,而且又有脱离危险区的把握时;或是只有逆烟撤退才有争取生存的希望时,才采取这种撤退方法。<br>(9)撤退途中,如果有平行并列巷道或交叉巷道,应靠有平行并列巷道和交叉巷道口的一侧撤退,并随时注意这些出口的位置,尽快寻找脱险出路。在烟雾大、视线不清的情况下,要摸着巷道壁前进,以免错过联通出口。<br>(10)当烟雾在巷道里流动时,一般巷道空间的上部烟雾浓度大、温度高、能见度低,对人的危害也严重,而靠近巷道底板情况要好一些,有时巷道底部还有比较新鲜的低温空气流动。为此,在有烟雾的巷道里撤退时,在烟雾不严重的情况下,即使为了加快速度也不应直立奔跑,而应尽量躬身弯腰,低着头快速前进。如烟雾大、视线不清或温度高,则应尽量贴着巷道底板和巷壁,摸着铁道或管道等爬行撤退。<br>(11)在高温浓烟的巷道撤退还应注意利用巷道内的水,浸湿毛巾、衣物或向身上淋水等办法进行降温,改善自己的感觉,或是利用随身物件等遮挡头面部,以防高温烟气的刺激等。<br>(12)在撤退过程中,当发现有发生爆炸的前兆时(当爆炸发生时,巷道内的风流会有短暂的停顿或颤动,应当注意的是这与火风压可能引起的风流逆转的前兆有些相似),有可能的话要立即避开爆炸的正面巷道,进入旁侧巷道,或进入巷道内的躲避硐室;如果情况紧急,应迅速背向爆源,靠巷道的一帮就地顺着巷道爬卧,面部朝下紧贴巷道底 |

续表

| 项目 | 具体内容 |
| --- | --- |
| 矿井火灾事故的自救 | 板、用双臂护住头面部并尽量减少皮肤的外露部分；如果巷道内有水坑或水沟，则应顺势爬入水中。在爆炸发生的瞬间，要尽力屏住呼吸或是闭气将头面浸入水中，防止吸入爆炸火焰及高温有害气体，同时要以最快的动作戴好自救器。爆炸过后，应稍事观察，待没有异常变化迹象，就要辨明情况和方向，沿着安全避灾路线，尽快离开灾区，转入有新鲜风流的安全地带。<br>1. 透水后现场人员撤退时的注意事项<br>(1)透水后，应在可能的情况下迅速观察和判断透水的地点、水源、涌水量、发生原因、危害程度等情况，根据灾害预防和处理计划中规定的撤退路线，迅速撤退到透水地点以上的水平，而不能进入透水点附近及下方的独头巷道。<br>(2)行进中，应靠近巷道一侧，抓牢支架或其他固定物体，尽量避开压力水头和泄水流，并注意防止被水中滚动的矸石和木料撞伤。<br>(3)如透水后破坏了巷道中的照明和路标，迷失行进方向时，遇险人员应朝着有风流通过的上山巷道方向撤退。<br>(4)在撤退沿途和所经过的巷道交叉口，应留设指示行进方向的明显标志，以提醒救护人员注意。<br>(5)人员撤退到竖井，需从梯子间上去时，应遵守秩序，禁止慌乱和争抢。行动中手要抓牢，脚要蹬稳，切实注意自己和他人的安全。<br>(6)如唯一的出口被水封堵无法撤退，应有组织的在独头工作面躲避，等待救护人员的营救。严禁盲目潜水逃生等冒险行为。<br>2. 被矿井水灾围困时的避灾自救措施<br>(1)当现场人员被涌水围困无法退出时，应迅速进入预先筑好的避难硐室中避灾，或选择合适地点快速建筑临时避难硐室避灾。迫不得已时，可爬上巷道中高冒空间待救。如是老空透水，则须在避难硐室处建临时挡墙或吊挂风帘，防止被涌出的有害气体伤害。进入避难硐室前，应在硐室外留设明显标志。<br>(2)在避灾期间，遇险矿工要有良好的精神心理状态，情绪安定、自信乐观、意志坚强。要坚信上级领导一定会组织人员快速营救；坚信在班组长和有经验老工人的带领下，一定能克服各种困难、共渡难关、安全脱险。要做好长时间避灾的准备，除轮流担任岗哨观察水情的人员外，其余人员均应静卧，以减少体力和空气消耗。<br>(3)避灾时，应用敲击的方法有规律、间断地发出呼救信号，向营救人员指示躲避处的位置。<br>(4)被困期间断绝食物后，即使在饥饿难忍的情况下，也应努力克制自己，决不嚼食杂物充饥。需要饮用井下水时，应选择适宜的水源，并用纱布或衣服过滤。<br>(5)长时间被困在井下，发觉救护人员到来营救时，避灾人员不可过度兴奋和慌乱。得救后，不可吃硬质和过量的食物，要避开强烈的光线，以防发生意外 |
| 煤与瓦斯突出事故的自救 | 1. 发现突出预兆后现场人员的避灾措施<br>(1)矿工在采煤工作面发现有突出预兆时，要以最快的速度通知人员迅速向进风侧撤 |

续表

| 项目 | 具体内容 |
| --- | --- |
| 煤与瓦斯突出事故的自救 | 离。撤离中快速打开隔离式自救器并佩戴好，迎着新鲜风流继续外撤。如果距离新鲜风流太远，应首先到避难所或利用压风自救系统进行自救。<br>（2）掘进工作面发现煤与瓦斯突出的预兆时，必须向外迅速撤至防突反向风门之外后，把防突风门关好，然后继续外撤。如自救器发生故障或佩戴自救器不能安全到达有新鲜风流的地点，应在撤出途中到避难所或利用压风自救系统进行自救，等待救护队援救。<br>（3）注意延期突出：有些矿井，出现了煤与瓦斯突出的某些预兆，但并不立即发生突出。延期突出容易使人产生麻痹，危害更大，对此，千万不能粗心大意，必须随时提高警惕。一旦突然发生了煤与瓦斯延期突出，会造成多人遇险。因此，遇到煤与瓦斯突出预兆，必须立即撤出，并佩戴好自救器，绝不要犹豫不决。<br>2. 发生突出事故后现场人员的避灾措施<br>在有煤与瓦斯突出危险的矿井，矿工要把自己的隔离式自救器带在身上，一旦发生煤与瓦斯突出事故，立即打开外壳佩戴好，迅速外撤。<br>矿工在撤退途中，如果退路被堵，可到矿井专门设置的井下避难所暂避，也可寻找有压缩空气管路或铁风管的巷道、硐室躲避。这时要把管子的螺丝接头卸开，形成正压通风，延长避难时间，并设法与外界保持联系 |
| 顶板事故的自救 | 1. 采煤工作面冒顶时的避灾自救措施<br>（1）迅速撤退到安全地点。当发现工作地点有即将发生冒顶的征兆，而当时又难以采取措施防止采煤工作面顶板冒落时，最好的避灾措施是迅速离开危险区，撤退到安全地点。<br>（2）遇险时要靠煤帮贴身站立或到木垛处避灾。从采煤工作面发生冒顶的实际情况来看，顶板沿煤壁冒落是很少见的。因此，当发生冒顶来不及撤退到安全地点时，遇险者应靠煤帮贴身站立避灾，但要注意煤壁片帮伤人。另外，冒顶时可能将支柱压断或推倒，但在一般情况下不可能压垮或推倒质量合格的木垛。因此，如遇险者所在位置靠近木垛时，可撤至木垛处避灾。<br>（3）遇险后立即发出呼救信号。冒顶对人员的伤害主要是砸伤、掩埋或隔堵。冒落基本稳定后，遇险者应立即采用呼叫、敲打（如敲打物料、岩块，可能造成新的冒落时，则不能敲打，只能呼叫）等方法，发出有规律、不间断的呼救信号，以便救护人员和撤出人员了解灾情，组织力量进行抢救。<br>（4）遇险人员要积极配合外部的营救工作。冒顶后被煤矸、物料等埋压的人员，不要惊慌失措，在条件不允许时切忌采用猛烈挣扎的办法脱险，造成事故扩大。被冒顶隔堵的人员，应在遇险地点有组织地维护好自身安全，构筑脱险通道，配合外部的营救工作，为提前脱险创造良好条件。<br>2. 独头巷道迎头冒顶被堵人员的避灾自救措施<br>（1）遇险人员要正视已发生的灾害，切忌惊慌失措，坚信矿领导和同志们一定会积极 |

续表

| 项目 | 具体内容 |
|---|---|
| 顶板事故的自救 | 进行抢救。应迅速组织起来，主动听从灾区中班组长和有经验老工人的指挥。团结协作，尽量减少体力和隔堵区的氧气消耗，有计划地使用饮水、食物和矿灯等。做好较长时间避灾的准备。<br>（2）如人员被困地点有电话，应立即用电话汇报灾情、遇险人员数和计划采取的避灾自救措施。否则，应采用敲击钢轨、管道和岩石等方法，发出有规律的呼救信号，并每隔一定时间敲击一次，不间断地发出信号，以便营救人员了解灾情，组织力量进行抢救。<br>（3）维护加固冒落地点和人员躲避处的支架，并经常派人检查，以防止冒顶进一步扩大，保障被堵人员避灾时的安全。<br>（4）如人员被困地点有压风管，应打开压风管给被困人员输送新鲜空气，并稀释被隔堵空间的瓦斯含量，但要注意保暖 |

# 第四节　现场创伤急救技术

## 考点1　心肺复苏技术

| 项目 | 具体内容 |
|---|---|
| 人工呼吸 | 人工呼吸适用于触电休克，溺水，有害气体中毒、窒息或外伤窒息等引起的呼吸停止、假死状态者。如果呼吸停止不久大都能通过人工呼吸抢救过来。<br>在施行人工呼吸前，先要将伤员运送到安全、通风良好的地点，将伤员领口解开，放松腰带，注意保持体温。腰背部要垫上软的衣服等。应先清除口中脏物，把舌头拉出或压住，防止堵住喉咙，妨碍呼吸。各种有效的人工呼吸必须在呼吸道畅通的前提下进行。常用的方法有口对口吹气法、仰卧压胸法和俯卧压背法3种。<br>1. 口对口吹气法<br>口对口吹气法是效果最好、操作最简单的一种方法。操作前使伤员仰卧，救护者在其头的一侧，一手托起伤员下颌，并尽量使其头部后仰，另一手将其鼻孔捏住，以免吹气时，从鼻孔漏气；自己深吸一口气，紧对伤员的口将气吹入，使伤员吸气。然后，松开捏鼻的手，并用一手压其胸部以帮助伤员呼气。如此有节律地、均匀地反复进行，每分钟应吹气14～16次。注意吹气时切勿过猛、过短，也不宜过长，以占一次呼吸周期的1/3为宜。<br>2. 仰卧压胸法<br>让伤员仰卧，救护者跨跪在伤员大腿两侧，两手拇指向内，其余四指向外伸开，平放在其胸部两侧乳头之下，借上半身重力压伤员胸部，挤出伤员肺内空气；然后，救护者身体后仰，除去压力，伤员胸部依其弹性自然扩张，使空气吸入肺内。如此有节律地进行，要求每分钟压胸16～20次。此法不适用于胸部外伤或二氧化硫、二氧化氮中毒者，也不能与胸外心脏按压法同时进行 |

续表

| 项目 | 具体内容 |
| --- | --- |
| 人工呼吸 | 3. 俯卧压背法<br>俯卧压背法与仰卧压胸法操作方法大致相同，只是伤员俯卧，救护者跨跪在伤员大腿两侧。因为这种方法便于排出肺内水分，因而此法对溺水急救较为合适 |
| 心脏复苏 | 心脏复苏操作主要有心前区叩击术和胸外心脏按压术两种方法。<br>1. 心前区叩击术<br>心脏骤停后立即叩击心前区，叩击力中等，一般可连续叩击 3 ~ 5 次，并观察脉搏、心音。若恢复则表示复苏成功；反之，应立即放弃，改用胸外心脏按压术。操作时，使伤员头低脚高，施术者以左手掌置其心前区，右手握拳，在左手背上轻叩。<br>2. 胸外心脏按压术<br>胸外心脏按压术适用于各种原因造成的心跳骤停者。在胸外心脏按压前，应先做心前区捶击术，如果捶击无效，应及时正确地进行胸外心脏按压。其操作方法是：首先将伤员仰卧于木板上或地上，解开其上衣和腰带，脱掉其胶鞋。救护者位于伤员左侧，手掌面与前臂垂直，一手掌面压在另一手掌面上，使双手重叠，置于伤员胸骨 1/3 处（其下方为心脏），以双肘和臂肩之力有节奏地、冲击式地向脊柱方向用力按压，使胸骨压下陷 3 ~ 4 cm；按压后，迅速抬手使胸骨复位。按压次数，以每分钟 60 ~ 80 次为宜。按压过快，心脏舒张不够充分，心室内血液不能完全充盈；按压过慢，动脉压力低，效果也不好。使用此法时的注意事项是：<br>（1）按压的力量应因人而异；对身强力壮的伤员，按压力量可大些；对年老体弱的伤员，力量宜小些。按压的力量要稳健有力，均匀规则，重力应放在手掌根部，着力仅在胸骨处，切勿在心尖部按压，同时注意用力不能过猛，否则可致肋骨骨折，心包积血或引起气胸等。<br>（2）胸外心脏按压与口对口吹气应同时施行，一般每按压心脏 4 次，做口对口吹气 1 次，如 1 人同时兼作此两种操作，则每按压心脏 10 ~ 15 次，较快地连续吹气 2 次。<br>（3）按压显效时，可摸到颈总动脉、股动脉搏动，散大的瞳孔开始缩小，口唇、皮肤转为红润 |

## 考点 2　止血技术

| 项目 | 具体内容 |
| --- | --- |
| 指压止血法 | 在伤口附近靠近心脏一端的动脉处，用拇指压住出血的血管，以阻断血流。此法可作为四肢大出血的暂时性止血措施；在指压止血的同时，应立即寻找材料，准备换用其他止血方法 |
| 加垫屈肢止血法 | 当前臂和小腿动脉出血不能制止时，如果没有骨折和关节脱位，这时可采用加垫屈肢止血法止血。在肘窝处或膝窝处放入叠好的毛巾或布卷，然后屈肘关节或屈膝关节，再用绷带或宽布条等将前臂与上臂或小腿与大腿固定 |

续表

| 项目 | 具体内容 |
|---|---|
| 止血带止血法 | 当上肢或下肢大出血时，在井下可就地取材，使用胶管或止血带等，压迫出血伤口的近心端进行止血。<br>1. 止血带的使用方法<br>(1)在伤口近心端上方先加垫。<br>(2)急救者左手拿止血带，上端留 5 寸，紧贴加垫处。<br>(3)右手拿止血带长端，拉紧并环绕伤肢伤口近心端上方两周，然后将止血带交左手用中、食指夹紧。<br>(4)左手中、食指夹止血带，顺着肢体下拉成环。<br>(5)将上端一头插入环中拉紧固定。<br>(6)上肢出血时，止血带应扎在上臂的上 1/3 处，下肢出血时应扎在大腿的中下 1/3 处。<br>2. 止血带使用注意事项<br>(1)扎止血带前，应先将伤肢抬高，防止肢体远端因瘀血而增加失血量。<br>(2)扎止血带时要有衬垫，不能直接扎在皮肤上，以免损伤皮下神经。<br>(3)前臂和小腿不适于扎止血带，因其均有两根平行的骨干，骨间可通血流，所以止血效果差。但在肢体离断后的残端可使用止血带，应尽量扎在靠近残端处。<br>(4)禁止扎在上臂的中段，以免压伤桡神经，引起腕下垂。<br>(5)止血带的压力要适中，以达到阻断血流又不损伤周围组织为度。<br>(6)止血带止血持续时间一般不超过 1 h，太长可导致肢体坏死，太短会使出血、休克进一步恶化。因此，使用止血带的伤员必须配有明显标志，并准确记录开始扎止血带的时间，每 0.5 ~ 1 h 缓慢放松一次止血带，放松时间为 1 ~ 3 min，此时可抬高伤肢压迫局部止血；再扎止血带时应在稍高的平面上绑扎，不可在同一部位反复绑扎。使用止血带以不超过 2 h 为宜，应尽快将伤员送到医院救治 |
| 加压包扎止血法 | 加压包扎止血法主要适用于静脉出血的止血。其做法是：首先将干净的消毒纱布、毛巾或布料等盖在伤口处，然后用绷带或布条适当加压包扎，即可止血。压力的松紧度以能达到止血而不影响伤肢血液循环为宜 |

## 考点 3　包扎技术

| 项目 | 具体内容 |
|---|---|
| 目的 | 保护伤口和创面，减少感染，减轻痛苦；加压包扎有止血作用；用夹板固定骨折的肢体时，需要包扎，以减少继发性损伤，也便于将伤员运送到医院 |
| 方法 | 现场进行创伤包扎可就地取材，例如用毛巾、手帕、衣服撕成的布条等进行。<br>包扎的方法有布条包扎法、毛巾包扎法。<br>1. 布条包扎法<br>(1)环形包扎法。该法适用于头部、颈部、腕部及胸部、腹部等处。将布条作环行重叠缠绕肢体数圈后即成 |

续表

| 项目 | 具体内容 |
|---|---|
| 方法 | (2)螺旋包扎法。该法用于前臂、下肢和手指等部位的包扎。先用环形法固定布条的起始端,然后把布条逐渐地斜旋上缠或下缠,每圈压前圈的一半或1/3,呈螺旋形,布条的尾部在原位上缠2圈后予以固定。<br>(3)螺旋反折包扎法。该法多用于粗细不等的四肢包扎。开始先做螺旋形包扎,待到渐粗的地方,以一手拇指按住布条上面,另一手将布条自该点反折向下,并遮盖前圈的一半或1/3。各圈反折须排列整齐,反折头不宜在伤口和骨头突出部分。<br>(4)“8”字包扎法。该法多用于关节处的包扎。先在关节中部环形包扎两圈,然后以关节为中心,从中心向两边缠,一圈向上,一圈向下,两圈在关节屈测交叉,并压住前圈的1/2。<br>2. 毛巾包扎法<br>(1)头顶部包扎法。先将毛巾横盖于头顶部,包住前额,两角拉向头后打结,两后角拉向下颌打结。或者是毛巾横盖于头顶部,包住前额,两前角拉向头后打结,然后两后角向前折叠,左右交叉绕到前额打结。如毛巾太短可接带子。<br>(2)面部包扎法。将毛巾横置,盖住面部,向后拉紧毛巾的两端,在耳后将两端的上、下角交叉后分别打结,眼、鼻、嘴处剪洞。<br>(3)下颌包扎法。将毛巾纵向折叠成四指宽的条状,在一端扎一小带,毛巾中间部分包住下颌,两端上提,小带经头顶部在另一侧耳前与毛巾交叉,然后小带绕前额及枕部与毛巾另一端打结。<br>(4)肩部包扎法。单肩包扎时,毛巾斜折放在伤侧肩部,腰边穿带子在上臂固定,叠角向上折,一角盖住肩的前部,从胸前拉向对侧腋下,另一角向上包住肩部,从后背拉向对侧腋下打结。<br>(5)胸部和背部包扎法。全胸包扎时,毛巾对折,腰边中间穿带子,由胸部围绕到背后打结固定。胸前的两片毛巾折成三角形,分别将角上提至肩部,包住双侧胸,两角各加带过肩到背后与横带相遇打结。背部包扎与胸部包扎法相同。<br>(6)腹部包扎法。将毛巾斜对折,中间穿小带,小带的两部拉向后方,在腰部打结,使毛巾盖住腹部。将上、下两片毛巾的前角各扎一小带,分别绕过大腿根部与毛巾的后角在大腿外侧打结。臀部包扎与腹部包扎法相同 |
| 注意事项 | (1)在包扎时,应做到动作迅速敏捷不可触碰伤口,以免引起出血、疼痛和感染。<br>(2)不能用井下的污水冲洗伤口。伤口表面的异物(如煤块、矸石等)应去除,但深部异物须由医院处理,防止重复感染。<br>(3)包扎动作要轻柔、松紧度要适宜,不可过松或过紧,结头不要打在伤口上,应使伤员体位舒适,绷扎部位应维持在功能位置。<br>(4)脱出的内脏不可纳回伤口,以免造成体腔内感染。<br>(5)包扎范围应超出伤口边缘5~10 cm |

## 考点4　骨折固定技术

| 项目 | 具体内容 |
| --- | --- |
| 作用 | 骨折固定可减轻伤员的疼痛，防止因骨折端移位而刺伤邻近组织、血管、神经，也是防止创伤休克的有效急救措施 |
| 操作要点 | (1)在进行骨折固定时，应使用夹板、绷带、三角巾、棉垫等物品。手边没有时，可就地取材，如树枝、木板、木棍、硬纸板、塑料板、衣物、毛巾等均可代替。必要时也可将受伤肢体固定于伤员健侧肢体上，如下肢骨折可与健侧绑在一起，伤指可与邻指固定在一起。若骨折断端错位，救护时暂不要复位，即使断端已穿破皮肤露在外面，也不可进行复位，而应按受伤原状包扎固定。<br>(2)骨折固定应包括上、下两个关节，在肩、肘、腕、股、膝、踝等关节处应垫棉花或衣物，以免压破关节处皮肤，固定应以伤肢不能活动为度，不可过松或过紧。<br>(3)搬运时要做到轻、快、稳 |
| 固定方法 | (1)上臂骨折。于患侧腋窝内垫以棉垫或毛巾，在上臂外侧安放垫衬好的夹板或其他代用物，绑扎后，使肘关节屈曲90°，将患肢捆于胸前，再用毛巾或布条将其悬吊于胸前。<br>(2)前臂及手部骨折。用衬好的两块夹板或代用物，分别放置在患侧前臂及手的掌侧与背侧，以布带绑好，再以毛巾或布条将臂吊于胸前。<br>(3)大腿骨折。用长木板放在患肢及躯干外侧，半髋关节、大腿中段、膝关节、小腿中段、踝关节同时固定。<br>(4)小腿骨折。用长、宽合适的木夹板2块，自大腿上段至踝关节分别在内外两侧捆绑固定。<br>(5)骨盆骨折。用衣物将骨盆部包扎住，并将伤员两下肢互相捆绑在一起，膝、踝间加以软垫，曲髋、屈膝。要多人将伤员仰卧平托在木板担架上。有骨盆骨折者，应注意检查有无内脏损伤及内出血。<br>(6)锁骨骨折。以绷带作形固定，固定时双臂应向后伸 |

## 考点5　伤员搬运

| 项目 | 具体内容 |
| --- | --- |
| 注意事项 | 井下条件复杂，道路不畅，转运伤员要尽量做到轻、稳、快。没有经过初步固定、止血、包扎和抢救的伤员，一般不应转运。搬运时应做到不增加伤员的痛苦，避免造成新的损伤及并发症。搬运时应注意以下事项：<br>(1)呼吸、心搏骤停及休克昏迷的伤员应先及时复苏后再搬运。若没有懂得复苏技术的人员时，则可为争取抢救的时间而迅速向外搬运，去迎接救护人员进行及时抢救。<br>(2)对昏迷或有窒息症状的伤员，要把肩部稍垫高，使头部后仰，面部偏向一侧或采用侧卧位，以防胃内呕吐物或舌头后坠堵塞气管而造成窒息，注意随时都要确保呼吸道通畅 |

续表

| 项目 | 具体内容 |
|---|---|
| 注意事项 | (3)一般伤员可用担架、木板、风筒、刮板输送机槽、绳网等运送，但脊柱损伤和骨盆骨折的伤员应用硬板担架运送。<br>(4)对一般伤员均应先行止血、固定、包扎等初步救护后，再进行转运。<br>(5)一般外伤的伤员，可平卧在担架上，伤肢抬高，胸部外伤的伤员可取半坐位；有开放性气胸者，需封闭包扎后，才可转运。腹腔部内脏损伤的伤员，可平卧，用宽布带将腹腔部捆在担架上，以减轻痛苦及出血。骨盆骨折的伤员可仰卧在硬板担架上，曲髋、屈膝，膝下垫软枕或衣物，用布带将骨盆捆在担架上。<br>(6)搬运胸、腰椎损伤的伤员时，先把硬板担架放在伤员旁边，由专人照顾患处，另有两三人保持脊柱伸直位，同时用力轻轻将伤员推滚到担架上，推动时用力大小、快慢要保持一致，要保证伤员脊柱不弯曲。伤员在硬板担架上取仰卧位，受伤部位垫上薄垫或衣物，使脊柱呈过伸位，严禁坐位或肩背式搬运。<br>(7)对脊柱损伤的伤员，要严禁让其坐起、站立和行走。也不能用一人抬头、一人抱腿或人背的方法搬运。因为当脊柱损伤后，再弯曲活动时，有可能损伤脊髓而造成伤员截瘫甚至突然死亡，所以搬运时要十分小心。<br>在搬运颈椎损伤的伤员时，要专有一人抱持伤员头部，轻轻向水平方向牵引，并且固定在中立位，不使颈椎弯曲，严禁左右转动。搬运者多人双手分别托住颈肩部、胸腰部、臀部及两下肢，同时用力移上担架，取仰卧位。担架应用硬木板，肩下应垫软枕或衣物，使颈椎呈伸展样(颈下不可垫衣物)，头部两侧用衣物固定，防止颈部扭转，且忌抬头。若伤员的头和颈已处于曲歪位置，则需按其自然固有姿势固定，不可勉强纠正，以避免损伤脊髓而造成高位截瘫，甚至突然死亡。<br>(8)转运时应让伤员的头部在后面，随行的救护人员要时刻注意伤员的面色、呼吸、脉搏，必要时要及时抢救。随时注意观察伤口是否继续出血、固定是否牢靠，出现问题要及时处理。走上下山时，应尽量保持担架平衡，防止伤员从担架上翻滚下来。<br>(9)运送到井上，应向接管医生详细介绍受伤情况及检查、抢救经过 |

## 案例分析

2007年1月17日零时，内蒙古包头市某煤矿发生了透水事故，35名矿工被困。通过应急救援体系发挥作用，成功营救出6名矿工，及时发现二次突水征兆，果断决策，撤出井下51名救援人员，避免了一起特大次生事故。

17日零时许，该矿1号竖井首先透水，2、3号竖井随即相继进水，井下水位853 m水平左右，将该矿850 m中段的主巷道全部淹没，透水量约15 000 $m^3$，35人被困。

17日10时距1号井西南100 m处，地表出现直径60 m，深20米塌陷。

指挥部制订了切实的救援方案，采取从1、2、3号竖井排水，在3号斜井850 m水平车场，钻孔与开挖结合掘进14 m联络巷，贯通3号竖井850 m开采区，营救被困人员。18日11

时贯通16 m联络巷，被困35个小时后6名矿工获救。

由于井筒条件差，1、2号竖井水泵安设受阻。在3号竖井安设从山西水泵厂调运的大型潜污泵，因大量的淤泥，无法正常运行。

指挥部被迫采取人工清淤措施，组织包括武警战士、金矿以及煤矿工人人工清淤，交替作业。

各方积极参战，充分发挥应急救援体系的作用。1月19日上午9时，通过脱险矿工了解到矿井1、2号斜井900 m水平作业区，在16日22时左右曾发生透水坍塌，与此次竖井透水密切相关。

指挥部立即组织专家组研究、论证，决定在1、2号斜井采取钻孔措施向850 m水平人员可能被困地点打钻。连夜布置作业场地。

20日凌晨1时内蒙古乌海煤监分局的吴某在到2号斜井勘查钻孔定位时，发现950 m水平大量积水，威胁850 m水平清淤人员安全，立即升井报告。20日凌晨3时，现场指挥部决定立即停止井下作业；3时50分，井下救援作业的51名人员全部撤出；5时45分发生了二次透水，顷刻间水和泥浆淹没至860 m水平，通往850 m水平巷道全部被淹没。7时，1号、2号竖井变形倾斜，7时56分地表塌陷由3 600 $m^2$扩大到7 000 $m^2$。由于决策果断，现场处置及时，避免了一次特大次生事故。

根据以上情况，请分析回答此次事故救援的典型意义。

## 参考答案及解析

此次事故救援的典型意义：

(1)现场指挥部坚持从救灾全局的高度，以拯救被困矿工生命为核心，制订救援方案，果断决策、严密组织、措施得力，把握住救援时机，拯救出6名被困矿工。

(2)应急救援体系发挥了重要作用。此次救援指挥中心、各有关部门、总参密切配合，专业救援队伍、武警部队积极参战，国有大型企业无私奉献，体现了在党中央、国务院领导下，应急救援体系的作用得到发挥。

(3)关键时刻安全技术专家做出了突出贡献。乌海煤监分局的吴同志长期在矿山负责安全生产管理，具有丰富的救灾经验，加之强烈的责任心，在井下发现险情，立即作出反应，在决策关键时刻，坚持提请指挥部立即撤出井下所有救援人员，避免了一次特大次生事故。

# 第二部分

# 安全生产案例分析

# 第一章 安全生产管理制度与职责

## 知识框架

- 安全生产管理制度与职责
  - 国家安全生产法律、法规、规章、标准和政策
  - 企业安全生产规章制度
    - 安全生产规章制度建设的目的和意义
    - 安全规章制度建设的依据和原则
    - 安全规章制度的编制和管理
  - 安全生产责任制
  - 安全生产管理机构设置和人员配备
    - 安全生产管理机构设置和人员配备相关内容
    - 生产经营单位安全生产管理机构以及安全生产管理人员应履行的职责

## 考点精讲

## 第一节 国家安全生产法律、法规、规章、标准和政策

### 考点 国家安全生产法律、法规、规章、标准和政策

| 项目 | 具体内容 |
| --- | --- |
| 法律 | (1)国家现行的有关安全生产的专门法律有：<br>《安全生产法》《消防法》《道路交通安全法》《海上交通安全法》《矿山安全法》等。<br>(2)与安全生产相关的法律主要有：<br>《劳动法》《职业病防治法》《工会法》《矿产资源法》《铁路法》《公路法》《民用航空法》《港口法》《建筑法》《煤炭法》《电力法》等 |
| 法规 | 安全生产法规分为：<br>(1)行政法规。<br>(2)地方性法规 |

续表

| 项目 | 具体内容 |
| --- | --- |
| 规章 | 安全生产行政规章分为：<br>(1)部门规章。<br>(2)地方政府规章 |
| 标准 | 法定安全生产标准分为：<br>(1)国家标准。安全生产国家标准是指国家标准化行政主管部门依照《标准化法》制定的在全国范围内适用的安全生产技术规范。<br>(2)行业标准。安全生产行业标准是指国务院有关部门和直属机构依照《标准化法》制定的在安全生产领域内适用的安全生产技术规范。<br>行业安全生产标准对同一安全生产事项的技术要求，可以高于国家安全生产标准但不得与其相抵触 |

# 第二节　企业安全生产规章制度

## 考点1　安全生产规章制度建设的目的和意义

| 项目 | 具体内容 |
| --- | --- |
| 安全生产规章制度建设的目的和意义 | 安全生产规章制度建设的目的和意义：<br>安全规章制度是生产经营单位贯彻国家有关安全生产法律法规、国家和行业标准，贯彻国家安全生产方针政策的行动指南，是生产经营单位有效防范生产、经营过程安全生产风险，保障从业人员安全和健康，加强安全生产管理的重要措施。具体表现在：<br>(1)建立、健全安全规章制度是生产经营单位的法定责任。<br>(2)建立、健全安全生产规章制度是生产经营单位落实主体责任的具体体现。<br>(3)建立、健全安全规章制度是生产经营单位安全生产的重要保障。<br>(4)建立、健全安全规章制度是生产经营单位保护从业人员安全与健康的重要手段 |

## 考点2　安全规章制度建设的依据和原则

| 项目 | 具体内容 |
| --- | --- |
| 依据 | (1)以安全生产法律法规、国家和行业标准、地方政府的法规、标准为依据。<br>生产经营单位安全规章制度首先必须符合国家法律法规，国家和行业标准，以及生产经营单位所在地地方政府的相关法规、标准的要求。生产经营单位安全规章制度是一系列法律法规在生产经营单位生产、经营过程具体贯彻落实的体现。<br>(2)以生产、经营过程的危险有害因素辨识和事故教训为依据。<br>安全规章制度的建设，其核心就是危险有害因素的辨识和控制。通过危险有害因素的辨识，有效提高规章制度建设的目的性和针对性，保障生产安全。同时，生产经营单 |

续表

| 项目 | 具体内容 |
|---|---|
| 依据 | 位要积极借鉴相关事故教训，及时修订和完善规章制度，防范同类事故的重复发生。<br>(3)以国际、国内先进的安全管理方法为依据。<br>随着安全科学技术的迅猛发展，安全生产风险防范和控制的理论、方法不断完善。尤其是安全系统工程理论研究的不断深化，为生产经营单位的安全管理提供了丰富的工具，如职业安全健康管理体系、风险评估、安全性评价体系的建立等，都为生产经营单位安全规章制度的建设提供了宝贵的参考资料 |
| 原则 | 1. 主要负责人负责的原则<br>安全规章制度建设，涉及生产经营单位的各个环节和所有人员，只有生产经营单位主要负责人亲自组织，才能有效调动生产经营单位的所有资源，才能协调各个方面的关系。<br>2. “安全第一、预防为主、综合治理”的原则<br>“安全第一、预防为主、综合治理”是我国的安全生产方针，是我国经济社会发展现阶段安全生产客观规律的具体要求。安全第一，就是要求必须把安全生产放在各项工作的首位，正确处理好安全生产与工程进度、经济效益的关系。预防为主，就是要求生产经营单位的安全生产管理工作，要以危险、有害因素的辨识、评价和控制为基础，建立安全生产规章制度。通过制度的实施达到规范人员行为，消除物的不安全状态，实现安全生产的目标。综合治理，就是要求在管理上综合采取组织措施、技术措施，落实生产经营单位的各级主要负责人、专业技术人员、管理人员、从业人员等各级人员，以及党政工团有关管理部门的责任，各负其责，齐抓共管。<br>3. 系统性原则<br>风险来自生产、经营过程之中，只要生产、经营活动在进行，风险就客观存在。因而，要按照安全系统工程的原理，建立涵盖全员、全过程、全方位的安全规章制度。即涵盖生产经营单位每个环节、每个岗位、每个人；涵盖生产经营单位的规划设计、建设安装、生产调试、生产运行、技术改造的全过程；涵盖生产经营全过程的事故预防、应急处置、调查处理等全方位的安全规章制度。<br>4. 规范化和标准化原则<br>生产经营单位安全规章制度的建设应实现规范化和标准化管理，以确保安全规章制度建设的严密、完整、有序。建立安全规章制度起草、审核、发布、教育培训、修订的严密的组织管理程序，安全规章制度编制要做到目的明确，流程清晰，标准明确，具有可操作性，按照系统性原则的要求，建立完整的安全规章制度体系 |

## 考点 3　安全规章制度的编制和管理

| 项目 | 具体内容 |
|---|---|
| 制定、修订的工作计划 | 生产经营单位应每年编制安全规章制度制定、修订的工作计划，确保生产经营单位安全规章制度建设和管理的有序进行 |

续表

| 项目 | 具体内容 |
| --- | --- |
| 制定、修订的工作计划 | 计划的主要内容包括:<br>(1)规章制度的名称。<br>(2)编制目的。<br>(3)主要内容。<br>(4)责任部门。<br>(5)进度安排等 |
| 制定的流程 | 安全生产规章制度制定的流程包括:<br>(1)起草。<br>安全规章制度在起草前,应首先收集国家有关安全生产法律法规、国家行业标准、生产经营单位所在地地方政府的有关法规、标准等,作为制度起草的依据,同时结合生产经营单位安全生产的实际情况,进行起草。<br>(2)会签。<br>责任部门起草的规章制度草案,应在送交相关领导签发前征求有关部门的意见,意见不一致时,一般由生产经营单位主要负责人或分管安全的负责人主持会议,取得一致意见。<br>(3)审核。<br>安全规章制度在签发前,应进行审核。一是由生产经营单位负责法律事务的部门,对规章制度与相关法律法规的符合性及与生产经营单位现行规章制度一致性进行审查;二是提交生产经营单位的职工代表大会或安全生产委员会会议进行讨论,对各方面工作的协调性、各方利益的统筹性进行审查。<br>(4)签发。<br>技术规程规范、安全操作规程等一般技术性安全规章制度由生产经营单位分管安全生产的负责人签发,涉及全局性的综合管理类安全规章制度应由生产经营单位主要负责人签发。<br>签发后要进行编号,注明生效时间,以“自发布之日起执行”或“现予发布,自某年某月某日起施行”。<br>(5)发布。<br>生产经营单位的安全规章制度,应采用固定的发布方式,如通过红头文件形式、在生产经营单位内部办公网络发布等。发布的范围应覆盖与制度相关的部门及人员。<br>(6)培训和考试。<br>新颁布的安全规章制度应组织相关人员进行培训,对安全操作规程类制度,还应组织进行考试。<br>(7)修订。<br>生产经营单位应每年对安全规章制度进行一次修订,并公布现行有效的安全规章制度清单。对安全操作规程类安全规章制度,除每年进行一次修订外,3 至 5 年应组织进行一次全面修订,并重新印刷 |

# 第三节　安全生产责任制

## 考点　安全生产责任制

| 项目 | 具体内容 |
|---|---|
| 定义 | 安全生产责任制是经长期的安全生产、劳动保护管理实践证明的成功制度与措施 |
| 对企业实行安全生产责任制的要求 | (1)企业单位的各级领导人员在管理生产的同时,必须负责管理安全工作,认真贯彻执行国家有关劳动保护的法令和制度,在计划、布置、检查、总结、评比生产的时候,同时计划、布置、检查、总结、评比安全工作。<br>(2)企业单位中的生产、技术、设计、供销、运输、财务等各有关专职机构,都应该在各自业务范围内,对实现安全生产的要求负责。<br>(3)企业单位都应该根据实际情况加强劳动保护工作机构或专职人员的工作。劳动保护工作机构或专职人员的职责是:协助领导组织推动生产中的安全工作,贯彻执行劳动保护的法令、制度;汇总和审查安全技术措施计划,并且督促有关部门切实按期执行;组织和协助有关部门制订或修订安全生产制度和安全技术操作规程,对这些制度、规程的贯彻执行进行监督检查;经常进行现场检查,协助解决问题,遇有特别紧急的不安全情况时,有权指令先行停止生产,并且立即报告领导上研究处理;总结和推广安全生产的先进经验;对职工进行安全生产的宣传教育;指导生产小组安全员工作;督促有关部门按规定及时分发和合理使用个人防护用品、保健食品和清凉饮料;参加审查新建、改建、大修工程的设计计划,并且参加工程验收和试运转工作;参加伤亡事故的调查和处理,进行伤亡事故的统计、分析和报告,协助有关部门提出防止事故的措施,并且督促他们按期实现;组织有关部门研究执行防止职业中毒和职业病的措施;督促有关部门做好劳逸结合和女工保护工作。<br>(4)企业单位各生产小组都应该设有不脱产的安全员。小组安全员在生产小组长的领导和劳动保护干部的指导下,首先应当在安全生产方面以身作则,起模范带头作用,并协助小组长做好下列工作:经常对本组工人进行安全生产教育;督促他们遵守安全操作规程和各种安全生产制度;正确地使用个人防护用品;检查和维护本组的安全设备;发现生产中有不安全情况的时候,及时报告;参加事故的分析和研究,协助领导上实现防止事故的措施。<br>(5)企业单位的职工应该自觉地遵守安全生产规章制度,不进行违章作业,并且要随时制止他人违章作业,积极参加安全生产的各种活动,主动提出改进安全工作的意见,爱护和正确使用机器设备、工具及个人防护用品 |

# 第四节　安全生产管理机构设置和人员配备

## 考点 1　安全生产管理机构设置和人员配备相关内容

| 项目 | 具体内容 |
|---|---|
| 概念 | (1)安全生产管理机构:是指对安全生产工作进行的管理和控制的部门。<br>(2)专职安全管理人员:是指经有关部门安全生产考核合格,并取得安全生产考核合格证书,在企业从事安全生产管理工作的专职人员 |
| 设置安全生产管理机构或配备专职安全管理人员的企业 | (1)矿山、金属冶炼、建筑施工、运输单位和危险物品的生产、经营、储存、装卸单位,应当设置安全生产管理机构或配备专职安全生产管理人员。<br>(2)前款以外的其他生产经营单位,从业人员超过 100 人的,应当设置安全生产管理机构或者配置专职安全生产管理人员;从业人员在 100 人以下的,应当配备专职或者兼职的安全生产管理人员 |

## 考点 2　生产经营单位安全生产管理机构以及安全生产管理人员应履行的职责

| 项目 | 具体内容 |
|---|---|
| 职责 | 生产经营单位安全生产管理机构以及安全生产管理人员应履行下列职责:<br>(1)组织或者参与拟订本单位安全生产规章制度、操作规程和生产安全事故应急救援预案。<br>(2)组织或者参与本单位安全生产教育和培训,如实记录安全生产教育和培训情况。<br>(3)组织开展危险源辨识和评估,督促落实本单位重大危险源的安全管理措施。<br>(4)组织或者参与本单位应急救援演练。<br>(5)检查本单位的安全生产状况,及时排查生产安全事故隐患,提出改进安全生产管理的建议。<br>(6)制止和纠正违章指挥、强令冒险作业、违反操作规程的行为。<br>(7)督促落实本单位安全生产整改措施 |

# 第二章　危险因素辨识、隐患排查与安全评价

## 知识框架

- 危险因素辨识、隐患排查与安全评价
  - 危险、有害因素辨识
    - 人的因素
    - 物的因素
    - 环境因素
    - 管理因素
  - 危险化学品重大危险源管理
    - 危险化学品重大危险源管理相关内容
    - 危险化学品重大危险源安全管理
  - 安全生产检查
    - 安全生产检查工作重点
    - 安全生产检查的类型
    - 安全生产检查的内容
    - 安全生产检查的方法
    - 安全生产检查的工作程序
  - 事故隐患排查
    - 安全生产事故隐患定义及分类
    - 对企业事故隐患排查的要求
    - 监督管理
  - 安全评价
    - 安全评价的内容
    - 安全评价方法分类
    - 常用的安全评价方法
  - 安全技术措施
    - 安全技术措施的分类及编制原则
    - 安全技术措施的编制方法

## 考点精讲

# 第一节　危险、有害因素辨识

### 考点1　人的因素

| 项目 | 具体内容 |
| --- | --- |
| 心理、生理性危险和有害因素 | 心理、生理性危险和有害因素主要包括:(1)负荷超限。(2)健康状况异常。(3)从事禁忌作业。(4)心理异常。(5)辨识功能缺陷。(6)其他心理、生理性危险和有害因素 |
| 行为性危险和有害因素 | 行为性危险和有害因素主要包括:<br>(1)指挥错误。(2)操作错误。(3)监护失误。(4)其他行为性危险和有害因素 |

### 考点2　物的因素

| 项目 | 具体内容 |
| --- | --- |
| 物理性危险和有害因素 | 物理性危险和有害因素主要包括:(1)设备、设施、工具、附件缺陷。(2)防护缺陷。(3)电伤害。(4)噪声。(5)振动危害。(6)电离辐射。(7)非电离辐射。(8)运动物危害。(9)明火。(10)高温物体。(11)低温物体。(12)信号缺陷。(13)标志标识缺陷。(14)有害光照。(15)信息系统缺陷。(16)其他物理性危险和危害因素 |
| 化学性危险和有害因素 | 化学性危险和有害因素主要包括:(1)理化危险。(2)健康危险。(3)其他化学性危险和有害因素 |
| 生物性危险和有害因素 | 生物性危险和有害因素主要包括:<br>(1)致病微生物。(2)传染病媒介物。(3)致害动物。(4)致害植物。(5)其他生物性危险和有害因素 |

### 考点3　环境因素

| 项目 | 具体内容 |
| --- | --- |
| 室内作业场所环境不良 | 室内作业环境不良因素主要包括:(1)室内地面滑。(2)室内作业场所狭窄。(3)室内作业场所杂乱。(4)室内地面不平。(5)室内梯架缺陷。(6)地面、墙和天花板上的开口缺陷。(7)房屋地基下沉。(8)室内安全通道缺陷。(9)房屋安全出口缺陷。(10)采光照明不良。(11)作业场所空气不良。(12)室内温度、湿度、气压不适。(13)室内给排水不良。(14)室内涌水。(15)其他室内作业场所环境不良 |

续表

| 项目 | 具体内容 |
| --- | --- |
| 室外作业场所环境不良 | 室外作业环境不良因素主要包括:(1)恶劣气候与环境。(2)作业场所和交通设施湿滑。(3)作业场所狭窄。(4)作业场所杂乱。(5)作业场所不平。(6)交通环境不良。(7)脚手架、阶梯和活动梯架缺陷。(8)地面地面开口缺陷。(9)建筑物和其他结构缺陷。(10)门和周界设施缺陷。(11)作业场地基础下沉。(12)作业场地安全通道缺陷。(13)作业场地安全出口缺陷。(14)作业场地光照不良。(15)作业场地空气不良。(16)作业场地温度、湿度、气压不适。(17)作业场地涌水。(18)排水系统故障。(19)其他室外作业环境不良 |
| 地下(含水下)作业环境不良 | 地下(含水下)作业环境不良因素主要包括:(1)隧道/矿井顶板或巷帮缺陷。(2)隧道/矿井作业面缺陷。(3)隧道/矿井底板缺陷。(4)地下作业面空气不良。(5)地下火。(6)冲击地压。(7)地下水。(8)水下作业供氧不当。(9)其他地下(含水下)作业环境不良 |
| 其他作业环境不良 | 其他作业环境不良因素主要包括:(1)强迫体位。(2)综合性作业环境不良。(3)以上未包括的其他作业场所环境不良 |

### 考点4 管理因素

| 项目 | 具体内容 |
| --- | --- |
| 管理因素 | 管理因素主要包括:<br>(1)职业安全卫生组织机构和人员配备不健全。<br>(2)职业安全卫生责任制不完善或未落实。<br>(3)职业安全卫生管理规章制度不完善或未落实。<br>(4)职业安全卫生投入不足。<br>(5)应急管理缺陷。<br>(6)其他管理因素缺陷 |

## 第二节 危险化学品重大危险源管理

### 考点1 危险化学品重大危险源管理相关内容

| 项目 | 具体内容 |
| --- | --- |
| 责任主体 | 危险化学品单位是本单位重大危险源安全管理的责任主体,其主要负责人对本单位的重大危险源安全管理工作负责,并保证重大危险源安全生产所必需的安全投入 |

续表

| 项目 | 具体内容 |
|---|---|
| 实行原则 | 重大危险源的安全监督管理实行属地监管与分级管理相结合的原则。<br>县级以上地方人民政府安全生产监督管理部门按照有关法律、法规、标准和本规定，对本辖区内的重大危险源实施安全监督管理 |
| 重大危险源安全监管的信息化建设 | 国家鼓励危险化学品单位采用有利于提高重大危险源安全保障水平的先进适用的工艺、技术、设备以及自动控制系统，推进安全生产监督管理部门重大危险源安全监管的信息化建设 |

## 考点2　危险化学品重大危险源安全管理

| 项目 | 具体内容 |
|---|---|
| 对危险化学品单位的要求 | (1)危险化学品单位应当建立完善重大危险源安全管理规章制度和安全操作规程，并采取有效措施保证其得到执行。<br>(2)危险化学品单位应当根据构成重大危险源的危险化学品种类、数量、生产、使用工艺(方式)或者相关设备、设施等实际情况，按照下列要求建立健全安全监测监控体系，完善控制措施：①重大危险源配备温度、压力、液位、流量、组份等信息的不间断采集和监测系统以及可燃气体和有毒有害气体泄漏检测报警装置，并具备信息远传、连续记录、事故预警、信息存储等功能；一级或者二级重大危险源，具备紧急停车功能。记录的电子数据的保存时间不少于30天；②重大危险源的化工生产装置装备满足安全生产要求的自动化控制系统；一级或者二级重大危险源，装备紧急停车系统；③对重大危险源中的毒性气体、剧毒液体和易燃气体等重点设施，设置紧急切断装置；毒性气体的设施，设置泄漏物紧急处置装置。涉及毒性气体、液化气体、剧毒液体的一级或者二级重大危险源，配备独立的安全仪表系统(SIS)；④重大危险源中储存剧毒物质的场所或者设施，设置视频监控系统；⑤安全监测监控系统符合国家标准或者行业标准的规定。<br>(3)危险化学品单位应当按照国家有关规定，定期对重大危险源的安全设施和安全监测监控系统进行检测、检验，并进行经常性维护、保养，保证重大危险源的安全设施和安全监测监控系统有效、可靠运行。维护、保养、检测应当作好记录，并由有关人员签字。<br>(4)危险化学品单位应当明确重大危险源中关键装置、重点部位的责任人或者责任机构，并对重大危险源的安全生产状况进行定期检查，及时采取措施消除事故隐患。事故隐患难以立即排除的，应当及时制定治理方案，落实整改措施、责任、资金、时限和预案。<br>(5)危险化学品单位应当对重大危险源的管理和操作岗位人员进行安全操作技能培训，使其了解重大危险源的危险特性，熟悉重大危险源安全管理规章制度和安全操作规程，掌握本岗位的安全操作技能和应急措施。<br>(6)危险化学品单位应当在重大危险源所在场所设置明显的安全警示标志，写明紧急情况下的应急处置办法。<br>(7)危险化学品单位应当将重大危险源可能发生的事故后果和应急措施等信息，以适当方式告知可能受影响的单位、区域及人员 |

续表

| 项目 | 具体内容 |
| --- | --- |
| 对危险化学品单位的要求 | (8)危险化学品单位应当依法制定重大危险源事故应急预案,建立应急救援组织或者配备应急救援人员,配备必要的防护装备及应急救援器材、设备、物资,并保障其完好和方便使用;配合地方人民政府安全生产监督管理部门制定所在地区涉及本单位的危险化学品事故应急预案。<br>(9)危险化学品单位应当制定重大危险源事故应急预案演练计划,并按照下列要求进行事故应急预案演练:①对重大危险源专项应急预案,每年至少进行一次;②对重大危险源现场处置方案,每半年至少进行一次。<br>应急预案演练结束后,危险化学品单位应当对应急预案演练效果进行评估,撰写应急预案演练评估报告,分析存在的问题,对应急预案提出修订意见,并及时修订完善。<br>(10)危险化学品单位应当对辨识确认的重大危险源及时、逐项进行登记建档。<br>重大危险源档案应当包括下列文件、资料:①辨识、分级记录;②重大危险源基本特征表;③涉及的所有化学品安全技术说明书;④区域位置图、平面布置图、工艺流程图和主要设备一览表;⑤重大危险源安全管理规章制度及安全操作规程;⑥安全监测监控系统、措施说明、检测、检验结果;⑦重大危险源事故应急预案、评审意见、演练计划和评估报告;⑧安全评估报告或者安全评价报告;⑨重大危险源关键装置、重点部位的责任人、责任机构名称;⑩重大危险源场所安全警示标志的设置情况;⑪其他文件、资料。<br>(11)危险化学品单位在完成重大危险源安全评估报告或者安全评价报告后15日内,应当填写重大危险源备案申请表,连同重大危险源档案材料,报送所在地县级人民政府安全生产监督管理部门备案。<br>县级人民政府安全生产监督管理部门应当每季度将辖区内的一级、二级重大危险源备案材料报送至设区的市级人民政府安全生产监督管理部门。设区的市级人民政府安全生产监督管理部门应当每半年将辖区内的一级重大危险源备案材料报送至省级人民政府安全生产监督管理部门。<br>(12)危险化学品单位新建、改建和扩建危险化学品建设项目,应当在建设项目竣工验收前完成重大危险源的辨识、安全评估和分级、登记建档工作,并向所在地县级人民政府安全生产监督管理部门备案 |

## 第三节 安全生产检查

### 考点1 安全生产检查工作重点

| 项目 | 具体内容 |
| --- | --- |
| 工作重点 | (1)安全生产检查是生产经营单位安全生产管理的重要内容。<br>(2)工作重点:①辨识安全生产管理工作存在的漏洞和死角;②检查生产现场安全防护设施、作业环境是否存在不安全状态;③现场作业人员的行为是否符合安全规范;④设 |

续表

| 项目 | 具体内容 |
|---|---|
| 工作重点 | 备、系统运行状况是否符合现场规程的要求等。<br>(3)通过安全检查,不断堵塞管理漏洞,改善劳动作业环境,规范作业人员的行为,保证设备系统的安全、可靠运行,实现安全生产的目的 |

## 考点2　安全生产检查的类型

| 项目 | 具体内容 |
|---|---|
| 定期安全生产检查 | 定期安全生产检查一般是通过有计划、有组织、有目的的形式来实现,一般由生产经营单位统一组织实施。检查周期的确定,应根据生产经营单位的规模、性质以及地区气候、地理环境等确定。定期安全检查一般具有组织规模大、检查范围广、有深度,能及时发现并解决问题等特点。定期安全检查一般和重大危险源评估、现状安全评价等工作结合开展 |
| 经常性安全生产检查 | (1)经常性安全生产检查是由生产经营单位的安全生产管理部门、车间、班组或岗位组织进行的日常检查。一般来讲,包括交接班检查、班中检查、特殊检查等几种形式。<br>(2)交接班检查是指在交接班前,岗位人员对岗位作业环境、管辖的设备及系统安全运行状况进行检查,交班人员要向接班人员说清楚,接班人员根据自己检查的情况和交班人员的交代,做好工作中可能发生问题及应急处置措施的预想。<br>班中检查包括岗位作业人员在工作过程中的安全检查,以及生产经营单位领导、安全生产管理部门和车间班组的领导或安全监督人员对作业情况的巡视或抽查等。<br>(3)特殊检查是针对设备、系统存在的异常情况,所采取的加强监视运行的措施。一般来讲,措施由工程技术人员制定,岗位作业人员执行。<br>交接班检查和班中岗位的自行检查,一般应制定检查路线、检查项目、检查标准,并设置专用的检查记录本。<br>(4)岗位经常性检查发现的问题记录在记录本上,并及时通过信息系统和电话逐级上报。<br>(5)一般来讲,对危及人身和设备安全的情况,岗位作业人员应根据操作规程、应急处置措施的规定,及时采取紧急处置措施,不需请示,处置后则立即汇报。有些生产经营单位如化工单位等习惯做法是,岗位作业人员发现危及人身、设备安全的情况,只需紧急报告,而不要求就地处置 |
| 季节性及节假日前后安全生产检查 | (1)由生产经营单位统一组织,检查内容和范围则根据季节变化,按事故发生的规律对易发的潜在危险,突出重点进行检查。如冬季防冻保温、防火、防煤气中毒,夏季防暑降温、防汛、防雷电等检查。<br>(2)由于节假日(特别是重大节日,如元旦、春节、劳动节、国庆节)前后容易发生事故。因而应在节假日前后进行有针对性的安全检查 |

续表

| 项目 | 具体内容 |
|---|---|
| 专业(项)安全生产检查 | (1)专业(项)安全生产检查是对某个专业(项)问题或在施工(生产)中存在的普遍性安全问题进行的单项定性或定量检查。<br>(2)如对危险性较大的在用设备、设施,作业场所环境条件的管理性或监督性定量检测检验则属专业(项)安全检查。专业(项)检查具有较强的针对性和专业要求,用于检查难度较大的项目 |
| 综合性安全生产检查 | 综合性安全生产检查一般是由上级主管部门或地方政府负有安全生产监督管理职责的部门,组织对生产单位进行的安全检查 |
| 职工代表不定期对安全生产的巡查 | 根据《工会法》及《安全生产法》的有关规定,生产经营单位的工会应定期或不定期组织职工代表进行安全检查。重点查国家安全生产方针、法规的贯彻执行情况,各级人员安全生产责任制和规章制度的落实情况,从业人员安全生产权利的保障情况,生产现场的安全状况等 |

## 考点3 安全生产检查的内容

| 项目 | 具体内容 |
|---|---|
| 内容 | 安全生产检查的内容包括:软件系统和硬件系统。<br>(1)软件系统主要是查思想、查意识、查制度、查管理、查事故处理、查隐患、查整改。<br>(2)硬件系统主要是查生产设备、查辅助设施、查安全设施、查作业环境 |
| 原则 | 安全生产检查具体内容应本着突出重点的原则进行确定。<br>(1)对于危险性大、易发事故、事故危害大的生产系统、部位、装置、设备等应加强检查。一般应重点检查:①易造成重大损失的易燃易爆危险物品、剧毒品、锅炉、压力容器、起重设备、运输设备、冶炼设备、电气设备、冲压机械、高处作业和本企业易发生工伤、火灾、爆炸等事故的设备、工种、场所及其作业人员;②易造成职业中毒或职业病的尘毒产生点及其岗位作业人员;③直接管理的重要危险点和有害点的部门及其负责人。<br>(2)对非矿山企业,目前国家有关规定要求强制性检查的项目有:①锅炉、压力容器、压力管道、高压医用氧舱、起重机、电梯、自动扶梯、施工升降机、简易升降机、防爆电器、厂内机动车辆、客运索道、游艺机及游乐设施等;②作业场所的粉尘、噪声、振动、辐射、高温低温和有毒物质的浓度等。<br>(3)对矿山企业,目前国家有关规定要求强制性检查的项目有:①矿井风量、风质、风速及井下温度、湿度、噪声;②瓦斯、粉尘;③矿山放射性物质及其他有毒有害物质;④露天矿山边坡;⑤尾矿坝;⑥提升、运输、装载、通风、排水、瓦斯抽放、压缩空气和起重设备;⑦各种防爆电器、电器安全保护装置;⑧矿灯;⑨钢丝绳等;⑩瓦斯、粉尘及其他有毒有害物质检测仪器、仪表以及自救器;⑪救护设备;⑫安全帽;⑬防尘口罩或面罩;⑭防护服、防护鞋;⑮防噪声耳塞、耳罩 |

## 考点4　安全生产检查的方法

| 项目 | 具体内容 |
| --- | --- |
| 常规检查 | (1)常规检查是常见的一种检查方法。<br>(2)通常是由安全管理人员作为检查工作的主体,到作业场所现场,通过感观或辅助一定的简单工具、仪表等,对作业人员的行为、作业场所的环境条件、生产设备设施等进行的定性检查。<br>(3)安全检查人员通过这一手段,及时发现现场存在的安全隐患并采取措施予以消除,纠正施工人员的不安全行为。<br>(4)常规检查主要依靠安全检查人员的经验和能力,检查的结果直接受安全检查人员个人素质的影响 |
| 安全检查表法 | (1)为使安全检查工作更加规范,将个人的行为对检查结果的影响减少到最小,常采用安全检查表法。<br>(2)安全检查表一般由工作小组讨论制定。<br>(3)安全检查表一般包括检查项目、检查内容、检查标准、检查结果及评价、检查发现问题等内容。<br>(4)编制安全检查表应依据国家有关法律法规,生产经营单位现行有效的有关标准、规程、管理制度,有关事故教训,生产经营单位安全管理文化、理念,反事故技术措施和安全措施计划,季节性、地理、气候特点等 |
| 仪器检查及数据分析法 | (1)有些生产经营单位的设备、系统运行数据具有在线监视和记录的系统设计,对设备、系统的运行状况可通过对数据的变化趋势进行分析得出结论。<br>(2)对没有在线数据检测系统的机器、设备、系统,只能通过仪器检查法来进行定量化的检验与测量 |

## 考点5　安全生产检查的工作程序

| 项目 | 具体内容 |
| --- | --- |
| 安全检查准备 | (1)确定检查对象、目的、任务。<br>(2)查阅、掌握有关法规、标准、规程的要求。<br>(3)了解检查对象的工艺流程、生产情况、可能出现危险和危害的情况。<br>(4)制定检查计划,安排检查内容、方法、步骤。<br>(5)编写安全检查表或检查提纲。<br>(6)准备必要的检测工具、仪器、书写表格或记录本。<br>(7)挑选和训练检查人员并进行必要的分工等 |
| 实施安全检查 | 实施安全检查就是通过访谈、查阅文件和记录、现场观察、仪器测量的方式获取信息。<br>(1)访谈。通过与有关人员谈话来检查安全意识和规章制度执行情况等。<br>(2)查阅文件和记录。检查设计文件、作业规程、安全措施、责任制度、操作规程等是 |

续表

| 项目 | 具体内容 |
| --- | --- |
| 实施安全检查 | 否齐全,是否有效;查阅相应记录,判断上述文件是否被执行。<br>(3)现场观察。对作业现场的生产设备、安全防护设施、作业环境、人员操作等进行观察。寻找不安全因素、事故隐患、事故征兆等。<br>(4)仪器测量。利用一定的检测检验仪器设备,对在用的设施、设备、器材状况及作业环境条件等进行测量,以发现隐患 |
| 综合分析 | 经现场检查和数据分析后,检查人员应对检查情况进行综合分析,提出检查的结论和意见。一般来讲,生产经营单位自行组织的各类安全检查,应有安全管理部门会同有关部门对检查结果进行综合分析;上级主管部门或地方政府负有安全生产监督管理职责的部门组织的安全检查,统一研究得出检查意见或结论 |
| 结果反馈 | 现场检查和综合分析完成后,应将检查的结论和意见反馈至被检查对象。结果反馈形式可以是现场反馈,也可以是书面反馈 |
| 提出整改要求 | 检查结束后,针对检查发现的问题,应根据问题性质的不同,提出相应的整改措施和要求 |
| 整改落实 | 对安全检查发现的问题和隐患,生产经营单位应制定整改计划,建立安全生产问题隐患台账,定期跟踪隐患的整改落实情况,确保隐患按要求整改完成,形成隐患整改的闭环管理 |
| 信息反馈及持续改进 | 生产经营单位自行组织的安全检查,在整改措施计划完成后,安全管理部门应组织有关人员进行验收。对于上级主管部门或地方政府负有安全生产监督管理职责的部门组织的安全检查,在整改措施完成后,应及时上报整改完成情况,申请复查或验收。<br>对安全检查中经常发现的问题或反复发现的问题,生产经营单位应从规章制度的健全和完善、从业人员的安全教育培训、设备系统的更新改造、加强现场检查和监督等环节入手,做到持续改进,不断提高安全生产管理水平,防范生产安全事故的发生 |

## 第四节　事故隐患排查

### 考点1　安全生产事故隐患定义及分类

| 项目 | 具体内容 |
| --- | --- |
| 定义 | 安全生产事故隐患是指生产经营单位违反安全生产法律、法规、规章、标准、规程和安全生产管理制度的规定,或者因其他因素在生产经营活动中存在可能导致事故发生的物的危险状态、人的不安全行为和管理上的缺陷 |

续表

| 项目 | 具体内容 |
|---|---|
| 分类 | 事故隐患分为一般事故隐患和重大事故隐患。<br>(1)一般事故隐患,是指危害和整改难度较小,发现后能够立即整改排除的隐患。<br>(2)重大事故隐患,是指危害和整改难度较大,应当全部或者局部停产停业,并经过一定时间整改治理方能排除的隐患,或者因外部因素影响致使生产经营单位自身难以排除的隐患 |

## 考点2　对企业事故隐患排查的要求

| 项目 | 具体内容 |
|---|---|
| 要求 | (1)生产经营单位应当依照法律、法规、规章、标准和规程的要求从事生产经营活动。严禁非法从事生产经营活动。<br>(2)生产经营单位是事故隐患排查、治理和防控的责任主体。<br>(3)生产经营单位应当建立健全事故隐患排查治理和建档监控等制度,逐级建立并落实从主要负责人到每个从业人员的隐患排查治理和监控责任制<br>(4)生产经营单位应当保证事故隐患排查治理所需的资金,建立资金使用专项制度。<br>(5)生产经营单位应当定期组织安全生产管理人员、工程技术人员和其他相关人员排查本单位的事故隐患。对排查出的事故隐患,应当按照事故隐患的等级进行登记,建立事故隐患信息档案,并按照职责分工实施监控治理。<br>(6)生产经营单位应当建立事故隐患报告和举报奖励制度,鼓励、发动职工发现和排除事故隐患,鼓励社会公众举报。对发现、排除和举报事故隐患的有功人员,应当给予物质奖励和表彰。<br>(7)生产经营单位将生产经营项目、场所、设备发包、出租的,应当与承包、承租单位签订安全生产管理协议,并在协议中明确各方对事故隐患排查、治理和防控的管理职责。生产经营单位对承包、承租单位的事故隐患排查治理负有统一协调和监督管理的职责。<br>(8)安全监管监察部门和有关部门的监督检查人员依法履行事故隐患监督检查职责时,生产经营单位应当积极配合,不得拒绝和阻挠。<br>(9)生产经营单位应当每季、每年对本单位事故隐患排查治理情况进行统计分析,并分别于下一季度15日前和下一年1月31日前向安全监管监察部门和有关部门报送书面统计分析表。统计分析表应当由生产经营单位主要负责人签字。<br>对于重大事故隐患,生产经营单位除依照上述要求报送外,还应当及时向安全监管监察部门和有关部门报告。重大事故隐患报告内容应当包括:①隐患的现状及其产生原因;②隐患的危害程度和整改难易程度分析;③隐患的治理方案。<br>(10)对于一般事故隐患,由生产经营单位(车间、分厂、区队等)负责人或者有关人员立即组织整改。<br>对于重大事故隐患,由生产经营单位主要负责人组织制定并实施事故隐患治理方案。重大事故隐患治理方案应当包括以下内容:①治理的目标和任务;②采取的方法和措 |

续表

| 项目 | 具体内容 |
| --- | --- |
| 要求 | 施;③经费和物资的落实;④负责治理的机构和人员;⑤治理的时限和要求;⑥安全措施和应急预案。<br>(11)生产经营单位在事故隐患治理过程中,应当采取相应的安全防范措施,防止事故发生。事故隐患排除前或者排除过程中无法保证安全的,应当从危险区域内撤出作业人员。并疏散可能危及的其他人员,设置警戒标志,暂时停产停业或者停止使用;对暂时难以停产或者停止使用的相关生产储存装置、设施、设备,应当加强维护和保养,防止事故发生。<br>(12)生产经营单位应当加强对自然灾害的预防。对于因自然灾害可能导致事故灾难的隐患,应当按照有关法律、法规、标准和《安全生产事故隐患排查治理暂行规定》的要求排查治理,采取可靠的预防措施,制定应急预案。在接到有关自然灾害预报时,应当及时向下属单位发出预警通知;发生自然灾害可能危及生产经营单位和人员安全的情况时,应当采取撤离人员、停止作业、加强监测等安全措施,并及时向当地人民政府及其有关部门报告。<br>(13)地方人民政府或者安全监管监察部门及有关部门挂牌督办并责令全部或者局部停产停业治理的重大事故隐患,治理工作结束后,有条件的生产经营单位应当组织本单位的技术人员和专家对重大事故隐患的治理情况进行评估;其他生产经营单位应当委托具备相应资质的安全评价机构对重大事故隐患的治理情况进行评估。<br>经治理后符合安全生产条件的,生产经营单位应当向安全监管监察部门和有关部门提出恢复生产的书面申请,经安全监管监察部门和有关部门审查同意后,方可恢复生产经营。申请报告应包括治理方案的内容、项目和安全评价机构出具的评价报告等 |

## 考点3　监督管理

| 项目 | 具体内容 |
| --- | --- |
| 监督管理 | (1)各级安全监管监察部门按照职责对所辖区域内生产经营单位排查治理事故隐患工作依法实施综合监督管理;各级人民政府有关部门在各自职责范围内对生产经营单位排查治理事故隐患工作依法实施监督管理。任何单位和个人发现事故隐患,均有权向安全监管监察部门和有关部门报告。安全监管监察部门接到事故隐患报告后,应当按照职责分工立即组织核实并予以查处;发现所报告事故隐患应当由其他有关部门处理的,应当立即移送有关部门并记录备查。<br>(2)安全监管监察部门应当指导、监督生产经营单位按照有关法律、法规、规章、标准和规程的要求,建立健全事故隐患排查治理等各项制度,定期组织对生产经营单位事故隐患排查治理情况开展监督检查。对检查过程中发现的重大事故隐患,应当下达整改指令书,并建立信息管理台账。必要时,报告同级人民政府并对重大事故隐患实行挂牌督办。<br>(3)安全监管监察部门应当配合有关部门做好对生产经营单位事故隐患排查治理情况开展的监督检查,依法查处事故隐患排查治理的非法和违法行为及其责任者。 |

续表

| 项目 | 具体内容 |
|---|---|
| 监督管理 | (4)安全监管监察部门发现属于其他有关部门职责范围内的重大事故隐患的,应该及时将有关资料移送有管辖权的有关部门,并记录备案。<br>(5)已经取得安全生产许可证的生产经营单位,在其被挂牌督办的重大事故隐患治理结束前,安全监管监察部门应当加强监督检查。必要时,可以提请原许可证颁发机关依法暂扣其安全生产许可证。<br>(6)对挂牌督办并采取全部或者局部停产停业治理的重大事故隐患,国家监察委员会收到生产经营单位恢复生产的申请报告后,应当在 10 日内进行现场审查。审查合格的,对事故隐患进行核销,同意恢复生产经营;审查不合格的,依法责令改正或者下达停产整改指令。对整改无望或者生产经营单位拒不执行整改指令的,依法实施行政处罚;不具备安全生产条件的,依法提请县级以上人民政府按照国务院规定的权限予以关闭 |

# 第五节　安全评价

## 考点 1　安全评价的内容

| 项目 | 具体内容 |
|---|---|
| 安全评价 | 安全评价是指以实现安全为目的,应用安全系统工程原理和方法,辨识与分析工程、系统、生产经营活动中的危险和有害因素,预测发生事故或造成职业危害的可能性及其严重程度,提出科学、合理、可行的安全对策措施建议,作出评价结论的活动 |
| 安全预评价 | 安全预评价是指在项目建设前,根据建设项目可行性研究报告的内容,分析和预测该建设项目可能存在的危险和有害因素的种类和程度,提出合理、可行的安全对策措施和建议,用以指导建设项目的初步设计。<br>安全预评价内容:<br>(1)前期准备工作:①明确评价对象和评价范围;②组建评价组;③收集法律、法规;④分析基础资料等。<br>(2)辨识和分析评价对象存在的各种危险和有害因素。<br>(3)评价单元划分,以自然条件、基本工艺条件、危险和有害因素分布及状况、便于实施评价为原则进行。<br>(4)定性、定量评价,对危险和有害因素导致事故发生的可能性及其严重程度进行评价。<br>(5)提出安全技术对策措施,提出安全管理对策措施及其他安全对策措施。<br>(6)评价结论,给出评价对象的符合性结论,给出危险和有害因素引发各类事故的可能性及其严重程度的预测性结论,明确评价对象建成或实施后能否安全运行的结论 |

续表

| 项目 | 具体内容 |
|---|---|
| 安全验收评价 | (1)在建设项目竣工后正式生产运行前或工业园区建设完成后,通过检查建设项目安全设施与主体工程同时设计、同时施工、同时投入生产和使用的情况或工业园区内的安全设施、设备、装置投入生产和使用的情况。<br>(2)安全验收评价程序:①前期准备;②辨识与分析危险和有害因素;③划分评价单元;④定性、定量评价;⑤提出安全对策措施建议;⑥作出安全评价结论;⑦编制安全评价报告。<br>(3)安全验收评价包括:①危险、有害因素的辨识与分析;②符合性评价和危险危害程度的评价;③安全对策措施建议;④安全验收评价结论等内容 |
| 安全现状评价 | (1)针对生产经营活动、工业园区的事故风险、安全管理等情况,辨识与分析其存在的危险和有害因素,审查确定其与安全生产法律、法规、规章、标准、规范要求的符合性,预测发生事故或造成职业危害的可能性及其严重程度,提出科学、合理、可行的安全对策措施建议,作出安全现状评价结论的活动。<br>(2)安全现状评价既适用于对一个生产经营单位或一个工业园区的评价,也适用于某一特定的生产方式、生产工艺、生产装置或作业场所的评价 |

## 考点 2　安全评价方法分类

| 项目 | 具体内容 |
|---|---|
| 按照评价结果的量化程度分类 | 1. 定性安全评价方法<br>属于定性安全评价方法的有安全检查表、专家现场询问观察法、因素图分析法、事故引发和发展分析、作业条件危险性评价法、故障类型和影响分析、危险可操作性研究等。<br>2. 定量安全评价方法<br>(1)概率风险评价法。<br>故障类型及影响分析、事故树分析、逻辑树分析、概率理论分析、马尔可夫模型分析、模糊矩阵法、统计图表分析法等都可以由基本致因因素的事故发生概率计算整个评价系统的事故发生概率。<br>(2)伤害(或破坏)范围评价法。<br>液体泄漏模型、气体泄漏模型、气体绝热扩散模型、池火火焰与辐射强度评价模型、火球爆炸伤害模型、爆炸冲击波超压伤害模型、蒸气云爆炸超压破坏模型、毒物泄漏扩散模型和锅炉爆炸伤害 TNT 当量法。<br>(3)危险指数评价法。<br>道化学公司火灾、爆炸危险指数评价法;蒙德火灾爆炸毒性指数评价法;易燃、易爆、有毒重大危险源评价法 |
| 按照安全评价的逻辑推理过程分类 | (1)归纳推理评价法。<br>(2)演绎推理评价法 |

续表

| 项目 | 具体内容 |
| --- | --- |
| 按照安全评价要达到的目的分类 | (1)事故致因因素安全评价方法。<br>(2)危险性分级安全评价方法。<br>(3)事故后果安全评价方法 |
| 按照评价对象的不同分类 | (1)设备(设施或工艺)故障率评价法。<br>(2)人员失误率评价法。<br>(3)物质系数评价法。<br>(4)系统危险性评价法等 |

## 考点 3　常用的安全评价方法

| 项目 | 具体内容 |
| --- | --- |
| 安全检查表方法 | 为了查找工程、系统中各种设备设施、物料、工件、操作、管理和组织措施中的危险、有害因素,事先把检查对象加以分解,将大系统分割若干小的子系统,以提问或打分的形式,将检查项目列表逐项检查,避免遗漏 |
| 危险指数方法 | (1)危险指数方法是通过评价人员对几种工艺现状及运行的固有属性(是以作业现场危险度、事故概率和事故严重度为基础,对不同作业现场的危险性进行鉴别)进行比较计算,确定工艺危险特性、重要性大小及是否需要进一步研究的安全评价方法。<br>(2)危险指数评价可以运用在工程项目的各个阶段(可行性研究、设计、运行等),可以在详细的设计方案完成之前运用,也可以在现有装置危险分析计划制定之前运用。<br>(3)也可用于在役装置,作为确定工艺操作危险的依据 |
| 预先危险分析法 | 预先危险分析法是一项实现系统安全危害分析的初步或初始工作,在设计、施工和生产前,首先对系统中存在的危险性类别、出现条件、导致事故的后果进行分析,目的是识别系统中的潜在危险,确定危险等级,防止危险发展成事故。<br>预先危险分析方法的步骤如下:<br>(1)通过经验判断、技术诊断或其他方法确定危险源,对所需分析系统的生产目的、物料、装置及设备、工艺过程、操作条件以及周围环境等,进行充分详细的了解。<br>(2)根据以往的经验及同类行业生产中的事故情况,对系统的影响、损坏程度,类比判断所要分析的系统中可能出现的情况,查找能够造成系统故障、物质损失和人员伤害的危险性,分析事故的可能类型。<br>(3)对确定的危险源分类,制成预先危险性分析表。<br>(4)转化条件,即研究危险因素转变为危险状态的触发条件和危险状态转变为事故的必要条件,并进一步寻求对策措施,检验对策措施的有效性。<br>(5)进行危险性分级,排列出重点和轻、重、缓、急次序,以便处理。<br>(6)制定事故的预防性对策措施 |

续表

| 项目 | 具体内容 |
|---|---|
| 故障假设分析方法 | (1)故障假设分析方法是一种对系统工艺过程或操作过程的创造性分析方法。<br>(2)它一般要求评价人员用"what…if"作为开头对有关问题进行考虑,任何与工艺安全有关或与之不太相关的问题都可提出并加以讨论。<br>(3)通常,将所有的问题都记录下来,然后分门别类进行讨论。<br>(4)所提出的问题要考虑到任何与装置有关的不正常的生产条件,而不仅是设备故障或工艺参数。<br>(5)评价结果一般以表格形式表示,主要内容有:①提出的问题;②回答可能的后果;③降低或消除危险性的安全措施<br>(6)故障假设分析方法可按分析准备、完成分析和编制分析结果报告3个步骤来完成。 |
| 危险和可操作性研究 | (1)危险和可操作性研究是一种定性的安全评价方法。<br>(2)它的基本过程是以关键词为引导,找出过程中工艺状态的变化(即偏差),然后分析找出偏差的原因、后果及可采取的对策。<br>(3)其侧重点是工艺部分或操作步骤各种具体值。<br>(4)危险和可操作性研究分析是对危险和可操作性问题进行详细识别的过程,由一个小组完成。 |
| 故障类型和影响分析 | (1)故障类型和影响分析是系统安全工程的一种方法。<br>(2)根据系统可以划分为子系统、设备和元件的特点,按实际需要将系统进行分割,然后分析各自可能发生的故障类型及其产生的影响,以便采取相应的对策,提高系统的安全可靠性。<br>(3)故障类型和影响分析步骤:①明确系统本身情况;②确定分析程度和水平;③绘制系统图和可靠性框图;④列出所有的故障类型并选出对系统有影响的故障类型;⑤理出造成故障的原因 |
| 故障树分析 | (1)故障树分析是一种描述事故因果关系的有方向的"树",是系统安全工程中的重要的分析方法之一。<br>(2)它能对各种系统的危险性进行识别评价,既适用于定性分析,又能进行定量分析,具有简明、形象化的特点,体现了以系统工程方法研究安全问题的系统性、准确性和预测性。<br>(3)故障树分析的基本程序:①熟悉系统;②调查事故;③确定顶上事件;④确定目标值;⑤调查原因事件;⑥画出故障树;⑦定性分析;⑧确定事故发生概率;⑨比较;⑩分析 |
| 事件树分析 | (1)事件树分析是用来分析普通设备故障或过程波动(称为初始事件)导致事故发生的可能性。<br>(2)在事件树分析中,事故是典型设备故障或工艺异常(称为初始事件)引发的结果。<br>(3)与故障树分析不同,事件树分析是使用归纳法(不是演绎法),可提供记录事故后果的系统性的方法,并能确定导致事件后果与初始事件的关系。 |

续表

| 项目 | 具体内容 |
| --- | --- |
| 事件树分析 | (4)事件树分析步骤：①确定初始事件；②判定安全功能；③发展事件树和简化事件树；④分析事件树；(5)事件树的定量分析 |
| 作业条件危险性评价法 | (1)美国的K. J. 格雷厄姆和G. F. 金尼研究了人们在具有潜在危险环境中作业的危险性，提出了以所评价的环境与某些作为参考环境的对比为基础，将作业条件的危险性作为因变量($D$)，事故或危险事件发生的可能性($L$)、暴露于危险环境的频率($E$)及危险严重程度($C$)作为自变量，确定了它们之间的函数式。<br>(2)根据实际经验，他们给出了3个自变量的各种不同情况的分数值，采取对所评价的对象根据情况进行"打分"的办法，然后根据公式计算出其危险性分数值，再在按经验将危险性分数值划分的危险程度等级表或图上，查出其危险程度的一种评价方法。<br>(3)这是一种简单易行的评价作业条件危险性的方法 |
| 定量风险评价方法 | (1)识别危险分析方面，定性和半定量的评估是非常有价值的，但是这些方法仅是定性分析，不能提供足够的定量分析，特别是不能对复杂的并存在危险的工艺流程等提供决策的依据和足够的信息。<br>(2)在这种情况下，必须能够提供完全的定量的计算和评价<br>(3)风险可以表征为事故发生的频率和事故的后果的乘积。<br>(4)定量风险评价对这两方面均进行评价，可以将风险的大小完全量化，并提供足够的信息，为业主、投资者、政府管理者提供定量化的决策依据 |

# 第六节　安全技术措施

## 考点1　安全技术措施的分类及编制原则

| 项目 | 具体内容 |
| --- | --- |
| 分类 | 防止事故发生的安全技术措施：<br>(1)消除危险源。<br>(2)限制能量或危险物质。<br>(3)隔离。<br>(4)故障—安全设计。<br>(5)减少故障和失误。<br>减少事故损失的安全技术措施：<br>(1)隔离。<br>(2)设置薄弱环节。<br>(3)个体防护。<br>(4)避难与救援 |

续表

| 项目 | 具体内容 |
|---|---|
| 编制原则 | 1. 必要性和可行性<br>要考虑安全生产的实际需要和技术可行性与经济承受能力。<br>2. 自力更生与勤俭节约<br>编制计划时,应注意充分利用现有的设备和设施,挖掘潜力,讲求实效。<br>3. 轻重缓急与统筹安排<br>对影响最大、危险性最大的项目应优先考虑,逐步有计划地解决。<br>4. 领导和群众相结合<br>加强领导,依靠群众,使计划切实可行,以便顺利实施 |

## 考点2 安全技术措施的编制方法

| 项目 | 具体内容 |
|---|---|
| 确定编制时间 | 年度安全技术措施计划一般应与同年度的生产、技术、财务、物资采购等计划同时编制 |
| 布置编制工作 | 企业领导应根据本单位的具体情况向下属单位或职能部门提出编制措施计划的具体要求,并就有关工作进行布置 |
| 确定项目和内容 | (1)下属单位在认真调查和分析本单位存在的问题,并征求群众意见的基础上,确定本单位的安全技术措施计划项目和主体内容,报上级安全生产管理部门。<br>(2)安全生产管理部门对上报的措施计划进行审查、平衡、汇总后,确定措施计划项目,并报有关领导审批 |
| 编制措施计划 | 安全技术措施计划项目经审批后,由安全生产管理部门和下属单位组织相关人员,编制具体的措施计划和方案,经讨论后,送上级安全生产管理部门和有关部门审查 |
| 审批措施计划 | (1)上级安全、技术、计划部门对上报的安全技术措施计划进行联合会审后,报单位有关领导审批。<br>(2)安全技术措施计划一般由总工程师审批 |
| 下达措施计划 | (1)单位主要负责人根据总工程师的审批意见,召集有关部门和下属单位负责人审查、核定措施计划。<br>(2)审查、核定通过后,与生产计划同时下达到有关部门贯彻执行 |
| 实施 | (1)安全技术措施计划落实到各执行部门后,安全管理部门应定期对计划的完成情况进行监督检查,对已经完成的项目,应由验收部门负责组织验收。<br>(2)安全技术措施验收后,应及时补充、修订相关管理制度、操作规程,开展对相关人员的培训工作,建立相关的档案和记录 |

# 第三章　安全生产相关规定

## 知识框架

- 安全生产相关规定
  - 安全生产许可
    - 安全生产许可制度的适用范围
    - 取得安全生产许可证的条件
    - 取得安全生产许可证的程序
    - 违法行为应负的法律责任
  - 建设项目安全设施
    - 建设项目安全设施的相关内容
    - 建设项目安全设施“三同时”
    - 建设项目安全设施设计审查
    - 建设项目安全设施施工和竣工验收
  - 安全生产教育培训
    - 对安全生产教育培训的基本要求
    - 对单位主要负责人、安全生产管理人员及其他从业人员的培训、考核及认证
  - 安全文化
    - 安全文化的定义与内涵
    - 安全文化建设的基本内容
    - 安全文化建设的操作步骤
    - 企业安全文化建设评价
  - 安全生产标准化
    - 安全标准化建设的意义
    - 开展安全生产标准化建设的重点内容
  - 安全风险分级管控和隐患排查治理双重预防机制
    - 总体思路和工作目标
    - 着力构建企业双重预防机制
    - 健全完善双重预防机制的政府监管体系
    - 强化政策引导和技术支撑
    - 有关工作要求
    - 风险分级及管控原则

考点精讲

# 第一节 安全生产许可

## 考点1 安全生产许可制度的适用范围

| 项目 | 具体内容 |
|---|---|
| 设定范围 | 直接涉及国家安全、公共安全,有限自然资源开发利用、提供公共服务等 |
| 设定种类 | 行政许可包括5类:普通许可、特许、认可、核准、登记。<br>(1)空间:涵盖了在我国国家主权所及范围内从事矿产资源开发、建筑施工和危险化学品、烟花爆竹和民用爆炸物品生产等活动。<br>(2)主体及其行为:凡是在中华人民共和国领域内从事矿产资源开发、建筑施工和危险化学品、烟花爆竹、民用爆炸物品生产等活动的所有企业法人、非企业法人单位和中国人、外籍人、无国籍人 |

## 考点2 取得安全生产许可证的条件

| 项目 | 具体内容 |
|---|---|
| 三类企业 | (1)矿山企业:①煤矿企业;②非煤矿企业。<br>(2)危险物品生产企业:①危险化学品生产企业;②烟花爆竹生产企业;③民用爆炸物品生产企业。<br>(3)建筑施工企业 |

## 考点3 取得安全生产许可证的程序

| 项目 | 具体内容 |
|---|---|
| 程序 | 1. 公开申请事项和要求<br>安全生产许可证颁发管理机关制定的安全生产许可证颁发管理的规章制度等具体规定应当公布。否则不能作为实施行政许可的具体依据。<br>2. 企业应当依法提出申请<br>企业依法向安全生产许可证颁发管理机关提出申请:<br>(1)新设立生产企业的申请。<br>(2)已经进行生产企业的申请。<br>(3)申请人应当提交相关文件、资料 |

续表

<table>
<tr><th>项目</th><th>具体内容</th></tr>
<tr><td>程序</td><td>3. 受理申请及审查<br>(1)形式审查。<br>所谓形式审查,是指安全生产许可证颁发管理机关依法对申请人提交的申请文件、资料是否齐全、真实、合法,进行检查核实的工作。这时申请人提交的证明其具备法定安全生产条件的都是书面的文件、资料。<br>(2)实质性审查。<br>申请人提交的文件、资料通过形式审查以后,安全生产许可证颁发管理机关认为有必要的,应当对申请文件、资料和企业的实际安全生产条件进行实地审查或者核实。<br>安全生产许可证颁发管理机关进行实质性审查的主要方式:①委派本机关的工作人员直接进行审查或者核实;②委托其他行政机关代为进行审查或者核实;③委托安全中介机构对一些专业技术性很强的设施、设备和工艺进行专门检验。<br>4. 决定<br>(1)经审查或核实后,安全生产许可证颁发管理机关可以依法作出两种决定:①企业具备法定安全生产条件的,决定颁发安全生产许可证;②企业不具备法定安全生产条件的,决定不予颁发安全生产许可证,书面通知企业并说明理由。<br>(2)安全生产许可证颁发管理机关应当对有关人员提出的审查意见进行讨论,并在受理申请之日起45个工作日内作出颁发或者不予颁发安全生产许可证的决定。对决定颁发的,安全生产许可证颁发管理机关应当自决定之日起10个工作日内送达或者通知申请人领取安全生产许可证;对不予颁发的,应当在10个工作日内书面通知申请人并说明理由。<br>5. 期限与延续<br>(1)安全生产许可证的有效期为3年。<br>(2)延续有以下两种情形:①有效期满的例行延续。安全生产许可证的有效期为3年,企业应当于期满前3个月内向原安全生产许可证颁发管理机关办理延期手续。②有效期满的免审延续。安全生产状况良好、没有发生死亡生产安全事故的企业,不需经过审查即可延续3年,但不是自动延期,应当在有效期满前提出延期的申请,经原安全生产许可证颁发管理机关同意后方可免审延续3年。<br>6. 补办与变更<br>(1)安全生产许可证如遇损毁、丢失等情况,就需要向原安全生产许可证颁发管理机关申请补办。<br>(2)企业的有关事项发生变化,也需要及时办理安全生产许可证。<br>7. 公告<br>(1)安全生产许可证颁发管理机关定期向社会公布企业取得安全生产许可证情况。<br>(2)公布的具体形式可以多样但须规范,公布时间由安全生产许可证颁发管理机关决定</td></tr>
</table>

### 考点4　违法行为应负的法律责任

| 项目 | 具体内容 |
| --- | --- |
| 法律责任追究的原则 | “谁持证谁负责”和“谁发证谁处罚” |
| 违法行为的界定 | 1. 许可证颁发管理机关工作人员的安全生产许可违法行为<br>(1)向不符合安全生产条件的企业颁发安全生产许可证的。<br>(2)发现企业未依法取得安全生产许可证擅自从事生产活动,不依法处理的。<br>(3)发现取得安全生产许可证的企业不再具备本条例规定的安全生产条件,不依法处理的。<br>(4)接到对违反本条例规定行为的举报后,不及时处理的。<br>(5)在安全生产许可证颁发、管理和监督检查工作中,索取或者接受企业的财物,或者谋取其他利益的。<br>2. 企业的安全生产许可违法行为<br>(1)未取得安全生产许可证擅自进行生产的。<br>(2)取得安全生产许可证后不再具备安全生产条件的。这是一种持证违法行为。<br>(3)安全生产有效期满未办理延期手续,继续进行生产的。<br>(4)转让、冒用或者使用伪造安全生产许可证的。<br>(5)在《安全生产许可证条例》规定期限内逾期不办理安全生产许可证,或者经审查不具备本条例规定的安全生产条件,未取得安全生产许可证,继续进行生产的 |
| 行政处理的种类 | (1)责令停止生产。<br>(2)没收违法所得。<br>(3)罚款。<br>(4)暂扣或吊销安全生产许可证 |

## 第二节　建设项目安全设施

### 考点1　建设项目安全设施的相关内容

| 项目 | 具体内容 |
| --- | --- |
| 定义 | 建设项目是指生产经营单位进行新建、改建、扩建工程项目的总称。<br>建设项目安全设施,是指生产经营单位在生产经营活动中用于预防生产安全事故的设备、设施、装置、构(建)筑物和其他技术措施的总称 |
| 责任主体 | 生产经营单位是建设项目安全设施建设的责任主体 |

## 考点2　建设项目安全设施“三同时”

| 项目 | 具体内容 |
| --- | --- |
| 概念 | 建设项目安全设施必须与主体工程同时设计、同时施工、同时投入生产和使用 |
| 相关规定 | 《建设项目安全设施“三同时”监督管理办法》规定：<br>(1)国家安全生产监督管理总局(现改为应急管理部)对全国建设项目安全设施“三同时”实施综合监督管理，并在国务院规定的职责范围内承担有关建设项目安全设施“三同时”的监督管理。<br>(2)县级以上地方各级安全生产监督管理部门对本行政区域内的建设项目安全设施“三同时”实施综合监督管理，并在本级人民政府规定的职责范围内承担本级人民政府及其有关主管部门审批、核准或者备案的建设项目安全设施“三同时”的监督管理。<br>(3)跨两个及两个以上行政区域的建设项目安全设施“三同时”由其共同的上一级人民政府安全生产监督管理部门实施监督管理。<br>(4)上一级人民政府安全生产监督管理部门根据工作需要，可以将其负责监督管理的建设项目安全设施“三同时”工作委托下一级人民政府安全生产监督管理部门实施监督管理。<br>安全生产监督管理部门应当加强建设项目安全设施建设的日常安全监管，落实有关行政许可及其监管责任，督促生产经营单位落实安全设施建设责任 |

## 考点3　建设项目安全设施设计审查

| 项目 | 具体内容 |
| --- | --- |
| 建设项目安全设施设计的内容 | 建设项目安全设施设计应当包括下列内容：<br>(1)设计依据。<br>(2)建设项目概述。<br>(3)建设项目潜在的危险、有害因素和危险、有害程度及周边环境安全分析。<br>(4)建筑及场地布置。<br>(5)重大危险源分析及检测监控。<br>(6)安全设施设计采取的防范措施。<br>(7)安全生产管理机构设置或者安全生产管理人员配备要求。<br>(8)从业人员教育培训要求。<br>(9)工艺、技术和设备、设施的先进性和可靠性分析。<br>(10)安全设施专项投资概算。<br>(11)安全预评价报告中的安全对策及建议采纳情况。<br>(12)预期效果以及存在的问题与建议。<br>(13)可能出现的事故预防及应急救援措施。<br>(14)法律、法规、规章、标准规定需要说明的其他事项 |

续表

| 项目 | 具体内容 |
| --- | --- |
| 申请审查需提供的资料 | 建设项目安全设施设计完成后,生产经营单位应当向安全生产监督管理部门提出审查申请,并提交下列文件资料:<br>(1)建设项目审批、核准或者备案的文件。<br>(2)建设项目安全设施设计审查申请。<br>(3)设计单位的设计资质证明文件。<br>(4)建设项目安全设施设计。<br>(5)建设项目安全预评价报告及相关文件资料。<br>(6)法律、行政法规、规章规定的其他文件资料 |
| 相关规定 | (1)安全生产监督管理部门收到申请后,对属于本部门职责范围内的,应当及时进行审查,并在收到申请后5个工作日内作出受理或者不予受理的决定,书面告知申请人;对不属于本部门职责范围内的,应当将有关文件资料转送有审查权的管理部门,并书面告知申请人。<br>(2)对已经受理的建设项目安全设施设计审查申请,安全生产监督管理部门应当自受理之日起20个工作日内作出是否批准的决定,并书面告知申请人。20个工作日内不能作出决定的,经本部门负责人批准,可以延长10个工作日,并将延长期限的理由书面告知申请人 |
| 不得开工的情形 | 建设项目安全设施设计有下列情形之一的,不予批准,并不得开工建设:<br>(1)无建设项目审批、核准或者备案文件的。<br>(2)未委托具有相应资质的设计单位进行设计的。<br>(3)安全预评价报告由未取得相应资质的安全评价机构编制的。<br>(4)设计内容不符合有关安全生产的法律、法规、规章和国家标准或者行业标准、技术规范的规定的。<br>(5)未采纳安全预评价报告中的安全对策和建议,且未作充分论证说明的。<br>(6)不符合法律、行政法规规定的其他条件的。<br>建设项目安全设施设计审查未予批准的,生产经营单位经过整改后可以向原审查部门申请再审。<br>已经批准的建设项目及其安全设施设计有下列情形之一的,生产经营单位应当报原批准部门审查同意;未经审查同意的,不得开工建设:<br>(1)建设项目的规模、生产工艺、原料、设备发生重大变更的。<br>(2)改变安全设施设计且可能降低安全性能的。<br>(3)在施工期间重新设计的 |

## 考点4　建设项目安全设施施工和竣工验收

| 项目 | 具体内容 |
| --- | --- |
| 各单位的职责 | 1.施工单位<br>(1)施工单位应当在施工组织设计中编制安全技术措施和施工现场临时用电方案,同 |

续表

| 项目 | 具体内容 |
| --- | --- |
| 各单位的职责 | 时对危险性较大的分部分项工程依法编制专项施工方案，并附具安全验算结果，经施工单位技术负责人、总监理工程师签字后实施。<br>(2)施工单位应当严格按照安全设施设计和相关施工技术标准、规范施工，并对安全设施的工程质量负责。<br>(3)施工单位发现安全设施设计文件有错漏的，应当及时向生产经营单位、设计单位提出。生产经营单位、设计单位应当及时处理。<br>(4)施工单位发现安全设施存在重大事故隐患时，应当立即停止施工并报告生产经营单位进行整改。整改合格后，方可恢复施工。<br>2. 监理单位<br>(1)工程监理单位应当审查施工组织设计中的安全技术措施或者专项施工方案是否符合工程建设强制性标准。<br>(2)工程监理单位在实施监理过程中，发现存在事故隐患的，应当要求施工单位整改；情况严重的，应当要求施工单位暂时停止施工，并及时报告生产经营单位。施工单位拒不整改或者不停止施工的，工程监理单位应当及时向有关主管部门报告。<br>(3)工程监理单位、监理人员应当按照法律、法规和工程建设强制性标准实施监理，并对安全设施工程的工程质量承担监理责任。<br>3. 建设单位<br>(1)建设项目安全设施建成后，生产经营单位应当对安全设施进行检查，对发现的问题及时整改。<br>(2)建设项目竣工投入生产或者使用前，生产经营单位应当组织对安全设施进行竣工验收，并形成书面报告备查。安全设施竣工验收合格后，方可投入生产和使用 |

# 第三节　安全生产教育培训

## 考点1　对安全生产教育培训的基本要求

| 项目 | 具体内容 |
| --- | --- |
| 基本要求 | (1)生产经营单位的主要负责人和安全生产管理人员必须具备与本单位所从事的生产经营活动相应的安全生产知识和管理能力。<br>(2)危险物品的生产、经营、储存、装卸单位以及矿山、金属冶炼、建筑施工、运输单位的主要负责人和安全生产管理人员，应当由有关主管部门对其安全生产知识和管理能力考核合格后方可任职。<br>(3)生产经营单位应当对从业人员进行安全生产教育和培训，保证从业人员具备必要的安全生产知识，熟悉有关的安全生产规章制度和安全操作规程，掌握本岗位的安全操作技能。未经安全生产教育和培训合格的从业人员，不得上岗作业 |

续表

| 项目 | 具体内容 |
|---|---|
| 基本要求 | (4)生产经营单位采用新工艺、新技术、新材料或者使用新设备,必须了解、掌握其安全技术特性,采取有效的安全防护措施,并对从业人员进行专门的安全教育和培训。<br>(5)生产经营单位的特种作业人员必须按照国家有关规定经专门的安全作业培训,取得相应资格,方可上岗作业,特种作业人员的范围由国务院应急管理部门会同国务院有关部门确定。<br>(6)生产经营单位应当教育和督促从业人员严格执行本单位的安全生产规章制度和安全操作规程;并向从业人员如实告知作业场所和工作岗位存在的危险因素、防范措施以及事故应急措施。<br>(7)从业人员应当接受安全生产教育和培训,掌握本职工作所需的安全生产知识,提高安全生产技能,增强事故预防和应急处理能力 |

## 考点2　对单位主要负责人、安全生产管理人员及其他从业人员的培训、考核及认证

| 项目 | 具体内容 |
|---|---|
| 对单位主要负责人的培训要求 | 1. 初次培训的主要内容<br>(1)国家安全生产方针、政策和有关安全生产的法律、法规、规章及标准。<br>(2)安全生产管理基本知识、安全生产技术、安全生产专业知识。<br>(3)重大危险源管理、重大事故防范、应急管理和救援组织以及事故调查处理的有关规定。<br>(4)职业危害及其预防措施。<br>(5)国内外先进的安全生产管理经验。<br>(6)典型事故和应急救援案例分析。<br>(7)其他需要培训的内容。<br>2. 再培训内容<br>对已经取得上岗资格证书的有关领导,应定期进行再培训,再培训的主要内容:<br>(1)新知识、新技术和新颁布的政策、法规。<br>(2)有关安全生产的法律、法规、规章、规程、标准和政策。<br>(3)安全生产的新技术、新知识。<br>(4)安全生产管理经验。<br>(5)典型事故案例。<br>3. 培训时间<br>(1)危险物品的生产经营、储存单位以及矿山、烟花爆竹、建筑施工单位主要负责人安全资格培训时间不得少于48学时,每年再培训时间不得少于16学时。<br>(2)其他单位主要负责人安全生产管理培训时间不得少于32学时,每年再培训时间不得少于12学时 |

续表

| 项目 | 具体内容 |
|---|---|
| 对安全生产管理人员的培训要求 | 1. 初次培训的主要内容<br>(1)国家安全生产方针、政策和有关安全生产的法律、法规、规章及标准。<br>(2)安全生产管理、安全生产技术、职业卫生等知识。<br>(3)伤亡事故统计、报告及职业危害的调查处理方法。<br>(4)应急管理、应急预案编制以及应急处置的内容和要求。<br>(5)国内外先进的安全生产管理经验。<br>(6)典型事故和应急救援案例分析。<br>(7)其他需要培训的内容。<br>2. 培训时间<br>(1)危险物品的生产、经营、储存单位以及矿山、烟花爆竹、建筑施工单位安全生产管理人员安全资格培训时间不得少于48学时;每年再培训时间不得少于16学时。<br>(2)其他单位安全生产管理人员安全生产管理培训时间不得少于32学时;每年再培训时间不得少于12学时 |
| 特种作业人员的培训 | (1)特种作业的范围:电工作业、焊接与热切割作业、高处作业、制冷与空调作业、煤矿安全作业、金属非金属矿山安全作业、石油天然气安全作业、冶金(有色)生产安全作业、危险化学品安全作业、烟花爆竹安全作业、安全监管总局(现改为应急管理部)认定的其他作业。<br>(2)特种作业人员的安全技术培训、考核、发证、复审工作实行统一监管、分级实施、教考分离的原则。<br>(3)特种作业人员应当接受与其所从事的特种作业相应的安全技术理论培训和实际操作培训。<br>(4)跨省、自治区、直辖市从业的特种作业人员,可以在户籍所在地或者从业所在地参加培训。<br>(5)特种作业操作证有效期为6年,在全国范围内有效。<br>(6)特种作业操作证由安全监管总局(现改为应急管理部)统一式样、标准及编号。<br>(7)特种作业操作证每3年复审1次。<br>(8)特种作业人员在特种作业操作证有效期内,连续从事本工种10年以上,严格遵守有关安全生产法律法规的,经原考核发证机关或者从业所在地考核发证机关同意,特种作业操作证的复审时间可以延长至每6年1次。<br>(9)特种作业操作证申请复审或者延期复审前,特种作业人员应当参加必要的安全培训并考试合格。<br>(10)安全培训时间不少于8个学时 |
| 其他从业人员的培训 | (1)生产单位其他从业人员(简称从业人员)是指除主要负责人和安全生产管理人员以外,该单位从事生产经营活动的所有人员,包括其他负责人、管理人员、技术人员和各岗 |

续表

| 项目 | 具体内容 |
| --- | --- |
| 其他从业人员的培训 | 位的工人,以及临时聘用的人员。<br>(2)单位对新从业人员,应进行厂(矿)、车间(工段、区、队)、班组三级安全生产教育培训。<br>厂(矿)级岗前安全培训内容:<br>①本单位安全生产情况及安全生产基本知识;<br>②本单位安全生产规章制度和劳动纪律;<br>③从业人员安全生产权利和义务;<br>④有关事故案例等;<br>⑤煤矿、非煤矿山、危险化学品、烟花爆竹、金属冶炼等生产经营单位厂(矿)级安全培训除包括上述内容外,应当增加事故应急救援、事故应急预案演练及防范措施等内容。<br>车间级安全生产教育培训是在从业人员工作岗位、工作内容基本确定后进行,由车间一级组织。<br>车间(工段、区、队)级岗前安全培训内容:<br>①工作环境及危险因素;<br>②所从事工种可能遭受的职业伤害和伤亡事故;<br>③所从事工种的安全职责、操作技能及强制性标准;<br>④自救互救、急救方法、疏散和现场紧急情况的处理;<br>⑤安全设备设施、个人防护用品的使用和维护;<br>⑥本车间(工段、区、队)安全生产状况及规章制度;<br>⑦预防事故和职业危害的措施及应注意的安全事项;<br>⑧有关事故案例;<br>⑨其他需要培训的内容。<br>班组安全教育培训的重点是岗位安全操作规程、岗位之间工作衔接配合、作业过程的安全风险分析方法和控制对策、事故案例等等。<br>班组级岗前安全培训内容:<br>①岗位安全操作规程;<br>②岗位之间工作衔接配合的安全与职业卫生事项;<br>③有关事故案例;<br>④其他需要培训的内容。<br>(3)生产经营单位新上岗的从业人员,岗前安全培训时间不得少于24学时。<br>(4)煤矿、非煤矿山、危险化学品、烟花爆竹、金属冶炼等生产经营单位新上岗的从业人员安全培训时间不得少于72学时,每年再培训的时间不得少于20学时。<br>(5)从业人员在本生产经营单位内调整工作岗位或离岗一年以上重新上岗时,应当重新接受车间(工段、区、队)和班组级的安全培训。<br>(6)调整工作岗位或离岗后重新上岗安全教育培训:培训工作原则上应由车间级组织。<br>(7)岗位安全教育培训是指连续在岗位工作的安全教育培训工作,主要包括: |

续表

| 项目 | 具体内容 |
| --- | --- |
| 其他从业人员的培训 | ①日常安全教育培训；<br>②定期安全考试；<br>③专题安全教育培训。<br>(8)生产经营单位实施新工艺、新技术、新设备(新材料)时，组织相关岗位对从业人员进行有针对性的安全生产教育培训。<br>法律法规及规章制度培训是指国家颁布的有关安全生产法律法规，或生产经营单位制定新的有关安全生产规章制度后，组织开展的培训活动。<br>事故案例培训是指在生产经营单位发生生产安全事故或获得与本单位生产经营活动相关的事故案例信息后，开展的安全教育培训活动 |

# 第四节 安全文化

## 考点1 安全文化的定义与内涵

| 项目 | 具体内容 |
| --- | --- |
| 现状 | 杜邦企业安全文化建设过程可以使用员工安全行为模型描述四个不同阶段：自然本能阶段、严格监督阶段、独立自主管理阶段、团队互助管理阶段 |
| 定义 | (1)安全文化有广义和狭义之分。狭义的安全文化是指企业安全文化，一个单位的安全文化是个人和集体的价值观、态度、能力和行为方式的综合产物。<br>(2)安全文化分为三个层次：直观的表层文化，如企业的安全文明生产环境与秩序；企业安全管理体制的中层文化，包括企业内部的组织机构、管理网络、部门分工和安全生产法规与制度建设；安全意识形态的深层文化。<br>(3)企业安全文化是企业安全物质因素和安全精神因素的总和。<br>(4)《企业安全文化建设导则》给出了企业安全文化的定义：被企业组织的员工群体所共享的安全价值观、态度、道德和行为规范的统一体 |
| 内涵 | (1)一个单位的安全文化是企业在长期安全生产和经营活动中逐步培育形成的、具有本企业特点、为全体员工认可遵循并不断创新的观念、行为、环境、物态条件的总和。<br>(2)企业安全文化包括保护员工在从事生产经营活动中的身心安全与健康，既包括无损、无害、不伤、不亡的物质条件和作业环境，也包括员工对安全的意识、信念、价值观、经营思想、道德规范、企业安全激励进取精神等安全的精神因素。<br>(3)企业安全文化是“以人为本”多层次的复合体，由安全物质文化、安全行为文化、安全制度文化、安全精神文化组成。企业文化是“以人为本”，提倡对人的“爱”与“护”，以“灵性管理”为中心，以员工安全文化素质为基础所形成的 |

续表

| 项目 | 具体内容 |
| --- | --- |
| 内涵 | (4)安全文化教育,从法制、制度上保障员工受教育的权利,不断创造和保证提高员工安全技能和安全文化素质的机会 |
| 基本特征 | (1)安全文化是指企业生产经营过程中,为保障企业安全生产,保护员工身心安全与健康所涉及的各种文化实践及活动。<br>(2)企业安全文化与企业文化目标是基本一致的,即"以人为本",以人的"灵性管理"为基础。<br>(3)企业安全文化更强调企业的安全形象、安全奋斗目标、安全激励精神、安全价值观和安全生产及产品安全质量、企业安全风貌及"商誉"效应等,是企业凝聚力的体现,对员工有很强的吸引力和无形的约束作用,能激发员工产生强烈的责任感。<br>(4)企业安全文化对员工有很强的潜移默化的作用,能影响人的思维,改善人们的心智模式,改变人的行为 |
| 主要功能 | (1)导向功能。企业安全文化所提出的价值观为企业的安全管理决策活动提供了为企业大多数职工所认同的价值取向,它们能将价值观内化为个人的价值观,将企业目标"内化"为自己的行为目标,使个体的目标、价值观、理想与企业的目标、价值观、理想有了高度一致性和同一性。<br>(2)凝聚功能。当企业安全文化所提出的价值观被企业职工内化为个体的价值观和目标后就会产生一种积极而强大的群体意识,将每个职工紧密地联系在一起。这样就形成了一种强大的凝聚力和向心力。<br>(3)激励功能。①用企业的宏观理想和目标激励职工奋发向上。②为职工个体指明了成功的标准与标志,使其有了具体的奋斗目标。<br>(4)辐射和同化功能。企业安全文化一旦在一定的群体中形成,便会对周围群体产生强大的影响作用,迅速向周边辐射。而且,企业安全文化还会保持一个企业稳定的、独特的风格和活力,同化一批又一批新来者,使他们接受这种文化并继续保持与传播,使企业安全文化的生命力得以持久 |

## 考点 2　安全文化建设的基本内容

| 项目 | 具体内容 |
| --- | --- |
| 总体要求 | 企业在安全文化建设过程中,应充分考虑自身内部和外部的文化特征,引导全体员工的安全态度和安全行为,实现在法律和政府监管要求基础上的安全自我约束,通过全员参与实现企业安全生产水平持续提高 |
| 基本要素 | (1)安全承诺:企业应建立包括安全价值观、安全愿景、安全使命和安全目标等在内的安全承诺 |

续表

| 项目 | 具体内容 |
| --- | --- |
| 基本要素 | 企业安全承诺应做到：<br>①切合企业特点和实际，反映共同安全志向；<br>②明确安全问题在组织内部具有最高优先权；<br>③声明所有与企业安全有关的重要活动都追求卓越；<br>④含义清晰明了，并被全体员工及相关方所知晓和理解。<br>领导者应做到：<br>①提供安全工作的领导力，坚持保守决策，以有形的方式表达对安全的关注；<br>②在安全生产上真正投入时间和资源；<br>③制定安全发展的战略规划，以推动安全承诺的实施；<br>④接受培训，在与企业相关的安全事务上具有必要的能力；<br>⑤授权组织的各级管理者和员工参与安全生产工作，积极质疑安全问题；<br>⑥安排对安全实践或实施过程的定期审查；<br>⑦与相关方进行沟通和合作。<br>各级管理者应做到：<br>①清晰界定全体员工的岗位安全责任；<br>②确保所有与安全相关的活动均采用了安全的工作方法；<br>③确保全体员工充分理解并胜任所承担的工作；<br>④鼓励和肯定在安全方面的良好态度，注重从差错中学习和获益；<br>⑤在追求卓越的安全绩效、质疑安全问题方面以身作则；<br>⑥接受培训，在推进和辅导员工改进安全绩效上具有必要的能力；<br>⑦保持与相关方的交流合作，促进组织部门之间的沟通与协作。<br>每个员工应做到：<br>①在本职工作上始终采取安全的方法；<br>②对任何与安全相关的工作保持质疑的态度；<br>③对任何安全异常和事件保持警觉并主动报告；<br>④接受培训，在岗位工作中具有改进安全绩效的能力；<br>⑤与管理者和其他员工进行必要的沟通。<br>(2)行为规范与程序。<br>企业内部的行为规范是企业安全承诺的具体体现和安全文化建设的基础要求。行为规范的建立和执行应做到：<br>①体现企业的安全承诺；<br>②明确各级各岗位人员在安全生产工作中的职责与权限；<br>③细化有关安全生产的各项规章制度和操作程序；<br>④行为规范的执行者参与规范系统的建立，熟知自己在组织中的安全角色和责任 |

续表

| 项目 | 具体内容 |
|---|---|
| 基本要素 | ⑤由正式文件予以发布;<br>⑥引导员工理解和接受建立行为规范的必要性,知晓由于不遵守规范所引发的潜在不利后果;<br>⑦通过各级管理者或被授权者观测员工行为,实施有效监控和缺陷纠正;<br>⑧广泛听取员工意见,建立持续改进机制。<br>程序是行为规范的重要组成部分。程序的建立和执行应做到:①识别并说明主要的风险,简单易懂,便于操作;②程序的使用者(必要时包括承包商)参与程序的制定和改进过程,并应清楚理解不遵守程序可导致的潜在不利后果;③由正式文件予以发布;④通过强化培训,向员工阐明在程序中给出特殊要求的原因;⑤对程序的有效执行保持警觉,即使在生产经营压力很大时,也不能容忍走捷径和违反程序;⑥鼓励员工对程序的执行保持质疑的安全态度,必要时采取更加保守的行动并寻求帮助。<br>(3)安全行为激励。<br>(4)安全信息传播与沟通。<br>沟通应满足:<br>①确认有关安全事项的信息已经发送,并被接收方所接收和理解。<br>②涉及安全事件的沟通信息应真实、开放。<br>③每个员工都应认识到沟通对安全的重要性,从他人处获取信息和向他人传递信息。<br>(5)自主学习与改进。<br>(6)安全事务参与。<br>(7)审核与评估。<br>企业应对自身安全文化建设情况进行定期的全面审核,审核内容包括:<br>①领导者应定期组织各级管理者评审企业安全文化建设过程的有效性和安全绩效结果。<br>②领导者应根据审核结果确定并落实整改不符合、不安全实践和安全缺陷的优先次序,并识别新的改进机会。<br>③必要时,应鼓励相关方实施这些优先次序和改进机会,以确保其安全绩效与企业协调一致 |
| 推进与保障 | (1)规划与计划:由企业最高领导人组织制定推动本企业安全文化建设的长期规划和阶段性计划。<br>(2)保障条件:①明确安全文化建设的领导职能,建立领导机制;②确定负责推动安全文化建设的组织机构与人员,落实其职能;③保证必需的建设资金投入;④配置适用的安全文化信息传播系统。<br>(3)推动骨干的选拔和培养 |

## 考点3　安全文化建设的操作步骤

| 项目 | 具体内容 |
| --- | --- |
| 建立机构 | (1)领导机构可以定为“安全文化建设委员会”，必须由生产经营单位主要负责人亲自担任委员会主任，同时要确定一名生产经营单位高层领导人担任委员会的常务副主任。<br>(2)其他高层领导可以任副主任，有关管理部门负责人任委员。其下还必须建立一个安全文化办公室，办公室可以由生产(经营)、宣传、党群、团委、安全管理等部门的人员组成，负责日常工作 |
| 制定规划 | (1)对本单位的安全生产观念、状态进行初始评估。<br>(2)对本单位的安全文化理念进行定格设计。<br>(3)制定出科学的时间表及推进计划 |
| 培训骨干 | (1)培养骨干是推动企业安全文化建设不断更新、发展，非做不可的事情。<br>(2)训练内容可包括理论、事例、经验和本企业应该如何实施的方法等 |
| 宣传教育 | 宣传、教育、激励、感化是传播安全文化、促进精神文明的重要手段 |
| 努力实践 | (1)安全文化建设是安全管理中高层次的工作，是实现零事故目标的必由之路，是超越传统安全管理来解决安全生产问题的根本途径。<br>(2)在安全文化建设过程中，紧紧围绕“安全—健康—文明—环保”的理念，通过采取管理控制、精神激励、环境感召、心理调适、习惯培养等一系列方法，既推进安全文化建设的深入发展，又丰富安全文化的内涵 |

## 考点4　企业安全文化建设评价

| 项目 | 具体内容 |
| --- | --- |
| 评价指标 | 1. 基础特征<br>(1)企业状态特征。<br>企业自身的成长、发展、经营、市场状态，主要从企业历史、企业规模、市场地位、盈利状况等方面进行评价。<br>(2)企业文化特征。<br>企业文化层面的突出特征，主要评估企业文化的开放程度、员工凝聚力的强弱、学习型组织的构建情况、员工执行力状况等。<br>(3)企业形象特征。<br>员工、社会公众对企业整体形象的认识和评价。<br>(4)企业员工特征。<br>充分明确员工的整体状况，总体教育水平、工作经验和操作技能、道德水平等 |

续表

| 项目 | 具体内容 |
| --- | --- |
| 评价指标 | (5)企业技术特征。<br>企业在工程技术方面的使用、改造情况,比如技术设备的先进程度、技术改造状况、工艺流程的先进性以及人机工程建设情况。<br>(6)监管环境。<br>企业所在地政府安监及相关部门的职能履行情况,包括监管人员的业务素质、监管力度、法律法规的公布及执行情况。<br>(7)经营环境。<br>主要反映企业所在地的经济发展、市场经营状况等商业环境,诸如人力资源供给程度、信息交流情况、地区整体经济实力等。<br>(8)文化环境。<br>反映企业所在地域的社会文化环境,主要包括民族传统、地域文化特征等。<br>2. 企业安全承诺<br>(1)安全承诺内容。<br>综合考量承诺内容的涉及范围,表述理念的先进性、时代性,与企业实际的契合程度。<br>(2)安全承诺表述。<br>企业安全承诺在阐述和表达上应完整准确,具有较强的普适性、独特性和感召力。<br>(3)安全承诺传播。<br>企业的安全承诺需要在内部及外部进行全面、及时、有效的传播,涉及不同的传播方式,选择适当的传播频度,达到良好的认知效果。<br>(4)安全承诺认同。<br>考察企业内部对企业安全承诺的共鸣程度,主要包括:安全承诺能否得到全体员工特别是基层员工的深刻理解和广泛认同,企业领导能否做到身体力行、率先垂范,全体员工能否切实把承诺内容应用于安全管理和安全生产的实践当中。<br>3. 企业安全管理<br>(1)安全权责。<br>企业的安全管理权责分配依据的原则、权责对应或背离程度以及在实际工作当中的执行效果。<br>(2)管理机构。<br>企业应设置专人专职专责的安全管理机构,并配备充足的、符合要求的人力、物力资源,保障其独立履职的管理效果。企业安全管理部门及人员应当具有明确的管理权力与责任,在权责的分配上应充分考虑企业安全工作实际,有效保证管理权责的匹配性、一致性和平衡性。<br>(3)制度执行。<br>企业安全管理的制度执行力度与障碍情况。<br>(4)管理效果。<br>结合企业实际,从安全绩效改善程度、应急机制完善程度、事故与事件管理水平等方 |

续表

| 项目 | 具体内容 |
| --- | --- |
| 评价指标 | 面,客观评估企业安全管理工作在一定时期内的实施效果。<br>4. 企业安全环境<br>(1)安全指引。<br>企业应综合运用各种途径和方法,有效引导员工安全生产。主要从安全标识运用、安全操作指示、安全绩效引导、应激调适机制等方面进行评估。<br>(2)安全防护。<br>企业应依据生产作业环境特点,做好安全防护工作,安装有效的防护设施和设备,提供充足的个体防护用品。<br>(3)环境感受。<br>环境感受是员工对一般作业环境和特殊作业环境的综合感观和评价,是对作业环境的安全保障效果的主观性评估。主要从作业现场的清洁、安全、人性化等方面,考察员工的安全感、舒适感和满意度。<br>5. 企业安全培训与学习<br>(1)重要性体现。<br>企业各级人员对安全培训工作重要性的认识程度,直接体现在培训资源投入力度、培训工作的优先保证程度及企业用人制度等方面。<br>(2)充分性体现。<br>企业应向员工提供充足的培训机会,根据实际需要和长远目标规范培训内容,科学设置培训课时,竭力开发、运用员工喜闻乐见的有效培训方式。<br>(3)有效性体现。<br>科学判断企业安全培训的实施效果,主要从员工安全态度的端正程度、安全技能的提升幅度、安全行为和安全绩效的改善程度等方面进行评估。<br>6. 企业安全信息传播<br>(1)信息资源。<br>根据安全文化传播需要,企业应分别建立和完善安全管理信息库、安全技术信息库、安全事故信息库和安全知识信息库等各种安全信息库,储备大量的安全信息资源。<br>(2)信息系统。<br>企业围绕安全信息传播工作,设置专职操作机构,建立完备的管理机制,搭建稳定的信息传播与管理平台,创造完善齐全的信息传播载体。<br>(3)效能体现。<br>根据员工获取和交流企业安全信息的便捷程度,企业安全信息传播的有效到达率、知晓率和开放程度,综合衡量企业安全信息传播的实际效果。<br>7. 安全行为激励<br>(1)激励机制。<br>围绕安全发展这一激励目标,企业应建立一套理性化的管理制度以规范安全激励工作,实现安全激励制度化,保证安全绩效的优先权 |

续表

| 项目 | 具体内容 |
| --- | --- |
| 评价指标 | (2)激励方式。<br>根据企业实际兼顾精神和物质两个层面,采取最可靠、最有效的安全激励方式。<br>(3)激励效果。<br>员工对企业安全激励机制、激励方式的响应体现为绩效改善与行为改善的正负效应。<br>8. 安全事务参与<br>(1)安全会议与活动。<br>企业应根据实际需要,定期举办以安全为主题的各种会议和活动,鼓励并邀请相关员工积极参与。<br>(2)安全报告。<br>企业应建立渠道通畅的各级安全报告制度,确保报告反馈的及时、高效,注重各种报告、处理等信息的公开、共享。<br>(3)安全建议。<br>企业应建立科学有效的安全建议制度,疏通各种安全建议渠道,以及时反馈、择优采纳等实际行动鼓励员工积极参与安全建议。<br>(4)沟通交流。<br>在企业内部和外部创造良好的安全信息沟通氛围,实现企业各层级员工有效的纵向沟通和横向交流,同时及时与企业不同层面的合作伙伴互通安全信息。<br>9. 决策层行为<br>(1)公开承诺。<br>企业决策层应适时亲自公布企业相关安全承诺与政策,参与安全责任体系的建立,做出重大安全决策。<br>(2)责任履行。<br>在企业人事政策、安全投入、员工培训等方面,企业决策层应充分履行自己的安全职责,确保安全在各工作环节的重要地位。<br>(3)自我完善。<br>企业决策层应接受充分的安全培训,加强与外部进行安全信息沟通交流,全面提高自身安全素质,做好遵章守制、安全生产的表率。<br>10. 管理层行为<br>(1)责任履行。<br>企业管理层应明确所担负的建立并完善制度、加强监督管理、改善安全绩效等重要安全责任,并严格履行职责。<br>(2)指导下属。<br>企业管理层应对员工进行资格审定,有效组织安全培训和现场指导。<br>(3)自我完善。<br>企业管理层应注重安全知识和技能的更新,积极完善自我,加强沟通交流 |

续表

<table>
<tr><th>项目</th><th>具体内容</th></tr>
<tr><td>评价指标</td><td>11. 员工层行为<br>(1)安全态度。<br>主要从安全责任意识、安全法律意识和安全行为意向等方面，判断员工对待安全的态度。<br>(2)知识技能。<br>除熟练掌握岗位安全技能外，员工还应具备充分的辨识风险、应急处置等各种安全知识和操作能力。<br>(3)行为习惯。<br>员工应养成良好的安全行为习惯，积极交流安全信息，主动参与各种安全培训和活动，严格遵守规章制度。<br>(4)团队合作。<br>在安全生产过程中，同事之间要增进了解，彼此信任，加强互助合作，主动关心、保护同伴，共同促进团队安全绩效的提升</td></tr>
<tr><td>减分指标</td><td>1. 死亡事故<br>在进行安全评价的前 1 年内，如发生死亡事故，则视情况(事故性质、伤亡人数)扣减安全文化评价得分 5～15 分。<br>2. 重伤事故<br>在进行安全评价的前 1 年内，如发生重伤事故，则视情况扣减安全文化评价得分 3～10 分。<br>3. 违章记录<br>在进行安全评价的前 1 年内，根据企业的“违章指挥、违章操作、违反劳动纪律”记录情况，视程度扣减安全文化评价得分 1～8 分</td></tr>
<tr><td>评价程序</td><td>1. 建立评价组织机构与评价实施机构<br>(1)企业开展安全文化评价工作时，首先应成立评价组织机构，并由其确定评价工作的实施机构。<br>(2)企业实施评价时，由评价组织机构负责确定评价工作人员并成立评价工作组。必要时可选聘有关咨询专家或咨询专家组。咨询专家(组)的工作任务和工作要求由评价组织机构明确。<br>评价工作人员应具备以下基本条件：<br>①熟悉企业安全文化评价相关业务，有较强的综合分析判断能力与沟通能力。<br>②具有较丰富的企业安全文化建设与实施专业知识。<br>③坚持原则、秉公办事。<br>(3)评价项目负责人应有丰富的企业安全文化建设经验，熟悉评价指标及评价模型</td></tr>
</table>

续表

<table>
<tr><th>项目</th><th>具体内容</th></tr>
<tr><td>评价程序</td><td>2. 制定评价工作实施方案<br>评价实施机构应参照本标准制定《评价工作实施方案》。方案中应包括所用评价方法、评价样本、访谈提纲、测评问卷、实施计划等内容,并应报送评价组织机构批准。<br>3. 下达《评价通知书》<br>在实施评价前,由评价组织机构向选定的样本单位下达《评价通知书》。《评价通知书》中应当明确评价的目的、用途、要求、应提供的资料及对所提供资料应负的责任、其他需在《评价通知书》中明确的事项。<br>4. 调研、收集与核实基础资料<br>根据本标准设计评价的调研问卷,根据《评价工作方案》收集整理评价基础数据和基础资料。资料收集可以采取访谈、问卷调查、召开座谈会、专家现场观测、查阅有关资料和档案等形式进行。评价人员要对评价基础数据和基础资料进行认真检查、整理,确保评价基础资料的系统性和完整性。评价工作人员应对接触的资料内容履行保密义务。<br>5. 数据统计分析<br>对调研结果和基础数据核实无误后,可借助 EXCEL、SPSS、SAS 等统计软件进行数据统计,然后根据本标准建立的数学模型和实际选用的调研分析方法,对统计数据进行分析。<br>6. 撰写评价报告<br>统计分析完成后,评价工作组应按照规范的格式,撰写《企业安全文化建设评价报告》报告评价结果。<br>7. 反馈企业征求意见<br>评价报告提出后,应反馈企业征求意见并作必要修改。<br>8. 提交评价报告<br>评价工作组修改完成评价报告后,经评价项目负责人签字,报送评价组织机构审核确认。<br>9. 进行评价工作总结<br>评价项目完成后,评价工作组要进行评价工作总结,将工作背景、实施过程、存在的问题和建议等形成书面报告,报送评价组织机构。同时建立好评价工作档案</td></tr>
</table>

# 第五节 安全生产标准化

## 考点 1 安全标准化建设的意义

| 项目 | 具体内容 |
|---|---|
| 意义 | (1)安全生产标准化是指通过建立安全生产责任制,制订安全管理制度和操作规程,排查治理隐患和监控重大危险源,建立预防机制,规范生产行为,使各生产环节符合有 |

续表

| 项目 | 具体内容 |
| --- | --- |
| 意义 | 关安全生产法律法规和标准规范的要求，人、机、物、环境处于良好的生产状态，并持续改进，不断加强企业安全生产规范化建设。<br>(2)安全生产标准化建设就是用科学的方法和手段，提高人的安全意识，创造人的安全环境，规范人的安全行为，使人—机—环境达到最佳统一，从而实现最大限度地防止和减少伤亡事故的目的。<br>(3)安全生产标准化工作实行自主评定和外部评审的方式 |
| 等级评审 | (1)生产经营单位根据有关评分准则，进行自主评定；自主评定后，申请外部评审定级。<br>(2)安全生产标准化评审分为：一级、二级、三级，一级为最高 |

## 考点2　开展安全生产标准化建设的重点内容

| 项目 | 具体内容 |
| --- | --- |
| 确定目标 | (1)生产经营单位根据自身安全生产实际，制定总体和年度安全生产目标。<br>(2)按照所辖部门在生产经营中的职能，制定安全生产指标和考核办法 |
| 作业安全 | 1. 生产现场管理和生产过程控制<br>(1)对生产过程及物料、设备设施、器材、通道、作业环境等存在的隐患，应进行分析和控制。<br>(2)对动火作业、起重作业、受限空间作业、临时用电作业、高处作业等危险性较高的作业活动实施作业许可管理，严格履行审批手续。作业许可证应包含危害因素分析和安全措施等内容。<br>(3)对于吊装、爆破等危险作业，应当安排专人进行现场安全管理，确保安全规程的遵守和安全措施的落实。<br>2. 作业行为管理<br>3. 安全警示标志<br>(1)在有较大危险因素的作业场所和设备设施上，设置明显的安全警示标志，进行危险提示、警示，告知危险的种类、后果及应急措施等。<br>(2)在进行设备设施检维修、施工、吊装等作业现场设置警戒区和警示标志；在检维修现场的坑、井、洼、沟、陡坡等场所设置围栏和警示标志。<br>(3)安全色：<br>①传递安全信息含义的颜色，包括红、蓝、黄、绿四种颜色。<br>②安全色适用于工矿企业、交通运输、建筑业以及仓库、医院、剧场等公共场所。但不包括灯光、荧光颜色和航空、航海、内河航运所用的颜色。<br>③统一使用安全色，能使人们在紧急情况下，借助所熟悉的安全色含义，识别危险部 |

续表

| 项目 | 具体内容 |
| --- | --- |
| 作业安全 | 位,尽快采取措施,提高自控能力,有助于防止发生事故。<br>④安全色用途广泛,如用于安全标志牌、交通标志牌、防护栏杆及机器上不准乱动的部位等。安全色的应用必须是以表示安全为目的和有规定的颜色范围。<br>⑤红色表示禁止、停止、消防和危险的意思。禁止、停止和有危险的器件设备或环境涂以红色的标记。如禁止标志、交通禁令标志、消防设备、停止按钮和停车、刹车装置的操纵把手、仪表刻度盘上的极限位置刻度、机器转动部件的裸露部分、液化石油气槽车的条带及文字,危险信号旗等。<br>⑥黄色表示注意、警告的意思。需警告人们注意的器件、设备或环境涂以黄色标记。如警告标志、交通警告标志、道路交通路面标志、皮带轮及其防护罩的内壁、砂轮机罩的内壁、楼梯的第一级和最后一级的踏步前沿、防护栏杆及警告信号旗等。<br>⑦蓝色表示指令、必须遵守的规定。如指令标志、交通指示标志等。<br>⑧绿色表示通行、安全和提供信息的意思。可以通行或安全情况涂以绿色标记。如表示通行、机器启动按钮、安全信号旗等。<br>(4)对比色:<br>①是安全色更加醒目的反衬色。包括黑、白两种颜色。<br>②主要用作上述各种安全色的背景色。例如安全标志牌上的底色一般采用白色或黑色。<br>4. 相关方管理<br>(1)应执行承包商、供应商等相关方管理制度,对其资格预审、选择、服务前准备、作业过程、提供的产品、技术服务、表现评估、续用等进行管理。<br>(2)不得将项目委托给不具备相应资质或条件的相关方。<br>(3)生产经营单位和相关方的项目协议应明确规定双方的安全生产责任和义务,或签订专门的安全协议,明确双方的安全责任。<br>5. 变更管理<br>生产经营单位应执行变更管理制度,履行审批及验收程序,并对变更过程及变更所产生的隐患进行分析和控制 |
| 隐患排查和治理 | (1)法律法规、标准规范发生变更或有新的公布,以及操作条件或工艺改变,新建、改建、扩建项目建设,相关方进入、撤出或改变,对事故、事件或其他信息有新的认识,组织机构发生大的调整的,应及时组织隐患排查。<br>(2)隐患排查的范围应包括所有与生产经营相关的场所、环境、人员、设备设施和活动。<br>(3)根据隐患排查结果,制订隐患治理方案,对隐患及时进行治理。治理完成后,应对治理情况进行验证和效果评估。<br>(4)生产经营单位应根据生产经营状况及隐患排查治理情况,运用定量的安全生产预测预警技术,建立体现本单位安全生产状况及发展趋势的预警指数系统 |

续表

| 项目 | 具体内容 |
| --- | --- |
| 应急救援 | 1. 应急机构和队伍<br>(1)生产经营单位应建立安全生产应急管理机构,或指定专人负责安全生产应急管理工作。<br>(2)建立与本单位生产特点相适应的专兼职应急救援队伍,或指定专兼职应急救援人员,并组织训练。<br>(3)无须建立应急救援队伍的,可与附近具备专业资质的应急救援队伍签订服务协议。<br>2. 应急预案<br>生产经营单位应按规定制订生产安全事故应急预案,并针对重点作业岗位制订应急处置方案或措施,形成安全生产应急预案体系。<br>3. 应急设施、装备、物资<br>生产经营单位应按规定建立应急设施,配备应急装备,储备应急物资,并进行经常性的检查、维护、保养,确保其完好、可靠。<br>4. 应急演练<br>(1)生产经营单位应组织生产安全事故应急演练,并对演练效果进行评估。<br>(2)根据评估结果,修订、完善应急预案,改进应急管理工作。<br>5. 事故救援<br>发生事故后,应立即启动相关应急预案,积极开展事故救援 |

# 第六节　安全风险分级管控和隐患排查治理双重预防机制

## 考点 1　总体思路和工作目标

| 项目 | 具体内容 |
| --- | --- |
| 总体思路 | 准确把握安全生产的特点和规律,坚持风险预控、关口前移,全面推行安全风险分级管控,进一步强化隐患排查治理,推进事故预防工作科学化、信息化、标准化,实现把风险控制在隐患形成之前、把隐患消灭在事故前面 |
| 工作目标 | 尽快建立健全安全风险分级管控和隐患排查治理的工作制度和规范,完善技术工程支撑、智能化管控、第三方专业化服务的保障措施,实现企业安全风险自辨自控、隐患自查自治,形成政府领导有力、部门监管有效、企业责任落实、社会参与有序的工作格局,提升安全生产整体预控能力,夯实遏制重特大事故的坚强基础 |

## 考点2 着力构建企业双重预防机制

| 项目 | 具体内容 |
| --- | --- |
| 着力构建企业双重预防机制 | (1)全面开展安全风险辨识。<br>(2)科学评定安全风险等级。<br>(3)有效管控安全风险。<br>(4)实施安全风险公告警示。<br>(5)建立完善隐患排查治理体系 |

## 考点3 健全完善双重预防机制的政府监管体系

| 项目 | 具体内容 |
| --- | --- |
| 健全完善双重预防机制的政府监管体系 | (1)健全完善标准规范。<br>(2)实施分级分类安全监管。<br>(3)有效管控区域安全风险。<br>(4)加强安全风险源头管控 |

## 考点4 强化政策引导和技术支撑

| 项目 | 具体内容 |
| --- | --- |
| 强化政策引导和技术支撑 | (1)完善相关政策措施。<br>(2)深入推进企业安全生产标准化建设。<br>(3)充分发挥第三方服务机构作用。<br>(4)强化智能化、信息化技术的应用 |

## 考点5 有关工作要求

| 项目 | 具体内容 |
| --- | --- |
| 有关工作要求 | (1)强化组织领导。<br>(2)强化示范带动。<br>(3)强化舆论引导。<br>(4)强化督促检查 |

## 考点6 风险分级及管控原则

| 项目 | 具体内容 |
| --- | --- |
| 基本原则 | 安全风险等级从高到低划分为4级：<br>A级：重大风险/红色风险，评估属不可容许的危险；必须建立管控档案，明确不可容许的危险内容及可能触发事故的因素，采取安全措施，并制定应急措施；当风险涉及正 |

续表

| 项目 | 具体内容 |
| --- | --- |
| 基本原则 | 在进行中的作业时,应暂停作业。<br>B级:较大风险/橙色风险,评估属高度危险:必须建立管控档案,明确高度危险内容及可能触发事故的因素,采取安全措施;当风险涉及正在进行中的作业时,应采取应急措施。<br>C级:一般风险/黄色风险,评估属中度危险;必须明确中度危险内容及可能触发事故的因素,综合考虑伤害的可能性并采取安全措施,完成控制管理。<br>D级:低风险/蓝色风险,评估属轻度危险和可容许的危险;需要跟踪监控,综合考虑伤害的可能性并采取安全措施,完成控制管理 |
| 升级管控 | 涉及下列情形的B级、C级风险,应直接确定为A级:<br>(1)构成危险化学品一级、二级重大危险源的场所和设施。<br>(2)涉及重点监管化工工艺的主要装置。<br>(3)危险化学品长输管道。<br>(4)同一作业单元内现场作业人员10人以上的。<br>涉及下列情形的C级风险,应直接确定为B级:<br>(1)构成危险化学品三级、四级重大危险源的场所和设施。<br>(2)涉及剧毒化学品的场所和设施。<br>(3)化工企业开停车作业或者非正常工况操作。<br>(4)同一作业单元内现场作业人员3人以上的 |

# 第四章　安全生产与劳动防护

## 知识框架

- 安全生产与劳动防护
  - 劳动防护用品选用与配备
    - 按防护性能分类
    - 按劳动防护用品防护部位分类
    - 按劳动防护用品用途分类
    - 劳动防护用品的配置
    - 劳动防护用品的使用管理
    - 特种劳动防护用品安全标志管理
  - 特种设备安全管理
  - 特种作业安全管理
    - 特种作业的定义和种类
    - 特种作业人员的安全技术培训、考核、发证、复审
    - 监督管理
  - 工伤保险
    - 工伤保险的相关内容
    - 工伤认定及相关规定
    - 劳动能力鉴定及相关规定
    - 工伤保险待遇
  - 安全生产投入
    - 安全生产投入的基本要求
    - 安全生产费用的使用和管理
    - 安全生产责任保险

## 考点精讲

## 第一节　劳动防护用品选用与配备

### 考点1　按防护性能分类

| 项目 | 具体内容 |
| --- | --- |
| 特种劳动防护用品 | 头部护具类、呼吸护具类、眼(面)护具类、防护服类、防护鞋类、防坠落护具类 |

续表

| 项目 | 具体内容 |
| --- | --- |
| 一般劳动防护用品 | 未列入特种劳动防护用品目录的劳动防护用品为一般劳动防护用品 |

## 考点2　按劳动防护用品防护部位分类

| 项目 | 具体内容 |
| --- | --- |
| 头部防护用品 | 头部防护用品指为防御头部不受外来物体打击、挤压伤害和其他因素危害配备的个体防护装备，如安全帽、防静电工作帽等。 |
| 呼吸器官防护用品 | 呼吸器官防护用品指为防御有害气体、蒸气、粉尘、烟、雾由呼吸道吸入，或向使用者供氧或新鲜空气，保证尘、毒污染或缺氧环境中作业人员正常呼吸的个体防护装备，是预防尘肺病和职业中毒的重要护具，如长管呼吸器、动力送风过滤式呼吸器、自给闭路式压缩氧气呼吸器、自给闭路式氧气逃生呼吸器、自给开路式压缩空气呼吸器、自给开路式压缩空气逃生呼吸器、自吸过滤式防毒面具、自吸过滤式防颗粒物呼吸器（又称防尘口罩）等。 |
| 眼面部防护用品 | 眼面部防护用品指用于防护作业人员的眼睛及面部免受粉尘、颗粒物、金属火花、飞屑、烟气、电磁辐射、化学飞溅物等外界有害因素的个体防护装备，如焊接眼护具、激光防护镜、强光源防护镜、职业眼面部防护具等。 |
| 听力防护用品 | 听力防护用品指能够防止过量的声能侵入外耳道，使人耳避免噪声的过度刺激，减少听力损失，预防由噪声对人身引起的不良影响的个体防护装备，如耳塞、耳罩等。 |
| 手部防护用品 | 手部防护用品指保护手和手臂，供作业者劳动时戴用的个体防护装备，如带电作业用绝缘手套、防寒手套、防化学品手套、防静电手套、防热伤害手套、焊工防护手套、机械危害防护手套、电离辐射及放射性污染物防护手套等。 |
| 足部防护用品 | 足部防护用品指防止生产过程中有害物质和能量损伤劳动者足部的护具，通常人们称劳动防护鞋，如安全鞋、防化学品鞋等。 |
| 躯干防护用品 | 躯干防护用品即通常讲的防护服，如防电弧服、防静电服、职业用防雨服、高可视性警示服、隔热服、焊接服、化学防护服、抗油易去污防静电防护服、冷环境防护服、熔融金属飞溅防护服、微波辐射防护服、阻燃服等。 |
| 坠落防护用品 | 坠落防护用品指防止高处作业坠落或高处落物伤害的个体防护装备，如安全带、安全绳、缓冲器、缓降装置、连接器、水平生命线装置、速差自控器、自锁器、安全网、登杆脚扣、挂点装置等。 |
| 劳动护肤用品 | 劳动护肤用品指用于防止皮肤（主要是面、手等外露部分）免受化学、物理、生物等有害因素危害的个体防护用品，如防油型护肤剂、防水型护肤剂、遮光护肤剂、洗涤剂等。 |
| 其他个体防护装备 | （略） |

## 考点3　按劳动防护用品用途分类

| 项目 | 具体内容 |
| --- | --- |
| 防止伤亡事故 | 防坠落用品、防冲击用品、防触电用品、防机械外伤用品、防酸碱用品、耐油用品、防水用品、防寒用品 |
| 预防职业病 | 防尘用品、防毒用品、防噪声用品、防振动用品、防辐射用品、防高低温用品等 |

## 考点4　劳动防护用品的配置

| 项目 | 具体内容 |
| --- | --- |
| 劳动防护用品的配置要求 | (1)生产经营单位应根据本单位安全生产和防止职业性危害的需要，按照工种、环境和作业者身体条件等，为作业人员配备相应的防护装备。个体防护装备的分类、分级及使用范围见《个体防护装备配备规范 第1部分:总则》(GB 39800.1—2020)。<br>(2)存在物体打击、机械伤害、高处坠落等可能对作业者头部产生碰撞伤害的作业场所，应为作业人员配备安全帽等头部防护装备。<br>(3)存在飞溅物体、化学性物质、非电离辐射等可能对作业者眼、面部产生伤害的作业场所，应配备眼、面部防护装备，如:安全眼镜，化学飞溅防护镜、面罩，焊接护目镜、面罩或防护面具等。<br>(4)在有噪声(暴露级 $L_{EX,8h}\geqslant 85$ dB)的作业场所，作业人员应佩戴护听器进行听力防护，如:耳塞、耳罩、防噪音头盔等。<br>(5)接触粉尘的作业人员应配备防尘口罩、防颗粒物呼吸器、防尘眼镜等面部防护装备。<br>(6)接触有毒、有害物质的作业人员应根据可能接触毒物的种类选择配备相应的防毒面具、空气呼吸器等呼吸防护装备。<br>(7)从事有可能被传动机械绞碾、夹卷伤害的作业人员应穿戴紧口式防护服，长发应佩戴防护帽，不能戴防护手套。<br>(8)从事接触腐蚀性化学品的作业人员应穿戴耐化学品防护服、耐化学品防护鞋、耐化学品防护手套等防护装备。<br>(9)水上作业人员应穿浸水服、救生衣等水上作业防护装备。<br>(10)在易燃、易爆场所的作业人员应穿戴具有防静电性能的防静电服、防静电鞋、防静电手套等防护装备。<br>(11)从事电气作业的作业人员应穿戴绝缘防护装备，从事高压带电作业应穿屏蔽服等防护装备。<br>(12)从事高温、低温作业的作业人员应穿戴耐高温或防寒防护装备。<br>(13)作业场所存在极端温度、电伤害、腐蚀性化学物质、机械砸伤等可能对作业者足部产生伤害，应选配足部防护装备，如:保护足趾安全鞋、防刺穿鞋、电绝缘鞋、防静电鞋、耐油防护鞋、矿工安全鞋等。<br>(14)在距坠落高度基准面2 m及2 m以上，有发生坠落危险的作业场所应为作业人员配备安全带，并加装安全网等防护装备。 |

续表

| 项目 | 具体内容 |
| --- | --- |
| 劳动防护用品的配置要求 | (15)同一工作地点存在不同种类的危险、有害因素的，应当为劳动者同时提供防御各类危害的劳动防护用品。需要同时配备的劳动防护用品，还应考虑其可兼容性。<br>(16)劳动者在不同地点工作，并接触不同的危险、有害因素，或接触不同的危害程度的有害因素的，为其选配的劳动防护用品应满足不同工作地点的防护需求。劳动防护用品的选择还应当考虑其佩戴的合适性和基本舒适性，根据个人特点和需求选择适合号型、式样<br>(17)用人单位应当在可能发生急性职业损伤的有毒、有害工作场所配备应急劳动防护用品，放置于现场临近位置并有醒目标识。应当为巡检等流动性作业的劳动者配备随身携带的个人应急防护用品 |
| 生产经营单位发放劳动防护用品的责任 | (1)用人单位应根据工作场所中的职业危害因素及其危害程度，按照法律、法规、标准的规定，为从业人员免费提供符合国家规定的劳动防护用品。不得以货币或其他物品替代应当配备的护品。<br>(2)用人单位应到定点经营单位或生产企业购买特种劳动防护用品。特种劳动防护用品必须具有“三证”和“一标志”，即生产许可证、产品合格证、安全鉴定证和安全标志。<br>(3)用人单位应教育从业人员，按照劳动防护用品的使用规则和防护要求正确使用劳动防护用品。使从业人员做到“三会”：会检查护品的可靠性，会正确使用劳动防护用品，会正确维护保养劳动防护用品。用人单位应定期进行监督检查。<br>(4)用人单位应按照产品说明书的要求，及时更换、报废过期和失效的劳动防护用品。<br>(5)用人单位应建立健全劳动防护用品的购买、验收、保管、发放、使用、更换、报废等管理制度和使用档案，并进行必要的监督检查 |

## 考点5　劳动防护用品的使用管理

| 项目 | 具体内容 |
| --- | --- |
| 生产经营单位的管理 | (1)采购验收：生产经营单位应统一进行劳动防护用品的采购，到货后应由安全管理部门组织相关人员按标准进行验收，一是验收“三证一标志”是否齐全有效；二是对相关劳动防护用品作外观检查，必要时应进行试验验收。<br>(2)使用前检查：从业人员每次使用劳动防护用品前应对其进行检查，生产经营单位可制定相应检查表，供从业人员检查使用，防止使用功能损坏的劳动防护用品。<br>(3)使用中检查：安全生产管理部门在组织开展安全检查时，应将劳动防护用品的检查列入检查表，进行经常性的检查。重点是必须在其性能范围内使用，不超极限使用等。<br>(4)正确使用：从业人员应严格按照使用说明书正确使用劳动防护用品。生产经营单位的领导及安全生产管理人员应经常深入现场，检查指导从业人员正确使用劳动防护用品 |
| 政府有关部门的管理 | (1)安全生产监督管理部门、煤矿安全监察机构对配发无安全标志的特种劳动防护用品的生产经营单位，有权依法进行查处。 |

续表

| 项目 | 具体内容 |
|---|---|
| 政府有关部门的管理 | (2)生产经营单位未按国家有关规定为从业人员提供符合国家标准或者行业标准的劳动防护用品,配发无安全标志的特种劳动防护用品的,安全生产监督管理部门或者煤矿安全监察机构有权责令限期改正;逾期未改正的,可责令停产停业整顿,可以并处5万元以下的罚款;对于造成严重后果,构成犯罪的,有权依法追究刑事责任。<br>(3)生产或者经营劳动防护用品的企业生产或经营假冒伪劣劳动防护用品和无安全标志的特种劳动防护用品的,安全生产监督管理部门或者煤矿安全监察机构责令停止违法行为,可以并处3万元以下的罚款。<br>(4)进口的一般劳动防护用品的安全防护性能不得低于我国相关标准,并向国家安全生产监督管理总局(现已并入应急管理部)指定的特种劳动防护用品安全标志管理机构申请办理准用手续;进口的特种劳动防护用品应当按照规定取得安全标志 |

## 考点6　特种劳动防护用品安全标志管理

| 项目 | 具体内容 |
|---|---|
| 特种劳动防护用品安全标志管理 | (1)对特种劳动防护用品实行安全标志管理。特种劳动防护用品安全标志管理工作由国家安全生产监督管理总局(现已并入应急管理部)指定的特种劳动防护用品安全标志管理机构实施,受指定的特种劳动防护用品安全标志管理机构对其核发的安全标志负责。<br>(2)对生产经营单位的要求。①生产劳动防护用品的企业生产的特种劳动防护用品,必须取得特种劳动防护用品安全标志。②经营劳动防护用品的单位应有工商行政管理部门(现为市场监督管理部门)核发的营业执照、有满足需要的固定场所和了解相关防护用品知识的人员。经营劳动防护用品的单位不得经营假冒伪劣劳动防护用品和无安全标志的特种劳动防护用品。③生产经营单位不得采购和使用无安全标志的特种劳动防护用品;购买的特种劳动防护用品须经本单位的安全生产技术部门或者管理人员检查验收。<br>(3)监督检查:安全生产监督管理部门、煤矿安全监察机构依法对劳动防护用品使用情况和特种劳动防护用品安全标志进行监督检查,督促生产经营单位按照国家有关规定为从业人员配备符合国家标准或者行业标准的劳动防护用品 |
| 特种劳动防护用品目录 | (1)头部护具类:安全帽。<br>(2)呼吸护具类:防尘口罩、过滤式防毒面具、自给式空气呼吸器、长管面具。<br>(3)眼(面)护具类:焊接眼面防护具、防冲击眼护具。<br>(4)防护服类:阻燃防护服、防酸工作服、防静电工作服。<br>(5)防护鞋类:保护足趾安全鞋、防静电鞋、导电鞋、防刺穿鞋、胶面防砸安全靴、电绝缘鞋、耐酸碱皮鞋、耐酸碱胶靴、耐酸碱塑料模压靴。<br>(6)防坠落护具类:安全带、安全网、密目式安全立网 |

续表

<table>
<tr><th>项目</th><th>具体内容</th></tr>
<tr><td>特种劳动防护用品安全标志标识</td><td>1. 特种劳动防护用品安全标志标识<br>(1)劳动防护用品生产企业所生产的特种劳动防护用品,必须取得特种劳动防护用品安全标志,否则不得生产和销售。使用特种劳动防护用品的生产经营单位也不得购买、配发和使用无安全标志的特种劳动防护用品。<br>(2)特种劳动防护用品安全标志是确认特种劳动防护用品安全防护性能符合国家标准、行业标准,准许生产经营单位配发和使用该劳动防护用品的凭证<br>(3)特种劳动防护用品安全标志由特种劳动防护用品安全标志证书和特种劳动防护用品安全标志标识两部分组成。<br>(4)特种劳动防护用品安全标志证书由国家安全生产监督管理总局(现已并入应急管理部)监制,加盖特种劳动防护用品安全标志管理中心印章。<br>(5)取得特种劳动防护用品安全标志的产品应在产品的明显位置加施特种劳动防护用品安全标志标识,标识加施应牢固耐用。<br>(6)特种劳动防护用品安全标志标识由盾牌图形和特种劳动防护用品安全标志的编号组成。不同尺寸的图形用于不同类型的特种劳动防护用品。<br>2. 特种劳动防护用品安全标志标识的说明<br>(1)本标识采用古代盾牌之形状,取“防护”之意。<br>(2)盾牌中间采用字母“LA”表示“劳动安全”之意。<br>(3)“××-××-××××××”是标识的编号。编号采用3层数字和字母组合编号方法编制。第一层的两位数字代表获得标识使用授权的年份;第二层的两位数字代表获得标识使用授权的生产企业所属的省级行政地区的区划代码(进口产品,第二层的代码则以两位英文字母缩写表示该进口产品产地的国家代码);第三层代码的前三位数字代表产品的名称代码,后三位数字代表获得标识使用授权的顺序。<br>(4)参照《安全色》的规定,标识边框、盾牌及“安全防护”为绿色,“LA”及背景为白色,标识编号为黑色。<br>(5)标识规格与适用范围。①焊接护目镜、焊接面罩、防冲击护眼具:18 mm(包括编号)×12 mm。②安全帽、防尘口罩、过滤式防毒面具面罩、过滤式防毒面具滤毒罐(盒)、自给式空气呼吸器、长管面具:27 mm(包括编号)×18 mm。③阻燃防护服、防酸工作服、防静电工作服、防静电鞋、导电鞋、保护足趾安全鞋、胶面防砸安全鞋、耐酸碱皮鞋、耐酸碱胶靴、耐酸碱塑料膜压靴、防穿刺鞋、电绝缘鞋:39 mm(包括编号)×26 mm。④安全带、安全网、密目式安全立网:69 mm(包括编号)×46 mm。<br>3. 特种劳动防护用品安全标志的申请、受理、核发和日常管理<br>申请特种劳动防护用品安全标志的生产单位(以下简称申请单位)应具备下列条件:<br>(1)具有工商行政管理部门(现为市场监督管理部门)核发的营业执照。<br>(2)具有能满足生产需要的生产场所和技术力量。<br>(3)具有能保证产品安全防护性能的生产设备。<br>(4)具有能满足产品安全防护性能要求的检测检验设备。</td></tr>
</table>

续表

| 项目 | 具体内容 |
| --- | --- |
| 特种劳动防护用品安全标志标识 | (5)具有完善的质量保证体系。<br>(6)具有产品标准和相关技术文件。<br>(7)其产品符合国家标准或行业标准要求。<br>(8)法律、法规规定的其他条件 |

# 第二节　特种设备安全管理

## 考点　特种设备安全管理

| 项目 | 具体内容 |
| --- | --- |
| 锅炉压力容器使用安全管理 | 锅炉压力容器使用安全管理措施包括：<br>(1)使用许可厂家合格产品。<br>(2)登记建档。<br>(3)专责管理。<br>(4)建立制度。<br>(5)持证上岗。<br>(6)照章运行。<br>(7)定期检验。在设备的设计使用期限内，每隔一定的时间对其承压部件和安全装置进行检测检查或做必要的试验是及早发现缺陷、消除隐患、保证设备安全运行的一项行之有效的措施。<br>(8)监控水质。<br>(9)报告事故 |
| 锅炉正常运行中的监督调节 | 1. 锅炉水位的监督调节<br>(1)锅炉水位保持在正常水位线处，允许在正常水位线上下 50 mm 内波动。<br>(2)水位的调节通常与气压、蒸发量的调节联系在一起。<br>(3)锅炉低负荷运行，水位稍高于正常水位。<br>(4)高负荷运行，则稍低于正常水位。<br>2. 锅炉气压的监督调节<br>(1)锅炉运行中，蒸汽压力应基本上保持稳定。<br>(2)负荷小于蒸发量，气压就上升。<br>(3)负荷大于蒸发量，气压就下降。<br>(4)根据负荷的变化，相应增减锅炉的燃料量、风量、给水量。<br>(5)间断上水的锅炉，上水应均匀。<br>(6)上水间隔时间不宜过长，一次上水不宜过多。<br>(7)燃烧减弱时不宜上水，人工烧炉在投煤、扒渣时不宜上水。 |

续表

<table>
<tr><th>项目</th><th>具体内容</th></tr>
<tr><td>锅炉正常运行中的监督调节</td><td>3. 燃烧的监督调节<br>(1)使燃料燃烧供热适应负荷的要求,维持气压稳定。<br>(2)使燃烧完好正常,减少未完全燃烧损失,减轻金属腐蚀和大气污染。<br>(3)对负压燃烧锅炉,维持引风和鼓风的均衡,保持炉膛一定的负压,以保证操作安全和减少排烟损失。<br>4. 气温的调节<br>(1)锅炉负荷、燃料及给水温度的改变会造成过热气温的改变<br>(2)过热器本身的传热特性不同,上述因素改变时气温变化规律不同。<br>5. 排污和吹灰<br>(1)排污:保持受热面内部清洁,避免锅水发生汽水共腾及蒸汽品质恶化。<br>(2)吹灰:避免积灰影响锅炉传热,降低锅炉效率,产生安全隐患</td></tr>
<tr><td>停炉</td><td>1. 正常停炉次序<br>(1)先停燃料供应,随之停止送风,减少引风。<br>(2)与此同时,逐渐降低锅炉负荷,相应地减少锅炉上水,但应维护锅炉水位稍高于正常水位,对燃气、燃油锅炉,炉膛停火后引风机至少要继续引风 5 min 以上。<br>(3)锅炉停止供汽后,应隔断与蒸汽母管的连接,排气降压,为保护过热器,防止其金属超温,可打开过热器出口集箱疏水阀适当放气。<br>2. 紧急停炉次序<br>(1)立即停止添加燃料和送风,减弱引风。<br>(2)与此同时,设法熄灭炉膛内的燃料,对于一般层燃炉可以用沙土或湿灰灭火,链条炉可以开快挡使炉排快速运转,把红火送入灰坑。<br>(3)灭火后即把炉门、灰门及烟道挡板打开,以加强通风冷却。<br>(4)锅内可以较快降压并更换锅水,锅水冷却至 70 ℃左右允许排水,因缺水紧急停炉时,严禁给锅炉上水,并不得开启空气阀及安全阀快速降压。<br>3. 紧急停炉情况<br>锅炉水位低于水位表的下部可见边缘,不断加大向锅炉进水及采取其他措施,但水位仍继续下降,锅炉水位超过最高可见水位(满水),经放水仍不能见到水位,给水泵全部失效或给水系统故障,不能向锅炉进水,水位表或安全阀全部失效,设置在汽空间的压力表全部失效,锅炉元件损坏,危及操作人员安全,燃烧设备损坏、炉墙倒塌或锅炉构件被烧红等,其他异常情况危及锅炉安全运行。<br>4. 停炉保养<br>(1)主要指锅内保养,即汽水系统内部为避免或减轻腐蚀而进行的防护保养。<br>(2)常用的保养方式:①压力保养。②湿法保养。③干法保养。④充气保养<br>(1)类别。外部检验;内部检验;水压试验。<br>(2)检验周期。①外部检验一般每年进行一次。②内部检验一般每两年进行一次。③水压试验一般每六年进行一次。</td></tr>
</table>

| | |
|---|---|
| 锅炉定期检验 | (3)检验内容。①锅炉管理检查、本体检验、安全附件、自控调节及保护装置检验、辅机和附件检验、水质管理和水处理设备检验等。②以宏观检验为主,配合对一些安全装置、设备的功能;确认水压试验:试验压力至少保持20 min。<br>(4)检验结论。①内部:允许运行、整改后运行、限制条件下运行、停止运行。②外部:允许运行、监督运行、停止运行。③水压试验:合格、不合格 |
| 压力容器定期检验 | (1)压力容器一般于投用后3年内进行首次定期检验。以后的检验周期由检验机构根据压力容器的安全状况等级,按照以下要求确定:①安全状况等级为1、2级的,一般每6年检验一次。②安全状况等级为3级的,一般每3年至6年检验一次。③安全状况等级为4级的,监控使用,其检验周期由检验机构确定,累计监控使用时间不得超过3年,在监控使用期间,使用单位应当采取有效的监控措施。④安全状况等级为5级的,应当对缺陷进行处理,否则不得继续使用。<br>(2)有下列情况之一的压力容器,定期检验周期可以适当缩短:①介质对压力容器材料的腐蚀情况不明或者腐蚀情况异常的。②具有环境开裂倾向或者产生机械损伤现象,并且已经发现开裂的。③改变使用介质并且可能造成腐蚀现象恶化的。④材质劣化现象比较明显的。⑤使用单位没有按照规定进行年度检查的;⑥检验中对其他影响安全的因素有怀疑的。<br>(3)安全状况等级为1、2级的压力容器,符合下列条件之一的,定期检验周期可以适当延长:①介质腐蚀速率每年低于0.1 mm、有可靠的耐腐蚀金属衬里或者热喷质涂金属涂层的压力容器,通过1次至2次定期检验,确认腐蚀轻微或者衬里完好的,其检验周期最长可以延长至12年。②装有催化剂的反应容器以及装有充填物的压力密器,其检验周期根据设计图样和实际使用情况,自使用单位和检验机构协商确定(必要时征求设计单位的意见),报办理《特种设备使用登记证》的质量技术监督部门备案 |

# 第三节 特种作业安全管理

## 考点1 特种作业的定义和种类

| 项目 | 具体内容 |
|---|---|
| 定义 | 特种作业,是指容易发生事故,对操作者本人、他人的安全健康及设备、设施的安全可能造成重大危害的作业 |
| 种类 | 1.电工作业<br>电工作业指对电气设备进行运行、维护、安装、检修、改造、施工、调试等作业(不含电力系统进网作业)。<br>(1)高压电工作业,指对1千伏(kV)及以上的高压电气设备进行运行、维护、安装、检修、改造、施工、调试、试验及绝缘工、器具进行试验的作业。<br>(2)低压电工作业,指对1千伏(kV)以下的低压电器设备进行安装、调试、运行操作、维护、检修、改造施工和试验的作业。 |

续表

<table>
<tr><th>项目</th><th>具体内容</th></tr>
<tr><td>种类</td><td>(3)防爆电气作业，指对各种防爆电气设备进行安装、检修、维护的作业。<br>适用于除煤矿井下以外的防爆电气作业。<br>2. 焊接与热切割作业<br>焊接与热切割作业指运用焊接或者热切割方法对材料进行加工的作业（不含《特种设备安全监察条例》规定的有关作业）。<br>(1)熔化焊接与热切割作业，指使用局部加热的方法将连接处的金属或其他材料加热至熔化状态而完成焊接与切割的作业。适用于气焊与气割、焊条电弧焊与碳弧气刨、埋弧焊、气体保护焊、等离子弧焊、电渣焊、电子束焊、激光焊、氧熔剂切割、激光切割、等离子切割等作业。<br>(2)压力焊作业，指利用焊接时施加一定压力而完成的焊接作业。适用于电阻焊、气压焊、爆炸焊、摩擦焊、冷压焊、超声波焊、锻焊等作业。<br>(3)钎焊作业，指使用比母材熔点低的材料作钎料，将焊件和钎料加热到高于钎料熔点，但低于母材熔点的温度，利用液态钎料润湿母材，填充接头间隙并与母材相互扩散而实现连接焊件的作业。适用于火焰钎焊作业、电阻钎焊作业、感应钎焊作业、浸渍钎焊作业、炉中钎焊作业，不包括烙铁钎焊作业。<br>3. 高处作业<br>高处作业指专门或经常在坠落高度基准面 2 米及以上有可能坠落的高处进行的作业。<br>(1)登高架设作业，指在高处从事脚手架、跨越架架设或拆除的作业。<br>(2)高处安装、维护、拆除作业，指在高处从事安装、维护、拆除的作业。适用于利用专用设备进行建筑物内外装饰、清洁、装修，电力、电信等线路架设，高处管道架设，小型空调高处安装、维修，各种设备设施与户外广告设施的安装、检修、维护以及在高处从事建筑物、设备设施拆除作业。<br>4. 制冷与空调作业<br>制冷与空调作业指对大中型制冷与空调设备运行操作、安装与修理的作业。<br>(1)制冷与空调设备运行操作作业。指对各类生产经营企业和事业等单位的大中型制冷与空调设备运行操作的作业。适用于化工类（石化、化工、天然气液化、工艺性空调）生产企业，机械类（冷加工、冷处理、工艺性空调）生产企业，食品类（酿造、饮料、速冻或冷冻调理食品、工艺性空调）生产企业，农副产品加工类（屠宰及肉食品加工、水产加工、果蔬加工）生产企业，仓储类（冷库、速冻加工、制冰）生产经营企业，运输类（冷藏运输）经营企业，服务类（电信机房、体育场馆、建筑的集中空调）经营企业和事业等单位的大中型制冷与空调设备运行操作作业。<br>(2)制冷与空调设备安装修理作业，指对 4.(1)所指制冷与空调设备整机、部件及相关系统进行安装、调试与维修的作业。<br>5. 煤矿安全作业<br>(1)煤矿井下电气作业，指从事煤矿井下机电设备的安装、调试、巡检、维修和故障处理，保证本班机电设备安全运行的作业。适用于与煤共生、伴生的坑探、矿井建设、开采</td></tr>
</table>

续表

| 项目 | 具体内容 |
|---|---|
| 种类 | 过程中的井下电钳等作业。<br>(2)煤矿井下爆破作业,指在煤矿井下进行爆破的作业。<br>(3)煤矿安全监测监控作业,指从事煤矿井下安全监测监控系统的安装、调试、巡检、维修,保证其安全运行的作业。适用于与煤共生、伴生的坑探、矿井建设、开采过程中的安全监测监控作业。<br>(4)煤矿瓦斯检查作业,指从事煤矿井下瓦斯巡检工作,负责管辖范围内通风设施的完好及通风、瓦斯情况检查,按规定填写各种记录,及时处理或汇报发现的问题的作业。适用于与煤共生、伴生的矿井建设、开采过程中的煤矿井下瓦斯检查作业。<br>(5)煤矿安全检查作业,指从事煤矿安全监督检查,巡检生产作业场所的安全设施和安全生产状况,检查并督促处理相应事故隐患的作业。<br>(6)煤矿提升机操作作业,指操作煤矿的提升设备运送人员、矿石、矸石和物料,并负责巡检和运行记录的作业。适用于操作煤矿提升机,包括立井、暗立井提升机,斜井、暗斜井提升机以及露天矿山斜坡卷扬提升的提升机作业。<br>(7)煤矿采煤机(掘进机)操作作业,指在采煤工作面、掘进工作面操作采煤机、掘进机,从事落煤、装煤、掘进工作,负责采煤机、掘进机巡检和运行记录,保证采煤机、掘进机安全运行的作业。适用于煤矿开采、掘进过程中的采煤机、掘进机作业。<br>(8)煤矿瓦斯抽采作业,指从事煤矿井下瓦斯抽采钻孔施工、封孔、瓦斯流量测定及瓦斯抽采设备操作等,保证瓦斯抽采工作安全进行的作业。适用于煤矿、与煤共生和伴生的矿井建设、开采过程中的煤矿地面和井下瓦斯抽采作业。<br>(9)煤矿防突作业,指从事煤与瓦斯突出的预测预报、相关参数的收集与分析、防治突出措施的实施与检查、防突效果检验等,保证防突工作安全进行的作业。适用于煤矿、与煤共生和伴生的矿井建设、开采过程中的煤矿井下煤与瓦斯防突作业。<br>(10)煤矿探放水作业,指从事煤矿探放水的预测预报、相关参数的收集与分析、探放水措施的实施与检查、效果检验等,保证探放水工作安全进行的作业。适用于煤矿、与煤共生和伴生的矿井建设、开采过程中的煤矿井下探放水作业。<br>6. 金属非金属矿山安全作业<br>(1)金属非金属矿井通风作业,指安装井下局部通风机,操作地面主要扇风机、井下局部通风机和辅助通风机,操作、维护矿井通风构筑物,进行井下防尘,使矿井通风系统正常运行,保证局部通风,以预防中毒窒息和除尘等的作业。<br>(2)尾矿作业,指从事尾矿库放矿、筑坝、巡坝、抽洪和排渗设施的作业。适用于金属非金属矿山的尾矿作业。<br>(3)金属非金属矿山安全检查作业,指从事金属非金属矿山安全监督检查,巡检生产作业场所的安全设施和安全生产状况,检查并督促处理相应事故隐患的作业。<br>(4)金属非金属矿山提升机操作作业,指操作金属非金属矿山的提升设备运送人员、矿石、矸石和物料,及负责巡检和运行记录的作业。适用于金属非金属矿山的提升机,包括竖井、盲竖井提升机,斜井、盲斜井提升机以及露天矿山斜坡卷扬提升的提升机作业。 |

续表

<table>
<tr><th>项目</th><th>具体内容</th></tr>
<tr><td>种类</td><td>(5)金属非金属矿山支柱作业，指在井下检查井巷和采场顶、帮的稳定性，撬浮石，进行支护的作业。<br>(6)金属非金属矿山井下电气作业，指从事金属非金属矿山井下机电设备的安装、调试、巡检、维修和故障处理，保证机电设备安全运行的作业<br>(7)金属非金属矿山排水作业，指从事金属非金属矿山排水设备日常使用、维护、巡检的作业。<br>(8)金属非金属矿山爆破作业，指在露天和井下进行爆破的作业。<br>7. 石油天然气安全作业<br>司钻作业，指石油、天然气开采过程中操作钻机起升钻具的作业。适用于陆上石油、天然气司钻(含钻井司钻、作业司钻及勘探司钻)作业。<br>8. 冶金(有色)生产安全作业<br>煤气作业，指冶金、有色企业内从事煤气生产、储存、输送、使用、维护检修的作业。<br>9. 危险化学品安全作业<br>危险化学品安全作业指从事危险化工工艺过程操作及化工自动化控制仪表安装、维修、维护的作业。<br>(1)光气及光气化工艺作业，指光气合成以及厂内光气储存、输送和使用岗位的作业。<br>(2)氯碱电解工艺作业，指氯化钠和氯化钾电解、液氯储存和充装岗位的作业。适用于氯化钠(食盐)水溶液电解生产氯气、氢氧化钠、氢气，氯化钾水溶液电解生产氯气、氢氧化钾、氢气等工艺过程的操作作业。<br>(3)氯化工艺作业，指液氯储存、气化和氯化反应岗位的作业。适用于取代氯化，加成氯化，氧氯化等工艺过程的操作作业。<br>(4)硝化工艺作业，指硝化反应、精馏分离岗位的作业。适用于直接硝化法，间接硝化法，亚硝化法等工艺过程的操作作业。<br>(5)合成氨工艺作业，指压缩、氨合成反应、液氨储存岗位的作业。适用于节能氨五工艺法(AMV)，德士古水煤浆加压气化法、凯洛格法，甲醇与合成氨联合生产的联醇法，纯碱与合成氨联合生产的联碱法，采用变换催化剂、氧化锌脱硫剂和甲烷催化剂的“三催化”气体净化法工艺过程的操作作业。<br>(6)裂解(裂化)工艺作业，指石油系的烃类原料裂解(裂化)岗位的作业。<br>(7)氟化工艺作业，指氟化反应岗位的作业。适用于直接氟化，金属氟化物或氟化氢气体氟化，置换氟化以及其他氟化物的制备等工艺过程的操作作业。<br>(8)加氢工艺作业，指加氢反应岗位的作业。<br>(9)重氮化工艺作业，指重氮化反应、重氮盐后处理岗位的作业。适用于顺法、反加法、亚硝酰硫酸法、硫酸铜触媒法以及盐析法等工艺过程的操作作业。<br>(10)氧化工艺作业，指氧化反应岗位的作业。<br>(11)过氧化工艺作业，指过氧化反应、过氧化物储存岗位的作业。<br>(12)胺基化工艺作业，指胺基化反应岗位的作业。</td></tr>
</table>

续表

| 项目 | 具体内容 |
| --- | --- |
| 种类 | (13)磺化工艺作业,指磺化反应岗位的作业。<br>(14)聚合工艺作业,指聚合反应岗位的作业。<br>(15)烷基化工艺作业,指烷基化反应岗位的作业。<br>(16)化工自动化控制仪表作业,指化工自动化控制仪表系统安装、维修、维护的作业<br>10. 烟花爆竹安全作业<br>烟花爆竹安全作业指从事烟花爆竹生产、储存中的药物混合、造粒、筛选、装药、筑药、压药、搬运等危险工序的作业。<br>(1)烟火药制造作业,指从事烟火药的粉碎、配药、混合、造粒、筛选、干燥、包装等作业。<br>(2)黑火药制造作业,指从事黑火药的潮药、浆硝、包片、碎片、油压、抛光和包浆等作业。<br>(3)引火线制造作业,指从事引火线的制引、浆引、漆引、切引等作业。<br>(4)烟花爆竹产品涉药作业,指从事烟花爆竹产品加工中的压药、装药、筑药、褙药剂、已装药的钻孔等作业。<br>(5)烟花爆竹储存作业,指从事烟花爆竹仓库保管、守护、搬运等作业。<br>除此之外,还包括安全监管总局认定的其他作业 |

## 考点 2　特种作业人员的安全技术培训、考核、发证、复审

| 项目 | 具体内容 |
| --- | --- |
| 原则 | 特种作业人员的安全技术培训、考核、发证、复审工作实行统一监管、分级实施、教考分离的原则 |
| 培训 | (1)特种作业人员应当接受与其所从事的特种作业相应的安全技术理论培训和实际操作培训。<br>①已经取得职业高中、技工学校及中专以上学历的毕业生从事与其所学专业相应的特种作业,持学历证明经考核发证机关同意,可以免予相关专业的培训。<br>②跨省、自治区、直辖市从业的特种作业人员,可以在户籍所在地或者从业所在地参加培训。<br>(2)对特种作业人员的安全技术培训,具备安全培训条件的生产经营单位应当以自主培训为主,也可以委托具备安全培训条件的机构进行培训。<br>①不具备安全培训条件的生产经营单位,应当委托具备安全培训条件的机构进行培训。<br>②生产经营单位委托其他机构进行特种作业人员安全技术培训的,保证安全技术培训的责任仍由本单位负责。<br>③从事特种作业人员安全技术培训的机构(以下统称培训机构),应当制定相应的培训计划、教学安排,并按照安全监管总局、煤矿安监局制定的特种作业人员培训大纲和煤矿特种作业人员培训大纲进行特种作业人员的安全技术培训 |

续表

| 项目 | 具体内容 |
| --- | --- |
| 考核发证 | (1)特种作业人员的考核包括考试和审核两部分。考试由考核发证机关或其委托的单位负责;审核由考核发证机关负责。①安全监管总局、煤矿安监局分别制定特种作业人员、煤矿特种作业人员的考核标准,并建立相应的考试题库。②考核发证机关或其委托的单位应当按照安全监管总局、煤矿安监局统一制定的考核标准进行考核。<br>(2)参加特种作业操作资格考试的人员,应当填写考试申请表,由申请人或者申请人的用人单位持学历证明或者培训机构出具的培训证明向申请人户籍所在地或者从业所在地的考核发证机关或其委托的单位提出申请。①考核发证机关或其委托的单位收到申请后,应当在60日内组织考试。②特种作业操作资格考试包括安全技术理论考试和实际操作考试两部分。考试不及格的,允许补考1次。经补考仍不及格的,重新参加相应的安全技术培训。<br>(3)考核发证机关委托承担特种作业操作资格考试的单位应当具备相应的场所、设施、设备等条件,建立相应的管理制度,并公布收费标准等信息。<br>(4)考核发证机关或其委托承担特种作业操作资格考试的单位,应当在考试结束后10个工作日内公布考试成绩。<br>(5)符合本规定第四条规定并经考试合格的特种作业人员,应当向其户籍所在地或者从业所在地的考核发证机关申请办理特种作业操作证,并提交身份证复印件、学历证书复印件、体检证明、考试合格证明等材料。<br>(6)收到申请的考核发证机关应当在5个工作日内完成对特种作业人员所提交申请材料的审查,作出受理或者不予受理的决定。能够当场作出受理决定的,应当当场作出受理决定;申请材料不齐全或者不符合要求的,应当当场或者在5个工作日内一次告知申请人需要补正的全部内容,逾期不告知的,视为自收到申请材料之日起即已被受理。<br>(7)对已经受理的申请,考核发证机关应当在20个工作日内完成审核工作。符合条件的,颁发特种作业操作证;不符合条件的,应当说明理由。<br>(8)特种作业操作证有效期为6年,在全国范围内有效。<br>特种作业操作证由安全监管总局统一式样、标准及编号。<br>(9)特种作业操作证遗失的,应当向原考核发证机关提出书面申请,经原考核发证机关审查同意后,予以补发。<br>特种作业操作证所记载的信息发生变化或者损毁的,应当向原考核发证机关提出书面申请,经原考核发证机关审查确认后,予以更换或者更新 |
| 复审 | (1)特种作业操作证每3年复审1次。特种作业人员在特种作业操作证有效期内,连续从事本工种10年以上,严格遵守有关安全生产法律法规的,经原考核发证机关或者从业所在地考核发证机关同意,特种作业操作证的复审时间可以延长至每6年1次。<br>(2)特种作业操作证需要复审的,应当在期满前60日内,由申请人或者申请人的用人单位向原考核发证机关或者从业所在地考核发证机关提出申请,并提交下列材料:①社区或者县级以上医疗机构出具的健康证明;②从事特种作业的情况;③安全培训考试合格记录。特种作业操作证有效期届满需要延期换证的,应当按照前款的规定申请延期复审 |

续表

| 项目 | 具体内容 |
|---|---|
| 复审 | (3)特种作业操作证申请复审或者延期复审前,特种作业人员应当参加必要的安全培训并考试合格。安全培训时间不少于8个学时,主要培训法律、法规、标准、事故案例和有关新工艺、新技术、新装备等知识。<br>(4)申请复审的,考核发证机关应当在收到申请之日起20个工作日内完成复审工作。复审合格的,由考核发证机关签章、登记,予以确认;不合格的,说明理由。<br>申请延期复审的,经复审合格后,由考核发证机关重新颁发特种作业操作证。<br>(5)特种作业人员有下列情形之一的,复审或者延期复审不予通过:①健康体检不合格的。②违章操作造成严重后果或者有2次以上违章行为,并经查证确实的。③有安全生产违法行为,并给予行政处罚的。④拒绝、阻碍安全生产监管监察部门监督检查的。⑤未按规定参加安全培训,或者考试不合格的。<br>(6)申请人对复审或者延期复审有异议的,可以依法申请行政复议或者提起行政诉讼 |

## 考点3 监督管理

| 项目 | 具体内容 |
|---|---|
| 监督管理 | (1)考核发证机关或其委托的单位及其工作人员应当忠于职守、坚持原则、廉洁自律,按照法律、法规、规章的规定进行特种作业人员的考核、发证、复审工作,接受社会的监督。<br>(2)考核发证机关应当加强对特种作业人员的监督检查,发现其具有下述第(3)条规定情形的,及时撤销特种作业操作证;对依法应当给予行政处罚的安全生产违法行为,按照有关规定依法对生产经营单位及其特种作业人员实施行政处罚。<br>考核发证机关应当建立特种作业人员管理信息系统,方便用人单位和社会公众查询;对于注销特种作业操作证的特种作业人员,应当及时向社会公告。<br>(3)有下列情形之一的,考核发证机关应当撤销特种作业操作证:①超过特种作业操作证有效期未延期复审的。②特种作业人员的身体条件已不适合继续从事特种作业的。③对发生生产安全事故负有责任的。④特种作业操作证记载虚假信息的。⑤以欺骗、贿赂等不正当手段取得特种作业操作证的。<br>特种作业人员违反上述第④项、第⑤项规定的,3年内不得再次申请特种作业操作证。<br>(4)有下列情形之一的,考核发证机关应当注销特种作业操作证:①特种作业人员死亡的。②特种作业人员提出注销申请的。③特种作业操作证被依法撤销的。<br>(5)离开特种作业岗位6个月以上的特种作业人员,应当重新进行实际操作考试,经确认合格后方可上岗作业。<br>(6)省、自治区、直辖市人民政府安全生产监督管理部门和负责煤矿特种作业人员考核发证工作的部门或者指定的机构应当每年分别向安全监管总局、煤矿安监局报告特种作业人员的考核发证情况。<br>(7)生产经营单位应当加强对本单位特种作业人员的管理,建立健全特种作业人员培 |

续表

| 项目 | 具体内容 |
| --- | --- |
| 监督管理 | 训、复审档案，做好申报、培训、考核、复审的组织工作和日常的检查工作。<br>(8)特种作业人员在劳动合同期满后变动工作单位的，原工作单位不得以任何理由扣押其特种作业操作证。<br>跨省、自治区、直辖市从业的特种作业人员应当接受从业所在地考核发证机关的监督管理。<br>(9)生产经营单位不得印制、伪造、倒卖特种作业操作证，或者使用非法印制、伪造、倒卖的特种作业操作证。<br>特种作业人员不得伪造、涂改、转借、转让、冒用特种作业操作证或者使用伪造的特种作业操作证 |

# 第四节　工伤保险

## 考点1　工伤保险的相关内容

| 项目 | 具体内容 |
| --- | --- |
| 工伤保险的定义 | (1)工伤保险，是指劳动者在工作中或在规定的特殊情况下，遭受意外伤害或患职业病导致暂时或永久丧失劳动能力以及死亡时，劳动者或其遗属从国家和社会获得物质帮助的一种社会保险制度。<br>(2)工伤保险，又称职业伤害保险。<br>(3)工伤保险是通过社会统筹的办法，集中用人单位缴纳的工伤保险费，建立工伤保险基金，对劳动者在生产经营活动中遭受意外伤害或职业病，并由此造成死亡、暂时或永久丧失劳动能力时，给予劳动者及其实用性法定的医疗救治以及必要的经济补偿的一种社会保障制度。这种补偿既包括医疗、康复所需费用，也包括保障基本生活的费用 |
| 工伤保险的特点 | (1)工伤保险对象的范围是在生产劳动过程中的劳动者。由于职业危害无所不在，无时不在，任何人都不能完全避免职业伤害。因此工伤保险作为抗御职业危害的保险制度适用于所有职工，任何职工发生工伤事故或遭受职业疾病，都应毫无例外地获得工伤保险待遇。<br>(2)工伤保险的责任具有赔偿性。也就是说劳动者的生命健康权、生存权和劳动权受到影响、损害甚至被剥夺了。因此工伤保险是基于对工伤职工的赔偿责任而设立的一种社会保险制度，其他社会保险是基于对职工生活困难的帮助和补偿责任而设立的。统一专属工伤保险方案与社保完全对接，补充了一次性伤残就业补助金的赔偿。<br>(3)工伤保险实行无过错责任原则。无论工伤事故的责任归于用人单位还是职工个人或第三者，用人单位均应承担保险责任 |

续表

| 项目 | 具体内容 |
| --- | --- |
| 工伤保险的特点 | (4)工伤保险不同于养老保险等险种,劳动者不缴纳保险费,全部费用由用人单位负担。即工伤保险的投保人为用人单位。<br>(5)工伤保险待遇相对优厚,标准较高,但因工伤事故的不同而有所差别。<br>(6)工伤保险作为社会福利,其保障内容比商业意外保险要丰富。除了在工作时的意外伤害,也包括职业病的报销、急性病猝死保险金、丧葬补助(工伤身故) |
| 工伤保险的原则 | 工伤保险遵循以下十个原则:<br>(1)无责任补偿(无过失补偿)原则。<br>(2)国家立法、强制实施原则。<br>(3)风险分担、互助互济原则。<br>(4)个人不缴费原则。<br>(5)区别因工与非因工原则。<br>(6)经济赔偿与事故预防、职业病防治相结合原则。<br>(7)一次性补偿与长期补偿相结合原则。<br>(8)确定伤残和职业病等级原则。<br>(9)区别直接经济损失与间接经济损失原则。<br>(10)集中管理原则 |

## 考点2　工伤认定及相关规定

| 项目 | 具体内容 |
| --- | --- |
| 工伤认定 | 根据《工伤保险条例》第十四条规定,职工有下列情形之一的,应当认定为工伤:<br>(1)在工作时间和工作场所内,因工作原因受到事故伤害的。<br>(2)工作时间前后在工作场所内,从事与工作有关的预备性或者收尾性工作受到事故伤害的。<br>(3)在工作时间和工作场所内,因履行工作职责受到暴力等意外伤害的。<br>(4)患职业病的。<br>(5)因工外出期间,由于工作原因受到伤害或者发生事故下落不明的。<br>(6)在上下班途中,受到非本人主要责任的交通事故或者城市轨道交通、客运轮渡、火车事故伤害的。<br>(7)法律、行政法规规定应当认定为工伤的其他情形。<br>同时,根据《工伤保险条例》第十五条的规定,职工有下列情形之一的,视同工伤:<br>(1)在工作时间和工作岗位,突发疾病死亡或者在48小时之内经抢救无效死亡的。<br>(2)在抢险救灾等维护国家利益、公共利益活动中受到伤害的。<br>(3)职工原在军队服役,因战、因公负伤致残,已取得革命伤残军人证,到用人单位后旧伤复发的。<br>职工有前款第(1)项、第(2)项情形的,按照本条例的有关规定享受工伤保险待遇;职 |

续表

| 项目 | 具体内容 |
|---|---|
| 工伤认定 | 工有前款第(3)项情形的,按照本条例的有关规定享受除一次性伤残补助金以外的工伤保险待遇。<br>职工符合《工伤保险条例》第十四条、第十五条的规定,但是有下列情形之一的,不得认定为工伤或者视同工伤:<br>(1)故意犯罪的。<br>(2)醉酒或者吸毒的。<br>(3)自残或者自杀的 |
| 工伤认定申请 | 提出工伤认定申请应当提交下列材料:<br>(1)工伤认定申请表。<br>(2)与用人单位存在劳动关系(包括事实劳动关系)的证明材料。<br>(3)医疗诊断证明或者职业病诊断证明书(或者职业病诊断鉴定书)。<br>工伤认定申请表应当包括事故发生的时间、地点、原因以及职工伤害程度等基本情况。<br>工伤认定申请人提供材料不完整的,社会保险行政部门应当一次性书面告知工伤认定申请人需要补正的全部材料。申请人按照书面告知要求补正材料后,社会保险行政部门应当受理 |
| 相关规定 | (1)社会保险行政部门受理工伤认定申请后,根据审核需要可以对事故伤害进行调查核实,用人单位、职工、工会组织、医疗机构以及有关部门应当予以协助。职业病诊断和诊断争议的鉴定,依照职业病防治法的有关规定执行。对依法取得职业病诊断证明书或者职业病诊断鉴定书的,社会保险行政部门不再进行调查核实。<br>职工或者其近亲属认为是工伤,用人单位不认为是工伤的,由用人单位承担举证责任。<br>(2)社会保险行政部门应当自受理工伤认定申请之日起60日内作出工伤认定的决定,并书面通知申请工伤认定的职工或者其近亲属和该职工所在单位。<br>(3)社会保险行政部门对受理的事实清楚、权利义务明确的工伤认定申请,应当在15日内作出工伤认定的决定。<br>(4)作出工伤认定决定需要以司法机关或者有关行政主管部门的结论为依据的,在司法机关或者有关行政主管部门尚未作出结论期间,作出工伤认定决定的时限中止。<br>(5)社会保险行政部门工作人员与工伤认定申请人有利害关系的,应当回避 |

## 考点3　劳动能力鉴定及相关规定

| 项目 | 具体内容 |
|---|---|
| 定义 | 劳动能力鉴定是指劳动功能障碍程度和生活自理障碍程度的等级鉴定。<br>(1)劳动功能障碍分为十个伤残等级,最重的为一级,最轻的为十级。<br>(2)生活自理障碍分为三个等级:生活完全不能自理、生活大部分不能自理和生活部分不能自理 |

续表

| 项目 | 具体内容 |
| --- | --- |
| 相关规定 | (1)劳动能力鉴定标准由国务院社会保险行政部门会同国务院卫生行政部门等部门制定。<br>(2)劳动能力鉴定由用人单位、工伤职工或者其近亲属向设区的市级劳动能力鉴定委员会提出申请,并提供工伤认定决定和职工工伤医疗的有关资料。<br>(3)省、自治区、直辖市劳动能力鉴定委员会和设区的市级劳动能力鉴定委员会分别由省、自治区、直辖市和设区的市级社会保险行政部门、卫生行政部门、工会组织、经办机构代表以及用人单位代表组成。<br>(4)设区的市级劳动能力鉴定委员会收到劳动能力鉴定申请后,应当从其建立的医疗卫生专家库中随机抽取3名或者5名相关专家组成专家组,由专家组提出鉴定意见。设区的市级劳动能力鉴定委员会根据专家组的鉴定意见作出工伤职工劳动能力鉴定结论;必要时,可以委托具备资格的医疗机构协助进行有关的诊断。<br>(5)设区的市级劳动能力鉴定委员会应当自收到劳动能力鉴定申请之日起60日内作出劳动能力鉴定结论,必要时,作出劳动能力鉴定结论的期限可以延长30日。劳动能力鉴定结论应当及时送达申请鉴定的单位和个人。<br>(6)申请鉴定的单位或者个人对设区的市级劳动能力鉴定委员会作出的鉴定结论不服的,可以在收到该鉴定结论之日起15日内向省、自治区、直辖市劳动能力鉴定委员会提出再次鉴定申请。省、自治区、直辖市劳动能力鉴定委员会作出的劳动能力鉴定结论为最终结论。<br>(7)劳动能力鉴定工作应当客观、公正。劳动能力鉴定委员会组成人员或者参加鉴定的专家与当事人有利害关系的,应当回避。<br>(8)自劳动能力鉴定结论作出之日起1年后,工伤职工或者其近亲属、所在单位或者经办机构认为伤残情况发生变化的,可以申请劳动能力复查鉴定 |

## 考点4　工伤保险待遇

| 项目 | 具体内容 |
| --- | --- |
| 工伤保险待遇 | 职工因工致残被鉴定为一级至四级伤残的,保留劳动关系,退出工作岗位,享受以下待遇:<br>(1)从工伤保险基金按伤残等级支付一次性伤残补助金,标准为:一级伤残为27个月的本人工资,二级伤残为25个月的本人工资,三级伤残为23个月的本人工资,四级伤残为21个月的本人工资。<br>(2)从工伤保险基金按月支付伤残津贴,标准为:一级伤残为本人工资的90%,二级伤残为本人工资的85%,三级伤残为本人工资的80%,四级伤残为本人工资的75%。伤残津贴实际金额低于当地最低工资标准的,由工伤保险基金补足差额。<br>(3)工伤职工达到退休年龄并办理退休手续后,停发伤残津贴,按照国家规定享受基本养老保险待遇,基本养老保险待遇低于伤残津贴的由工伤保险基金补足差额 |

续表

| 项目 | 具体内容 |
| --- | --- |
| 工伤保险待遇 | 职工因工致残被鉴定为一级至四级伤残的,由用人单位和职工个人以伤残津贴为基数,缴纳基本医疗保险费。<br>职工因工致残被鉴定为五级、六级伤残的,享受以下待遇:<br>(1)从工伤保险基金按伤残等级支付一次性伤残补助金,标准为:五级伤残为18个月的本人工资,六级伤残为16个月的本人工资。<br>(2)保留与用人单位的劳动关系,由用人单位安排适当工作。难以安排工作的,由用人单位按月发给伤残津贴,标准为:五级伤残为本人工资的70%,六级伤残为本人工资的60%,并由用人单位按照规定为其缴纳应缴纳的各项社会保险费。伤残津贴实际金额低于当地最低工资标准的,由用人单位补足差额。<br>经工伤职工本人提出,该职工可以与用人单位解除或者终止劳动关系,由工伤保险基金支付一次性工伤医疗补助金,由用人单位支付一次性伤残就业补助金。一次性工伤医疗补助金和一次性伤残就业补助金的具体标准由省、自治区、直辖市人民政府规定。<br>职工因工致残被鉴定为七级至十级伤残的,享受以下待遇:<br>(1)从工伤保险基金按伤残等级支付一次性伤残补助金,标准为:七级伤残为13个月的本人工资,八级伤残为11个月的本人工资,九级伤残为9个月的本人工资,十级伤残为7个月的本人工资。<br>(2)劳动、聘用合同期满终止,或者职工本人提出解除劳动、聘用合同的,由工伤保险基金支付一次性工伤医疗补助金,由用人单位支付一次性伤残就业补助金。一次性工伤医疗补助金和一次性伤残就业补助金的具体标准由省、自治区、直辖市人民政府规定 |

# 第五节　安全生产投入

## 考点1　安全生产投入的基本要求

| 项目 | 具体内容 |
| --- | --- |
| 基本要求 | (1)《安全生产法》规定:生产经营单位应当具备的安全生产条件所必需的资金投入,由生产经营单位的决策机构、主要负责人或者个人经营的投资人予以保证,并对由于安全生产所必需的资金投入不足导致的后果承担责任。<br>(2)《国务院关于进一步加强安全生产工作的决定》规定:建立企业提取安全费用制度。为保证安全生产所需资金投入,形成企业安全生产投入的长效机制,借鉴煤矿提取安全费用的经验,在条件成熟后,逐步建立对高危行业生产企业提取安全费用制度。企业安全费用的提取,要根据地区和行业的特点,分别确定提取标准,由企业自行提取,专户储存,专项用于安全生产。<br>(3)生产经营单位是安全生产的责任主体,也是安全生产费用提取、使用和管理的主体 |

## 考点2 安全生产费用的使用和管理

| 项目 | 具体内容 |
| --- | --- |
| 责任主体 | (1)保证必要的安全生产投入是实现安全生产的重要基础。<br>(2)安全生产投入资金具体由谁来保证,应根据企业的性质而定。一般说来,股份制企业、合资企业等安全生产投入资金由董事会予以保证;一般国有企业由厂长或者经理予以保证;个体工商户等个体经济组织由投资人予以保证。<br>(3)上述保证人承担由于安全生产所必需的资金投入不足而导致事故后果的法律责任 |
| 安全生产费用的使用 | (1)完善、改造和维护安全防护设备、设施的支出。其中:①矿山企业安全设备设施是指矿山综合防尘、地质监控、防灭火、防治水、危险气体监测、通风系统,支护及防治片帮滑坡设备、机电设备、供配电系统、运输(提升)系统以及尾矿库(坝)等。②危险品生产企业安全设备设施是指车间、库房等作业场所的监控、监测、通风、防晒、调温、防火、灭火、防爆、泄压、防毒、消毒、中和、防潮、防雷、防静电、防腐、防渗漏、防护围堤或者隔离操作等设施设备。③道路交通运输企业安全设备设施是指运输工具安全状况检测及维护系统、运输工具附属安全设备等。<br>(2)配备必要的应急救援器材、设备和现场作业人员安全防护物品支出。<br>(3)安全生产检查与评价支出。<br>(4)重大危险源、重大事故隐患的评估、整改、监控支出。<br>(5)安全技能培训及进行应急救援演练支出。<br>(6)其他与安全生产直接相关的支出 |
| 安全生产费用的管理 | (1)生产经营单位应制定安全生产投入的管理制度,明确具体的使用范围、管理程序、监督程序,每年完成后应及时总结项目和费用的完成情况。<br>(2)在年度财务会计报告中,生产经营单位应当披露安全费用提取和使用的具体情况,接受安全生产监督管理部门和财政部门的监督。<br>(3)生产经营单位违规提取和使用安全费用的,政府安全生产监督管理部门应当会同财政部门责令其限期改正,予以警告。<br>(4)逾期不改正的,由安全生产监督管理部门按照相关法规进行处理 |

## 考点3 安全生产责任保险

| 项目 | 具体内容 |
| --- | --- |
| 安全生产责任保险概述 | 安全生产责任保险是生产经营单位在发生生产安全事故以后对死亡、伤残者履行赔偿责任的保险,对维护社会安定和谐具有重要作用。对于高危行业分布广泛、伤亡事故时有发生的地区,发展安全生产责任保险,用责任保险等经济手段加强和改善安全生产管理,是强化安全事故风险管控的重要措施。安全生产责任保险有利于增强安全生产意识,防范事故发生,促进地区安全生产形势稳定好转;有利于预防和化解社会矛盾,减 |

续表

<table>
<tr><th>项目</th><th>具体内容</th></tr>
<tr><td>安全生产责任保险概述</td><td>轻各级政府在事故发生后的救助负担;有利于维护人民群众根本利益,促进经济健康运行,保持社会稳定。<br>针对高危行业开办的险别,不仅可承保因企业在生产经营过程中,发生生产安全事故所造成的伤亡或者下落不明,还可对应附加医疗费用、第三者责任及事故应急救援和善后处理费用。<br>保险费根据被保险人营业性质及参保人数对应选择不同的赔偿限额计收。<br>1. 主险责任<br>在保险期间,被保险人的工作人员在中华人民共和国境内因下列情形导致伤残或死亡依法应由被保险人承担的经济赔偿责任,保险人应按照保险合同的约定负责赔偿:<br>(1)在工作时间和工作场所内,因工作原因受到安全生产事故伤害。<br>(2)工作时间前后在工作场所内,从事与履行其工作职责有关的预备性或者收尾性工作受到安全生产事故伤害。<br>(3)在工作时间和工作场所内,因履行工作职责受到暴力等意外伤害。<br>(4)因工外出期间,由于工作原因受到伤害或者发生事故下落不明。<br>(5)在上下班途中,受到交通及意外事故伤害。<br>(6)在工作时间和工作岗位,突发疾病死亡或者在 48 h 之内经抢救无效死亡。<br>(7)根据法律、行政法规规定应当认定为安全生产事故的其他情形。<br>2. 附加第三者责任<br>在保险期间,被保险人合法聘用的工作人员在被保险人的工作场所内,受雇从事保险单明细表所载明的被保险人的业务过程中,发生安全生产事故,造成第三者死亡,依法应由被保险人承担的经济赔偿责任,保险人按照附加险合同和主险合同的约定负责赔偿。<br>3. 附加施救及事故善后处理费用保险责任<br>在保险期间,被保险人的工作人员因主险条款所列情形导致的伤残或死亡,被保险人因采取必要、合理的施救及事故善后处理措施而支出的下列费用,保险人按照附加险合同和主险合同的约定负责赔偿:<br>(1)现场施救费用。<br>(2)参与事故处理人员的加班费、住宿费、交通费、餐费以及生活补助费。<br>4. 附加医疗费用保险责任<br>在保险期间,被保险人的工作人员因主险条款所列情形导致的伤残或死亡,依照中华人民共和国法律应由被保险人承担的医疗费用,保险人按照附加险合同和主险合同的约定负责赔偿</td></tr>
<tr><td>《安全生产责任保险实施办法》的相关规定</td><td>2017 年 12 月 12 日,《关于印发〈安全生产责任保险实施办法〉的通知》(安监总办〔2017〕140 号)明确规定,根据《中共中央国务院关于推进安全生产领域改革发展的意见》关于建立健全安全生产责任保险制度的要求,为进一步规范安全生产责任保险工</td></tr>
</table>

续表

| 项目 | 具体内容 |
| --- | --- |
| 《安全生产责任保险实施办法》的相关规定 | 作,切实发挥保险机构参与风险评估管控和事故预防功能,国家安全监管总局(现已并入应急管理部)、保监会(现合并为银保监会)、财政部制定了《安全生产责任保险实施办法》。<br>第一章　总则<br>第一条　为了规范安全生产责任保险工作,强化事故预防,切实保障投保的生产经营单位及有关人员的合法权益,根据相关法律法规和规定,制定《安全生产责任保险实施办法》。<br>第二条　安全生产责任保险是指保险机构对投保的生产经营单位发生的生产安全事故造成的人员伤亡和有关经济损失等予以赔偿,并且为投保的生产经营单位提供生产安全事故预防服务的商业保险。<br>第三条　按照《安全生产责任保险实施办法》请求的经济赔偿,不影响参保的生产经营单位从业人员(含劳务派遣人员,下同)依法请求工伤保险赔偿的权利。<br>第四条　坚持风险防控、费率合理、理赔及时的原则,按照政策引导、政府推动、市场运作的方式推行安全生产责任保险工作。<br>第五条　安全生产责任保险的保费由生产经营单位缴纳,不得以任何方式摊派给从业人员个人。<br>第六条　煤矿、非煤矿山、危险化学品、烟花爆竹、交通运输、建筑施工、民用爆炸物品、金属冶炼、渔业生产等高危行业领域的生产经营单位应当投保安全生产责任保险。鼓励其他行业领域生产经营单位投保安全生产责任保险。各地区可针对本地区安全生产特点,明确应当投保的生产经营单位。对存在高危粉尘作业、高毒作业或其他严重职业病危害的生产经营单位,可以投保职业病相关保险。对生产经营单位已投保的与安全生产相关的其他险种,应当增加或将其调整为安全生产责任保险,增强事故预防功能。<br>第二章　承保与投保<br>第七条　承保安全生产责任保险的保险机构应当具有相应的专业资质和能力,主要包含以下方面:<br>(1)商业信誉情况。<br>(2)偿付能力水平。<br>(3)开展责任保险的业绩和规模。<br>(4)拥有风险管理专业人员的数量和相应专业资格情况。<br>(5)为生产经营单位提供事故预防服务情况。<br>第八条　根据实际需要,鼓励保险机构采取共保方式开展安全生产责任保险工作。<br>第九条　安全生产责任保险的保险责任包括投保的生产经营单位的从业人员人身伤亡赔偿,第三者人身伤亡和财产损失赔偿,事故抢险救援、医疗救护、事故鉴定、法律诉讼等费用。保险机构可以开发适应各类生产经营单位安全生产保障需求的个性化保险产品 |

续表

<table>
<tr><th>项目</th><th>具体内容</th></tr>
<tr><td>《安全生产责任保险实施办法》的相关规定</td><td>第十条　除被依法关闭取缔、完全停止生产经营活动外，应当投保安全生产责任保险的生产经营单位不得延迟续保、退保。<br>第十一条　制定各行业领域安全生产责任保险基准指导费率，实行差别费率和浮动费率。建立费率动态调整机制，费率调整根据以下因素综合确定：<br>（1）事故记录和等级。费率调整根据生产经营单位是否发生事故、事故次数和等级确定，可以根据发生人员伤亡的一般事故、较大事故、重大及以上事故次数进行调整。<br>（2）其他。投保生产经营单位的安全风险程度、安全生产标准化等级、隐患排查治理情况、安全生产诚信等级、是否被纳入安全生产领域联合惩戒“黑名单”、赔付率等。<br>各地区可以参考以上因素，根据不同行业领域实际情况进一步确定具体的费率浮动。<br>第十二条　生产经营单位投保安全生产责任保险的保障范围应当覆盖全体从业人员。<br>第三章　事故预防与理赔<br>第十三条　保险机构应当建立生产安全事故预防服务制度，协助投保的生产经营单位开展以下工作：<br>（1）安全生产和职业病防治宣传教育培训。<br>（2）安全风险辨识、评估和安全评价。<br>（3）安全生产标准化建设。<br>（4）生产安全事故隐患排查。<br>（5）安全生产应急预案编制和应急救援演练。<br>（6）安全生产科技推广应用。<br>（7）其他有关事故预防工作。<br>第十四条　保险机构应当按照上述规定的服务范围，在安全生产责任保险合同中约定具体服务项目及频次。保险机构开展安全风险评估、生产安全事故隐患排查等服务工作时，投保的生产经营单位应当予以配合，并对评估发现的生产安全事故隐患进行整改；对拒不整改重大事故隐患的，保险机构可在下一投保年度上浮保险费率，并报告安全生产监督管理部门和相关部门。<br>第十五条　保险机构应当严格按照合同约定及时赔偿保险金；建立快速理赔机制，在事故发生后按照法律规定或者合同约定先行支付确定的赔偿保险金。生产经营单位应当及时将赔偿保险金支付给受伤人员或者死亡人员的受益人（以下统称受害人），或者请求保险机构直接向受害人赔付。生产经营单位怠于请求的，受害人有权就其应获赔偿部分直接向保险机构请求赔付。<br>第十六条　同一生产经营单位的从业人员获取的保险金额应当实行同一标准，不得因用工方式、工作岗位等差别对待。<br>第十七条　各地区根据实际情况确定安全生产责任保险中涉及人员死亡的最低赔偿金额，每死亡1人按不低于30万元赔偿，并按本地区城镇居民上一年度人均可支配收入的变化进行调整。对未造成人员死亡事故的赔偿保险金额度在保险合同中约定</td></tr>
</table>

续表

<table>
<tr><th>项目</th><th>具体内容</th></tr>
<tr><td>《安全生产责任保险实施办法》的相关规定</td><td>第四章　激励与保障<br>第十八条　安全生产监督管理部门和有关部门应当将安全生产责任保险投保情况作为生产经营单位安全生产标准化、安全生产诚信等级等评定的必要条件,作为安全生产与职业健康风险分类监管,以及取得安全生产许可证的重要参考。安全生产和职业病预防相关法律法规另有规定的,从其规定。<br>第十九条　各地区应当在安全生产相关财政资金投入、信贷融资、项目立项、进入工业园区以及相关产业扶持政策等方面,在同等条件下优先考虑投保安全生产责任保险的生产经营单位。<br>第二十条　对赔付及时、事故预防成效显著的保险机构,纳入安全生产诚信管理体系,实行联合激励。<br>第二十一条　各地区将推行安全生产责任保险情况,纳入对本级政府有关部门和下级人民政府安全生产工作巡查和考核内容。<br>第二十二条　鼓励安全生产社会化服务机构为保险机构开展生产安全事故预防提供技术支撑。<br>第五章　监督与管理<br>第二十三条　建立安全生产监督管理部门和保险监督管理机构信息共享机制。安全生产监督管理部门和有关部门应当建立安全生产责任保险信息管理平台,并与安全生产监管信息平台对接,对保险机构开展生产安全事故预防服务及服务费用支出使用情况定期进行分析评估。安全生产监督管理部门可以引入第三方机构对安全生产责任保险信息管理平台进行建设维护及对保险机构开展预防服务情况开展评估,并依法保守有关商业秘密。<br>第二十四条　支持投保的生产经营单位、保险机构和相关社会组织建立协商机制,加强自主管理。<br>第二十五条　安全生产监督管理部门、保险监督管理机构和有关部门应当依据工作职责依法加强对生产经营单位和保险机构的监督管理,对实施安全生产责任保险情况开展监督检查。<br>第二十六条　对生产经营单位应当投保但未按规定投保或续保、将保费以各种形式摊派给从业人员个人、未及时将赔偿保险金支付给受害人的,保险机构预防费用投入不足、未履行事故预防责任、委托不合法的社会化服务机构开展事故预防工作的,安全生产监督管理部门、保险监督管理机构及有关部门应当提出整改要求;对拒不整改的,应当将其纳入安全生产领域联合惩戒“黑名单”管理,对违反相关法律法规规定的,依法追究其法律责任。<br>第二十七条　相关部门及其工作人员在对安全生产责任保险的监督管理中收取贿赂、滥用职权、玩忽职守、徇私舞弊的,依法依规对相关责任人严肃追责;涉嫌犯罪的,移交司法机关依法处理</td></tr>
</table>

# 第五章　应急管理

## 知识框架

- 应急管理
  - 应急管理体系建设
    - 事故应急救援的基本任务和特点
    - 事故应急救援体系的基本构建
  - 应急预案制定和演练
    - 事故应急预案的作用
    - 事故应急预案的基本要求
    - 事故应急预案的主要内容
    - 应急演练的定义、目的与原则
    - 应急演练的类型
  - 应急准备与响应

## 考点精讲

## 第一节　应急管理体系建设

### 考点1　事故应急救援的基本任务和特点

| 项目 | 具体内容 |
| --- | --- |
| 基本任务 | 1. 总目标<br>总目标是通过有效的应急救援行动，尽可能地降低事故的后果，包括人员伤亡、财产损失和环境破坏等。<br>2. 基本任务<br>(1)立即组织营救受害人员，组织撤离或者采取其他措施保护危害区域内的其他人员。抢救受害人员是应急救援的首要任务。<br>(2)迅速控制事态，并对事故造成的危害进行检测、监测，测定事故的危害区域、危害性质及危害程度。<br>(3)消除危害后果，做好现场恢复。<br>(4)查清事故原因，评估危害程度 |

续表

| 项目 | 具体内容 |
|---|---|
| 特点 | (1)不确定性和突发性。<br>(2)应急活动的复杂性。<br>(3)后果影响易猝变、激化和放大 |

## 考点2　事故应急救援体系的基本构建

| 项目 | 具体内容 |
|---|---|
| 相关法规要求 | 1.《安全生产法》规定<br>(1)生产经营单位的主要负责人具有组织制定并实施本单位的生产安全事故应急救援预案的职责。<br>(2)生产经营单位对重大危险源应当登记建档,进行定期检测、评估、监控,并制定应急预案,告知从业人员和相关人员在紧急情况下应当采取的应急措施。<br>2.《危险化学品安全管理条例》规定<br>(1)县级以上地方人民政府安监部门应当会同工信、环保、公安、卫生、交通、铁路、质检等部门,根据本地区实际情况,制定危险化学品事故应急预案,报本级人民政府批准。<br>(2)危险化学品单位应当制定本单位危险化学品事故应急预案,配备应急救援人员和必要的应急救援器材、设备,并定期组织应急救援演练。危险化学品单位应当将其危险化学品事故应急预案报所在地设区的市级人民政府安监部门备案。<br>3. 国务院《特种设备安全监察条例》规定<br>特种设备使用单位应当制定特种设备的事故应急专项预案,并定期进行事故应急演练。<br>4. 国务院《关于特大安全事故行政责任追究的规定》规定<br>市(地、州)、县(市、区)人民政府必须制定本地区特大安全事故应急处理预案 |
| 事故应急管理理论框架 | 应急管理是一个动态的过程,包括预防、准备、响应和恢复4个阶段。<br>自然灾害、事故灾难或者公共卫生事件发生后,履行统一领导职责的人民政府可以采取下列一项或者多项应急处置措施:<br>(1)组织营救和救治受害人员,疏散、撤离并妥善安置受到威胁的人员以及采取其他救助措施。<br>(2)迅速控制危险源,标明危险区域,封锁危险场所,划定警戒区,实行交通管制以及其他控制措施。<br>(3)立即抢修被损坏的交通、通信、供水、排水、供电、供气、供热等公共设施,向受到危害的人员提供避难场所和生活必需品,实施医疗救护和卫生防疫以及其他保障措施。<br>(4)禁止或者限制使用有关设备、设施,关闭或者限制使用有关场所,中止人员密集的活动或者可能导致危害扩大的生产经营活动以及采取其他保护措施 |

续表

<table>
<tr><th>项目</th><th colspan="2">具体内容</th></tr>
<tr><td>事故应急管理理论框架</td><td colspan="2">(5)启用本级人民政府设置的财政预备费和储备的应急救援物资,必要时调用其他急需物资、设备、设施、工具。<br>(6)组织公民参加应急救援和处置工作,要求具有特定专长的人员提供服务。<br>(7)保障食品、饮用水、燃料等基本生活必需品的供应。<br>(8)依法从严惩处囤积居奇、哄抬物价、制假售假等扰乱市场秩序的行为,稳定市场价格,维护市场秩序。<br>(9)依法从严惩处哄抢财物、干扰破坏应急处置工作等扰乱社会秩序的行为,维护社会治安。<br>(10)采取防止发生次生、衍生事件的必要措施</td></tr>
<tr><td rowspan="4">事故应急响应机制</td><td>一级紧急情况</td><td>(1)一级紧急情况是指必须利用所有有关部门及一切资源的紧急情况,或者需要各个部门同外部机构联合处理的各种紧急情况,通常要宣布进入紧急状态。<br>(2)在该级别中,作出主要决定的机构是紧急事务管理部门。<br>(3)现场指挥部可在现场作出保护生命和财产以及控制事态所必需的各种决定。</td></tr>
<tr><td>二级紧急情况</td><td>(1)二级紧急情况是指需要两个或更多个部门响应的紧急情况。<br>(2)该事故的救援需要有关部门的协作,并且提供人员、设备或其他资源。<br>(3)该级响应需要成立现场指挥部来统一指挥现场的应急救援行动</td></tr>
<tr><td>三级紧急情况</td><td>(1)三级紧急情况是指能被一个部门正常可利用的资源处理的紧急情况。<br>(2)正常可利用的资源指在该部门权力范围内通常可以利用的应急资源,包括人力和物力等。<br>(3)必要时,该部门可以建立一个现场指挥部,所需的后勤支持、人员或其他资源增援由本部门负责解决</td></tr>
<tr><td>事故应急救援响应程序</td><td>(1)接警。<br>(2)警情判断及响应级别。<br>(3)应急启动。<br>(4)救援行动。<br>(5)事态控制。<br>(6)应急恢复。<br>(7)应急结束(关闭)</td></tr>
</table>

# 第二节　应急预案制定和演练

## 考点1　事故应急预案的作用

| 项目 | 具体内容 |
| --- | --- |
| 事故应急预案的作用 | (1)确定了应急救援的范围和体系,使应急管理不再无据可依、无章可循。<br>(2)有利于做出及时的应急响应,降低事故后果。<br>(3)是各类突发重大事故的应急基础。<br>(4)建立了与上级单位和部门应急救援体系的衔接。<br>(5)有利于提高风险防范意识 |

## 考点2　事故应急预案的基本要求

| 项目 | 具体内容 |
| --- | --- |
| 事故应急预案的基本要求 | (1)符合有关法律、法规、规章和标准的规定。<br>(2)结合本地区、本部门、本单位的安全生产实际情况。<br>(3)结合本地区、本部门、本单位的危险性分析情况。<br>(4)应急组织和人员的职责分工明确,并有具体的落实措施。<br>(5)有明确、具体的应急程序和处置措施,并与其应急能力相适应。<br>(6)有明确的应急保障措施,并能满足本地区、本部门、本单位的应急工作要求。<br>(7)预案基本要素齐全、完整,预案附件提供的信息准确。<br>(8)预案内容与相关应急预案相互衔接 |

## 考点3　事故应急预案的主要内容

| 项目 | 具体内容 | |
| --- | --- | --- |
| 概况 | 主要描述生产经营单位概况以及危险特性状况等,同时对紧急情况下应急事件、适用范围和方针原则等提供简述并作必要说明 | |
| 事故预防 | 预防程序是对潜在事故、可能的次生与衍生事故进行分析并说明所采取的预防和控制事故的措施 | |
| | 危险分析 | (1)危险识别。<br>(2)脆弱性分析。<br>(3)风险分析 |
| | 资源分析 | (1)针对危险分析所确定的主要危险,明确应急救援所需的资源,列出可用的应急力量和资源。<br>(2)包括:①各类应急力量的组成及分布情况。②各种重要应急设备、物资的准备情况。③上级救援机构或周边可用的应急资源 |

续表

<table>
<tr><th>项目</th><th colspan="2">具体内容</th></tr>
<tr><td>事故预防</td><td>法律法规要求</td><td>编制预案前，应调研国家和地方有关应急预案、事故预防、应急准备、应急响应和恢复相关的法律法规文件，以作为预案编制的依据和授权</td></tr>
<tr><td>准备程序</td><td colspan="2">(1)机构与职责。<br>①应急机构组织体系包括城市应急管理的领导机构、应急响应中心以及各有关机构部门等。<br>②对应急救援中承担任务的所有应急组织，应明确相应的职责、负责人、候补人及联络方式。<br>(2)应急资源。<br>应急资源的准备包括合理组建专业和社会救援力量，配备应急救援中所需的各种救援机械和装备、监测仪器、堵漏和清消材料、交通工具、个体防护装备、医疗器械和药品、生活保障物资等，并定期检查、维护与更新，保证始终处于完好状态。<br>(3)教育、培训与演习。<br>提高公众意识和自我保护能力、应急演习等方面。<br>(4)互助协议</td></tr>
<tr><td>应急程序</td><td colspan="2">(1)在应急救援过程中，存在一些必需的核心功能和任务，如接警与通知、指挥与控制、警报和紧急公告、通信、事态监测与评估、警戒与治安、人群疏散与安置、医疗与卫生、公共关系、应急人员安全、消防和抢险、泄漏物控制等，无论何种应急过程都必须围绕上述功能和任务开展。<br>(2)应急程序主要指实施上述核心功能和任务的程序和步骤</td></tr>
<tr><td>现场恢复</td><td colspan="2">(1)也可称为紧急恢复，是指事故被控制住后所进行的短期恢复。<br>(2)该部分主要内容应包括：①宣布应急结束的程序。②撤离和交接程序。③恢复正常状态的程序。④现场清理和受影响区域的连续检测。⑤事故调查与后果评价等</td></tr>
<tr><td>预案管理与评审改进</td><td colspan="2">(1)应急预案是应急救援工作的指导文件。<br>(2)应当对预案的制定、修改、更新、批准和发布做出明确的管理规定，保证定期或在应急演习、应急救援后对应急预案进行评审和改进，针对各种实际情况的变化以及预案应用中所暴露出的缺陷，持续地改进，以不断地完善应急预案体系</td></tr>
</table>

## 考点4　应急演练的定义、目的与原则

| 项目 | 具体内容 |
|---|---|
| 定义 | 各级政府部门、企事业单位、社会团体，组织相关应急人员与群众，针对待定的突发事件假想情景，按照应急预案所规定的职责和程序，在特定的时间和地域，执行应急响应任务的训练活动 |
| 目的 | 检验预案、完善准备、锻炼队伍、磨合机制、科普宣教 |
| 地位 | 是应急管理的重要环节，在应急管理工作中有着十分重要的作用 |

续表

| 项目 | 具体内容 |
| --- | --- |
| 原则 | (1)结合实际、合理定位。<br>(2)着眼实战、讲求实效。<br>(3)精心组织、确保安全。<br>(4)统筹规划、厉行节约 |
| 作用 | (1)实现评估应急准备状态,发现并及时修改应急预案、执行程序等相关工作的缺陷和不足。<br>(2)评估突发公共事件应急能力,识别资源需求,澄清相关机构、组织和人员的职责,改善不同机构、组织和人员之间的协调问题。<br>(3)通过演练手段,检验应急响应人员对应急预案、执行程序的具体了解程度和实际操作技能,评估人员的应急培训效果,分析培训需求。<br>(4)作为一种培训手段,通过调整演练难度,可以进一步提高应急响应人员的业务素质和能力。<br>(5)促进公众、媒体对应急预案的理解,争取他们对应急工作的支持 |

## 考点5 应急演练的类型

| 项目 | | 具体内容 |
| --- | --- | --- |
| 按照组织方式及目标重点的不同分类 | 桌面演练 | (1)桌面演练是一种圆桌讨论或演习活动。<br>(2)其目的是使各级应急部门、组织和个人在较轻松的环境下,明确和熟悉应急预案中所规定的职责和程序,提高协调配合及解决问题的能力。<br>(3)桌面演练的情景和问题通常以口头或书面叙述的方式呈现,也可以使用地图、沙盘、计算机模拟、视频会议等辅助手段,有时被分别称为图上演练、沙盘演练、计算机模拟演练、视频会议演练等 |
| | 现场演练 | (1)现场演练是以现场实战操作的形式开展的演练活动。<br>(2)参演人员在贴近实际状况和高度紧张的环境下,根据演练情景的要求,通过实际操作完成应急响应任务,以检验和提高相关应急人员的组织指挥、应急处置以及后勤保障等综合应急能力 |
| 按演练内容分类 | 单项演练 | (1)单项演练是指只涉及应急预案中特定应急响应功能或现场处置方案中一系列应急响应功能的演练活动。<br>(2)注重针对一个或少数几个参与单位(岗位)的特定环节和功能进行检验 |
| | 综合演练 | (1)综合演练是指涉及应急预案中多项或全部应急响应功能的演练活动。<br>(2)注重对多个环节和功能进行检验,特别是对不同单位之间应急机制和联合应对能力的检验 |

续表

| 项目 | 具体内容 | |
|---|---|---|
| 按演练目的和作用分类 | 检验性演练 | 检验性演练是指为了检验应急预案的可行性及应急准备的充分性而组织的演练 |
| | 示范性演练 | 示范性演练是指为了向参观、学习人员提供示范,为普及宣传应急知识而组织的观摩性演练 |
| | 研究性演练 | 研究性演练是为了研究突发事件应急处置的有效方法,试验应急技术、设施和设备,探索存在问题的解决方案等而组织的演练 |

# 第三节　应急准备与响应

## 考点　应急准备与响应

| 项目 | 具体内容 |
|---|---|
| 演练前检查 | (1)演练实施当天,演练组织机构的相关人员应在演练开始前提前到达现场,对演练所用的设备设施等的情况进行检查,确保其正常工作。<br>(2)按照演练安全保障工作安排,对进入演练场所的人员进行登记和身份核查,防止无关人员进入 |
| 演练前情况说明和动员 | (1)导演组完成事故应急演练准备,以及对演练方案、演练场地、演练设施、演练保障措施的最后调整后,应在演练前夕分别召开控制人员、评估人员、演练人员的情况介绍会,确保所有演练参与人员了解演练现场规则以及演练情景和演练计划中与各自工作相关的内容。<br>(2)演练模拟人员和观摩人员一般参加控制人员情况介绍会。<br>(3)导演组可向演练人员分发演练人员手册,说明演练适用范围、演练大致日期(不说明具体时间)、参与演练的应急组织、演练目标的大致情况、演练现场规则、采取模拟方式进行演练的行动等信息。<br>(4)演练过程中,如果某些应急组织的应急行为由控制人员或模拟人员以模拟方式进行演示,则演练人员应了解这些情况,并掌握相关控制人员或模拟人员的通讯联系方式,以免演练时与实际应急组织发生联系 |
| 演练启动 | (1)示范性演练一般由演练总指挥或演练组织机构相关成员宣布演练开始并启动演练活动。<br>(2)检验性和研究性演练,一般在到达演练时间节点,演练场景出现后,自行启动 |
| 演练执行 | 1. 现场演练<br>应急演练活动一般始于报警消息,在此过程中,参演应急组织和人员应尽可能按实际紧急事件发生时的响应要求进行演示,即"自由演示",由参演应急组织和人员根据自己 |

续表

| 项目 | 具体内容 |
| --- | --- |
| 演练执行 | 关于最佳解决办法的理解，对情景事件做出响应行动。<br>2. 桌面演练<br>桌面演练的执行通常是五个环节的循环往复：<br>（1）演练信息注入。<br>（2）问题提出。<br>（3）决策分析。<br>（4）决策结果表达。<br>（5）点评。<br>3. 演练解说<br>（1）在演练实施过程中，演练组织单位可以安排专人对演练过程进行解说。<br>（2）解说内容一般包括演练背景描述、进程讲解、案例介绍、环境渲染等。<br>（3）对于有演练脚本的大型综合性示范演练，可按照脚本中的解说词进行讲解。<br>4. 演练记录<br>演练实施过程中，一般要安排专门人员，采用文字、照片和音像等手段记录演练过程。<br>5. 演练宣传报道<br>（1）演练宣传组按照演练宣传方案做好演练宣传报道工作。<br>（2）认真做好信息采集、媒体组织、广播电视节目现场采编和播报等工作，扩大演练的宣传教育效果。<br>（3）对涉密应急演练要做好相关保密工作 |
| 演练结束与意外终止 | （1）演练完毕，由总策划发出结束信号，演练总指挥或总策划宣布演练结束。<br>（2）演练结束后所有人员停止演练活动，按预定方案集合进行现场总结讲评或者组织疏散。<br>（3）保障部负责组织人员对演练场地进行清理和恢复。<br>（4）演练实施过程中出现下列情况，经演练领导小组决定，由演练总指挥或总策划按照事先规定的程序和指令终止演练：①出现真实突发事件，需要参演人员参与应急处置时，要终止演练，使参演人员迅速回归其工作岗位，履行应急处置职责。②出现特殊或意外情况，短时间内不能妥善处理或解决时，可提前终止演练 |
| 现场点评会 | （1）演练组织单位演练活动结束后，应组织针对本次演练现场点评会。<br>（2）包括专家点评、领导点评、演练参与人员的现场信息反馈等 |
| 文件归档与备案 | （1）演练组织单位在演练结束后应将演练计划、演练方案、各种演练记录（包括各种音像资料）、演练评估报告、演练总结报告等资料归档保存。<br>（2）对于由上级有关部门布置或参与组织的演练，或者法律、法规、规章要求备案的演练，演练组织单位应当将相关资料报有关部门备案 |

# 第六章　生产安全事故与安全生产统计分析

## 知识框架

- 生产安全事故与安全生产统计分析
  - 生产安全事故报告、调查、处理
    - 生产安全事故报告
    - 生产安全事故调查
    - 生产安全事故处理
  - 安全生产统计分析
    - 事故统计的范围和内容
    - 经济损失的统计与计算方法

## 考点精讲

## 第一节　生产安全事故报告、调查、处理

### 考点 1　生产安全事故报告

| 项目 | 具体内容 |
| --- | --- |
| 事故上报的时限和部门 | (1)生产安全事故发生后,事故现场有关人员应当立即向本单位负责人报告。<br>(2)单位负责人接到报告后,应当于 1 小时内向事故发生地县级以上人民政府安全生产监督管理部门和负有安全生产监督管理职责的有关部门报告。<br>(3)情况紧急时,事故现场有关人员可以直接向事故发生地县级以上人民政府安全生产监督管理部门和负有安全生产监督管理职责的有关部门报告。<br>(4)如果,现场条件特别复杂,难以准确判定事故等级,情况十分危急,上一级部门没有足够能力开展应急救援工作,或者事故性质特殊、社会影响特别重大时,就应当允许越级上报事故。<br>(5)安全生产监督管理部门和负有安全生产监督管理职责的有关部门逐级上报事故情况,每级上报的时间不得超过 2 小时。<br>(6)所谓"2 小时"起点是指接到下级部门报告的时间,以特别重大事故的报告为例,按照报告时限要求的最大值计算,从单位负责人报告县级管理部门,再由县级管理部门报告市级管理部门、市级管理部门报告省级管理部门、省级管理部门报告国务院管理部门,直至最后报至国务院,总共所需时间为 9 小时 |

续表

| 项目 | 具体内容 |
|---|---|
| 事故的补报 | 事故报告后出现新情况的,应当及时补报:<br>(1)自事故发生之日起30日内,事故造成的伤亡人数发生变化的,应当及时补报。<br>(2)道路交通事故、火灾事故自发生之日起7日内,事故造成的伤亡人数发生变化的,应当及时补报。<br>(3)上报事故的首要原则是及时 |
| 不同级别事故上报单位 | 安全生产监督管理部门和负有安全生产监督管理职责的有关部门接到事故报告后,应当依照下列规定上报事故情况,并通知公安机关、劳动保障行政部门、工会和人民检察院。<br>(1)特别重大事故、重大事故逐级报至国务院安监部门和有关部门。<br>(2)较大事故逐级报至省级安监部门和有关部门。<br>(3)一般事故报至设区的市级安监部门和有关部门 |
| 事故上报内容 | (1)事故发生单位概况。<br>(2)事故发生的时间、地点以及事故现场情况。<br>(3)事故的简要经过。<br>(4)事故已经造成或者可能造成的伤亡人数(包括下落不明的人数)和初步估计的直接经济损失。<br>(5)已经采取的措施。<br>(6)其他应当报告的情况 |

## 考点2　生产安全事故调查

| 项目 | 具体内容 |
|---|---|
| 事故调查工作的要求 | (1)事故调查处理应当坚持实事求是、尊重科学的原则,及时准确地查清事故经过、事故原因和事故损失,查明事故性质,认定事故责任,总结事故教训。提出整改措施并对事故责任者依法追究责任。<br>(2)县级以上人民政府应当依照《生产安全事故报告和调查处理条例》的规定,严格履行职责,及时、准确地完成事故调查处理工作。<br>(3)事故发生地有关地方人民政府应当支持、配合上级人民政府或者有关部门的事故调查处理工作,并提供必要的便利条件。<br>(4)参加事故调查处理的部门和单位应当互相配合,提高事故调查处理工作的效率。<br>(5)工会依法参加事故调查处理,有权向有关部门提出处理意见。<br>(6)任何单位和个人不得阻挠和干涉对事故的报告和依法调查处理 |
| 组织原则与影响 | (1)事故调查工作实行"政府领导、分级负责"的原则。<br>(2)特别重大事故由国务院,或者国务院授权有关部门组织事故调查组进行调查。<br>(3)重大事故、较大事故、一般事故分别由事故发生地省级人民政府、设区的市级人民政府、县级人民政府负责调查 |

续表

| 项目 | 具体内容 |
|---|---|
| 组织原则与影响 | (4)下列情况下，上级人民政府可以调查由下级人民政府负责调查的事故：①事故性质恶劣、社会影响较大的；②同一地区连续频繁发生同类事故的；③事故发生地不重视安全生产工作、不能真正吸取事故教训的；④社会和群众对下级政府调查的事故反响十分强烈的；⑤事故调查难以做到客观、公正的。<br>(5)自事故发生之日起30日内(道路交通事故、火灾事故自发生之日起7日内)，因事故伤亡人数变化导致事故等级发生变化，应当由上级人民政府负责调查的，上级人民政府可以另行组织事故调查组进行调查。<br>(6)特别重大事故以下等级事故，事故发生地与事故发生单位不在同一个县级以上行政区域的，由事故发生地人民政府负责调查，事故发生单位所在地人民政府应当派人参加 |

## 考点3　生产安全事故处理

| 项目 | 具体内容 |
|---|---|
| 生产安全事故处理相关规定 | (1)重大事故、较大事故、一般事故，负责事故调查的人民政府应当自收到事故调查报告之日起15日内做出批复；特别重大事故，30日内做出批复，特殊情况下，批复时间可以适当延长，但延长的时间最长不超过30日。<br>(2)有关机关应当按照人民政府的批复，依照法律、行政法规规定的权限和程序，对事故发生单位和有关人员进行行政处罚，对负有事故责任的国家工作人员进行处分。<br>(3)事故发生单位应当按照负责事故调查的人民政府的批复，对本单位负有事故责任的人员进行处理。<br>(4)负有事故责任的人员涉嫌犯罪的，依法追究刑事责任。<br>(5)事故发生单位应当认真吸取事故教训，落实防范和整改措施，防止事故再次发生。防范和整改措施的落实情况应当接受工会和职工的监督。<br>(6)安全生产监督管理部门和负有安全生产监督管理职责的有关部门应当对事故发生单位落实防范和整改措施的情况进行监督检查。<br>(7)事故处理的情况由负责事故调查的人民政府或者其授权的有关部门、机构向社会公布，依法应当保密的除外 |

# 第二节　安全生产统计分析

## 考点1　事故统计的范围和内容

| 项目 | 具体内容 |
|---|---|
| 事故统计的范围和内容 | (1)伤亡事故统计的范围：中华人民共和国领域内从事生产经营活动的单位。<br>(2)统计内容：①企业的基本情况；②各类事故发生的起数；③伤亡人数；④伤亡程度；⑤事故类别；⑥事故原因；⑦直接经济损失 |

## 考点2 经济损失的统计与计算方法

<table>
<tr><th>项目</th><th colspan="2">具体内容</th></tr>
<tr><td>直接经济损失的统计</td><td colspan="2">(1)人身伤亡后所支出的费用:①医疗费用(含护理费用);②丧葬及抚恤费用;③补助及救济费用;④歇工工资。<br>(2)善后处理费用:①处理事故的事务性费用;②现场抢救费用;③清理现场费用;④事故罚款和赔偿费用。<br>(3)财产损失价值:固定资产损失价值和流动资产损失价值。<br>①固定资产损失价值按下列情况计算:报废的固定资产,以固定资产净值减去残值计算;损坏的固定资产,以修复费用计算。<br>②流动资产损失价值按下列情况计算:原材料、燃料、辅助材料等均按账面值减去残值计算;成品、半成品、在制品等均以企业实际成本减去残值计算</td></tr>
<tr><td>间接经济损失的统计</td><td colspan="2">(1)停产、减产损失价值。<br>(2)工作损失价值。<br>(3)资源损失价值。<br>(4)处理环境污染的费用。<br>(5)补充新职工的培训费用。<br>(6)其他损失费用</td></tr>
<tr><td rowspan="4">计算方法</td><td>经济损失计算</td><td>$$E = E_d + E_i$$<br>式中:$E$——经济损失,万元;<br>$E_d$——直接经济损失,万元;<br>$E_i$——间接经济损失,万元</td></tr>
<tr><td>工作损失价值计算</td><td>$$V_W = D_L M/(SD)$$<br>式中:$V_W$——工作损失价值,万元;<br>$D_L$——一起事故的总损失工作日数,死亡一名职工按6 000个工作日计算,受伤职工视伤害情况按《企业职工伤亡事故分类标准》(GB 6441—1986)的附表确定,日;<br>$M$——企业上年税利(税金加利润),万元;<br>$S$——企业上年平均职工人数,人;<br>$D$——企业上年法定工作日数,日</td></tr>
<tr><td>固定资产损失价值计算</td><td>(1)报废的固定资产,以固定资产净值减去残值计算。<br>(2)损坏的固定资产,以修复费用计算</td></tr>
<tr><td>流动资产损失价值计算</td><td>(1)原材料、燃料、辅助材料等均按账面值减去残值计算。<br>(2)成品、半成品、在制品等均以企业实际成本减去残值计算</td></tr>
</table>

续表

| 项目 | 具体内容 | |
|---|---|---|
| 经济损失的评价指标 | 千人经济损失率 | $R_S(‰)=E/V\times 1\,000$<br>式中：$R_S$——千人经济损失率；<br>$E$——全年内经济损失，万元；<br>$S$——企业平均职工人数，人 |
| | 百万元产值经济损失率 | $R_S(‰)=E/S\times 100$<br>式中：$R_V$——百万元产值经济损失率；<br>$E$——全年内经济损失，万元；<br>V——企业总产值，万元 |

# 第七章 经典案例

## 案例 1

2017 年 7 月，A 煤矿某掘进队负责施工北二采区东一段六层带式输送机上山。25 日零点班，工人进入工作面后，安全员张某首先用撬棍进行敲帮问顶，找净浮石确认无误后，开始加固耙斗机至工作面段的支护。在开始打眼前，班长李某及另一名工人又再次进行了帮顶、也没发现异常情况。于是班长李某将工人分成两组用风结进行打眼。他与陈某负责打右帮炮眼，李某操纵风钻，陈某在领钎打底眼时，工作面突然迎头掉下一块长 3.0m、宽 2.5m、厚 0.6m 的大岩石，片下后裂成三块，陈某躲闪不及，其中一块打在其头部位置，经抢救无效后死亡。

**一、事故原因**

(1)虽然在接班前和打眼前进行了敲帮问顶、并且没有发现异常情况，但对施工 16°上山有片帮伤人的可能性缺乏认识，尤其施工的是倾斜穿层巷道，围岩的节理、层理都比较发育、并伴有小的地质构造，岩体整体性差，且含水，在采取超前防范措施上不及时，不到位，存在漏洞。这是发生事故的主要原因。

(2)虽然进行了多次敲帮问顶、但由于工人技术素质低，经验不足，缺乏预见性，这是发生事故的直接原因。

(3)把钎位置距离岩帮较近，经验不足，防范心理差。

**二、防范措施**

(1)认真落实顶板管理的各项规定，根据现场不同条件，制定有针对性的措施，做到超前防范。

(2)打眼过程中要有专人监护顶板，严禁空顶作业。

(3)进一步强化职工安全培训工作，提高安全防范能力。

根据以上场景，回答下列问题(1 ~2 题为单选题，3 ~5 题为多选题)：

1. 根据《生产安全事故报告和调查处理条例》，该起事故属于(　　)。

A. 一般事故　B. 较大事故　C. 特别重大事故　D. 重大事故

E. 严重事故

2. 事故发生后根据事故级别应上报至(　　)。

A. 国务院安监部门和有关部门　B. 省级安监部门和有关部门

C. 设区的市级安监部门和有关部门　D. 县级安监部门

E. 属地安监科

3. 事故上报内容包括(　　)。

A. 事故发生单位概况

B. 事故发生时间、地点及事故现场情况及事故的简要经过

C. 事故已造成或可能造成的伤亡人数和初步估计的直接经济损失

D. 已采取的措施

E. 其他应上报情况

4. 按照顶板一次冒落的范围及造成伤亡的严重程度,可将顶板事故分为(　　)。

A. 小型冒顶　　B. 中型冒顶　　C. 大型冒顶　　D. 区域冒顶

E. 局部冒顶

5. 除敲帮问顶外,冒顶事故的探测方法还包括(　　)。

A. 爆破法　　B. 仪器探测法　　C. 测压法　　D. 木楔探测法

E. 对流法

## 参考答案及解析

1. A　**【解析】**根据生产安全事故造成的人员伤亡或者直接经济损失,事故一般分为以下等级:

(1)特别重大事故,是指造成30人以上死亡,或者100人以上重伤(包括急性工业中毒,下同),或者1亿元以上直接经济损失的事故。

(2)重大事故,是指造成10人以上30人以下死亡,或者50人以上100人以下重伤,或者5 000万元以上1亿元以下直接经济损失的事故。

(3)较大事故,是指造成3人以上10人以下死亡,或者10人以上50人以下重伤,或者1 000万元以上5 000万元以下直接经济损失的事故。

(4)一般事故,是指造成3人以下死亡,或者10人以下重伤,或者100万元以下直接经济损失的事故。

2. C　**【解析】**安全生产监督管理部门和负有安全生产监督管理职责的有关部门接到事故报告后,应当依照下列规定上报事故情况,并通知公安机关、劳动保障行政部门、工会和人民检察院。

(1)特别重大事故、重大事故逐级上报至国务院安监部门和有关部门。

(2)较大事故逐级上报至省级安监部门和有关部门。

(3)一般事故上报至设区的市级安监部门和有关部门。

3. ABCDE　**【解析】**事故上报内容包括:

(1)事故发生单位概况。

(2)事故发生的时间、地点以及事故现场情况。

(3)事故的简要经过。

(4)事故已经造成或者可能造成的伤亡人数(包括下落不明的人数)和初步估计的直接

经济损失。

(5)已经采取的措施。

(6)其他应当报告的情况。

4. CE 【解析】按照顶板一次冒落的范围及造成伤亡的严重程度,一般可分为局部冒顶和大型冒顶事故两大类。当顶板破碎、节理发育时,不进行支护就会发生冒顶。在地质条件变化的区域,也易发生冒顶。有时尽管顶板比较稳定,但忽视支架规格质量,违反操作规程,也会引起局部冒顶。

5. BD 【解析】冒顶事故的探测方法主要包括敲帮问顶法、仪器探测法、木楔探测法等。敲帮问顶法是最常用的方法,又分为锤击判断声法和振动探测法两种。木楔探测法是指在工作面顶板(围岩)的裂缝中打入小木楔,过一段时间进行一次检查,如发现木楔松动或者掉渣,表明顶板(围岩)裂缝受矿压影响在逐渐增大,可能发生冒顶事故。大面积冒顶可以用微振仪、地音仪和超声波地层应力仪等仪器探测法进行预测。

## 案例2

2015年1月24日11时25分,D煤矿七井发生一起特别重大冲击地压事故,死亡99人(其中女矿工37人),伤3人,事故直接经济损失450万元。

施工七井与六井相贯通的西主运巷,属于技术改造工程,没有设计,D煤矿多种经营公司把此项工程仅作为一般掘进巷道对待。多种经营公司对该项工程没有引起重视,只是口头同意,没有制定贯通后相应的可靠的隔爆等安全设施。

1月24日早6时40分、七井井长刘某、六井井长李某分别召开七井、六井班前会。会议按照矿多种经营公司22日决定,对各井25日停产放假一事做出统一安排和部署,对所属各段队当班的工作做了安排布置。8时左右,七井87人,六井24人分别入井。

当天正值公司对各井进行月末验收,七井主任工程师黄某和七井各段段长与公司地测科主测王某等4名测工入井,对左三、右四、右二工程工作面进行检查验收。

七井于9时停电,七井左三工作面风电闭锁装置因故障于1月2日拆除,至24日仍未及时更换。井下停电停风,引起瓦斯积聚。停电后,工人仍在井下工作。11时25分,在左三工作面,爆破员正在进行爆破作业,其他人员处于躲炮位置。因爆破员违章使用煤电钻电源插销,明火爆破产生火花,引起瓦斯爆炸。

在99名遇难者中,七井遇难人员多为冲击伤,而六井遇难人员均为一氧化碳中毒,冲击伤不明显。

当天,七井主任工程师黄某和七井各段段长与公司地测科主测王某等4名测工对左三、右四、右二工程工作面地质变化和瓦斯量增加未予以重视,当时验收了左三、右四、右二工程,并于11时许升井。刚升井就听到井筒内传出一声轰响,爆炸发生了。事故调查中发现,七井制定了工作面停风撤人和瓦斯排放制度,瓦斯巡视员对巡视路线、巡视点和检查时间、巡视记录不清;入井人员没有配备自救器;井下没有隔爆设施和消尘洒水系统;特种作业人员(瓦斯检查工、爆破工等)未按规定培训考核和持证上岗;对女职工入井问题,矿务局始终没有彻底解决。

根据以上场景,回答下列问题(1～2题为单选题,3～5题为多选题):

1. 根据《生产安全事故报告和调查处理条例》,该起事故属于(　　)。

A. 一般事故　　B. 较大事故

C. 特别重大事故　　D. 重大事故

E. 严重事故

2. 下列损失不应计入直接经济损失的是(　　)。

A. 丧葬及抚恤费用　　B. 现场抢救费用

C. 事故罚款和赔偿费用　　D. 停产、减产损失价值

E. 歇工工资

3. 瓦斯爆炸发生爆炸的条件包括(　　)。

A. 瓦斯浓度　　B. 高温热源

C. 氧气浓度　　D. 空气中浮游煤尘

E. 惰性气体

4. 关于对特种作业人员的培训,下列说法正确的是(　　)。

A. 特种作业操作证有效期为6年,在全国范围内有效

B. 特种作业证每3年复审一次

C. 安全培训时间不少于16个学时

D. 跨省、自治区、直辖市从业的特种作业人员,可以在户籍所在地或者从业所在地参加培训

E. 特种作业操作证申请复审或者延期复审前,特种作业人员应当参加必要的安全培训并考试合格

5. 事故调查组成员应符合(　　)条件。

A. 具有事故调查所需要的某一方面的专长

B. 与所发生事故没有直接利害关系

C. 必须有相应的资质

D. 必须是事故调查方面的专家

E. 参加过事故调查工作

## 参考答案及解析

1. C　**【解析】**根据生产安全事故造成的人员伤亡或者直接经济损失,事故一般分为以下等级:

(1)特别重大事故,是指造成30人以上死亡,或者100人以上重伤(包括急性工业中毒,下同),或者1亿元以上直接经济损失的事故。

(2)重大事故,是指造成10人以上30人以下死亡,或者50人以上100人以下重伤,或者5 000万元以上1亿元以下直接经济损失的事故。

(3)较大事故,是指造成3人以上10人以下死亡,或者10人以上50人以下重伤,或者1 000万元以上5 000万元以下直接经济损失的事故。

(4)一般事故,是指造成3人以下死亡,或者10人以下重伤,或者1 000万元以下直接经济损失的事故。

2. D 【解析】1. 基本定义

(1)伤亡事故经济损失:指企业职工在劳动生产过程中发生伤亡事故所引起的一切经济损失,包括直接经济损失和间接经济损失。

(2)直接经济损失:指因事故造成人身伤亡及善后处理支出的费用和毁坏财产的价值。

(3)间接经济损失:指因事故导致产值减少、资源破坏和受事故影响而造成其他损失的价值。

2. 直接经济损失的统计范围

(1)人身伤亡后所支出的费用:①医疗费用(含护理费用);②丧葬及抚恤费用;③补助及救济费用;④歇工工资。

(2)善后处理费用:①处理事故的事务性费用;②现场抢救费用;③清理现场费用;④事故罚款和赔偿费用。

(3)财产损失价值:①固定资产损失价值;②流动资产损失价值。

3. 间接经济损失的统计范围

(1)停产、减产损失价值。

(2)工作损失价值(工作损失价值=被害者损失工作日×企业全年人均日净产值)。

(3)资源损失价值。

(4)处理环境污染的费用。

(5)补充新职工的培训费用。

(6)其他损失费用。

3. ABC 【解析】可将瓦斯爆炸的条件概括为:

(1)瓦斯在空气中必须达到一定的浓度。

(2)必须有高温火源。

(3)必须有足够的氧气。

以上3个条件同时存在时瓦斯才能发生爆炸。

4. ABDE 【解析】(1)特种作业的范围:电工作业、焊接与热切割作业、高处作业、制冷与空调作业、煤矿安全作业、金属非金属矿山安全作业、石油天然气安全作业、冶金(有色)生产安全作业、危险化学品安全作业、烟花爆竹安全作业、安全监管总局(现改为应急管理部)认定的其他作业。

(2)特种作业人员的安全技术培训、考核、发证、复审工作实行统一监管、分级实施、教考分离的原则。

(3)特种作业人员应当接受与其所从事的特种作业相应的安全技术理论培训和实际操作培训。

(4)跨省、自治区、直辖市从业的特种作业人员,可以在户籍所在地或者从业所在地参加培训。

(5)特种作业操作证有效期为6年,在全国范围内有效。

(6)特种作业操作证由安全监管总局(现改为应急管理部)统一式样、标准及编号。

(7)特种作业操作证每3年复审1次。

(8)特种作业人员在特种作业操作证有效期内,连续从事本工种10年以上,严格遵守有关安全生产法律法规的,经原考核发证机关或者从业所在地考核发证机关同意,特种作业操作证的复审时间可以延长至每6年1次。

(9)特种作业操作证申请复审或者延期复审前,特种作业人员应当参加必要的安全培训并考试合格。

(10)安全培训时间不少于8个学时。

5. AB 【**解析**】事故调查组成员的基本条件:

(1)具有事故调查所需要的知识和专长,包括专业技术知识、法律知识等。

(2)与所调查的事故没有利害关系,主要是为了保证事故调查的公正性。

## 案例3

某煤矿是一座设计生产能力为 $150\times10^4 t/a$ 的井工煤矿。煤矿证照齐全,属正常生产矿井。矿井采用斜井、水平大巷开拓,中央并列式抽出通风,综合机械化采煤工艺。

2012年,该矿被鉴定为高瓦斯矿井,自然发火等级为一类自然发火矿井,煤尘具有爆炸性。该矿井水文地质条件为简单型,无冲击地压危险性。

2012年10月,当地煤矿安全监察部门检查发现,该矿井下工作面使用有国家明令禁止使用或淘汰的设备。矿井通风系统不完善,带式输送机运输巷道煤尘较大,井下有违章使用电气焊作业现象,存在发生火灾的重大安全隐患,且矿井火灾事故专项应急预案不完善。该矿根据地方煤矿安全监察部门的检查通报情况,重新编制了矿井火灾事故专项应急预案,内容包括应急处置基本原则、应急组织机构及职责、预防与预警、应急处置、应急物资与装备保障。应急组织机构和人员的联系方式、逃生路线、标识和图纸以及相关文件附在预案之后。专项应急预案经企业内部评审后印发,并报当地县人民政府备案。11月,该煤矿又组织开展了火灾事故专项应急救援演练。

根据以上场景,回答下列问题:

1. 该煤矿火灾事故专项应急预案还需要补充哪些内容?

2. 该煤矿火灾事故专项应急预案评审、备案管理中存在哪些问题?

3. 如果矿生产调度员接到井下发生火灾的报告后,应采取的应对措施有哪些?

4. 针对火灾事故的应急救援演练,编制全面演练方案时,应包括哪几部分内容?

## 参考答案及解析

1. 该煤矿火灾事故专项应急预案还需要补充:

(1)火灾事故类型及其危害程度分析。

(2)信息报告程序。

2. 存在的问题:

(1)预案评审人员应当包括应急预案涉及的政府有关部门工作人员和有关安全生产及应急管理方面的专家。

(2)预案应报当地煤矿安全监察部门备案。

3. 应采取的应对措施:

(1)询问并核实现场灾害及人员等情况。

(2)向相关人员和部门报告。

(3)通知井下相关人员做好撤离准备。

(4)通知相关人员和部门做好事故应急响应准备。

4. 应包括:

(1)演练目的:检验预案的针对性、可行性和实效性,提高相关人员应急实战能力。

(2)演练时间:××××年××月××日。

(3)演练地点:煤矿井下假定的火灾点及参演人员和部门所在的区域。

(4)演练概述:事故起因及应急措施简要描述。

(5)组织机构职责:明确演练组长、副组长和参演人员、控制人员、模拟人员、评价人员和观摩人员,明确各自在演练中的职责。

(6)演练前的准备:抢险物资与装备,救护队,受困人员角色准备。

(7)现场演练步骤:事故报告,组长宣布启动预案,相关专业技术人员、医疗人员和救援人员到达事故现场按照责任分工开展救援工作,保障组、保卫组分别做好安全警戒,确保现场秩序。

(8)演练结束:演练项目内容结束后,组长宣布演练结束,参加演练人员有序撤离。

(9)演练评价:演练结束后,由评价人员总结分析演练的成功经验和不足,完善应急预案。

### 案例 4

2004 年 4 月 30 日,乌海市某煤矿发生一起特大透水事故,造成 13 人死亡、2 人失踪,直接经济损失 287.5 万元。

该矿井田面积为 $0.144km^2$,煤种为肥焦煤,矿井主采煤层是 16 号煤层,可采储量为 $105.66\times10^2\times10^2t$,煤层均匀厚度为 8m,倾角为 9°~11°。矿井最大涌水量为 $80m^3/h$,均匀涌水量为 $30m^3/h$。经 2003 年度瓦斯等级鉴定为低瓦斯矿井。煤的自然发火期为 6~12

个月。

该矿设计生产能力为$3\times10^4$t/a，矿井果用斜井开拓，井下采用非正规方式采煤，爆破落煤，人工和装载机装煤，机动三轮年运煤至地面。通风方式为抽出式，主要通风机采用BK54－4NO9型11kW轴流式风机，备用通风机为5.5kW轴流式通风机，井下使用2台5.5kW局部通风机为据进工作面供风。矿井采用二级排水，总水仓使用2台2kW的水泵向地面排水，事故发生前，矿井昼夜排水量约2 000$m^3$。

该煤矿在2003年煤矿安全程度评价中，因不具备安全生产条件被评为D类煤矿后，有关部门给该矿下达了停产整顿指令。事故发生前，该矿未执行有关部分下达的停产指令，违法组织生产长达4个多月。

2004年4月30日早班，带班班长何××带领31名工人（安全工1名，爆工2名，三轮车司机16名，装车工12名）进井作业，分布在8个工作面出煤。约9时20分，爆破工刘某某、梁某某在西巷工作面爆破时，发生透水事故。在距透水点30m处躲炮的三轮车司机黄某某和在四周工作面作业的工人，听到爆破声的同时发现有水涌进所在工作面，于是立即向地面逃生。17名矿工跑出地面，并向该矿负责人报告了事故。至此，井下其余15名矿工被困。

事故发生后，乌海市及时成立了事故抢险救灾指挥部，制定了具体抢险救灾方案，立即展开抢险工作。同时，指挥部根据事故现场的实际，成立了事故抢险救灾专家组，在专家组的指导下，不断调整救灾方案，经多方努力，至2004年6月8日，抢险工作进行了38天，找到了13名遇难矿工，其余2名遇难矿工下落不明。2004年6月8日上午，事故抢险指挥部组织有关部分职员再次下井对其余2名遇难矿工进行现场搜寻，但仍未找到。抢险指挥部研究决定，抢险工作可以结束，认定2名遇难矿工下落不明。已找到的13名遇难矿工和2名下落不明矿工的善后事宜均已妥善处理完毕。

根据以上场景，回答下列问题：

1. 简述该起事故发生的原因。
2. 事故的调查处理应当依照什么原则进行？
3. 局部透水征兆有哪些？
4. 简述探防水原则。

## 参考答案及解析

1. 该起事故发生的原因有：

（1）该矿矿长违章指挥工人越界开采，冒险进入积水老空区下作业。

（2）在未采取有效探放水技术措施的情况下，工人在进入工作面爆破时与积水采空区打透，导致透水事故发生。

（3）该煤矿2003年安全评价为D类煤矿后，有关部门给该矿下达了停产整顿指令，该矿在不具备安全生产条件下，拒不执行有关部门下达的停产整顿指令，擅自恢复生产，违章冒险作业。

(4)该煤矿安全管理机构不健全,没有制定符合实际的规章制度、作业规程、灾害预防计划,没有采取有效的井下探放水安全技术措施。

(5)矿长及井下作业人员安全意识淡薄,工人安全技术素质差。

2. 事故调查处理应当按照实事求是、尊重科学的原则,及时、准确地查清事故原因,查明事故性质和责任,总结事故教训,提出整改措施,并对事故责任者提出处理意见。事故调查处理具体办法由国务院制定。

3. 局部透水征兆有:

(1)巷道壁或煤壁“挂汗”。

(2)煤层变冷。

(3)淋水加大,顶板来压,或底板鼓起并有渗水。

(4)出现压力水流(或称水线),表明离水源已较近,应密切注视水流情况,如果出水浑浊,说明水源很近;如果出水清净则较远。

(5)煤层有水挤出,并发出“嘶嘶”声。

(6)工作面有害气体增加。

(7)煤壁或巷道壁“挂红”,酸度大,水味发涩和有臭鸡蛋味。

(8)煤发潮发暗。

4. 矿井必须做好水害分析预报,坚持“预测预报、有疑必探、先探后掘、先治后采”的探放水原则。煤矿生产属地下作业,地质和水文地质条件错综复杂,在很多情况下,由于勘探手段和客观认识能力的限制,对地下含水条件掌握不清,不能确保没有水害威胁,或者说还存在水灾“疑问区”。因此,在掘进施工过程中,必须分析推断前方是否有疑问区,有则采取超前钻探措施,探明水源位置、水压、水量及其与开采煤层的距离以便采取相应的防治水措施,确保安全生产。

# 参考文献

[1]国家安全生产监督管理总局(后并入中华人民共和国应急管理部).煤层气开采防尘防毒技术规范[S].AQ4213—2011.北京:煤炭工业出版社,2011.

[2]国家安全生产监督管理总局(后并入中华人民共和国应急管理部).煤矿井工开采通风技术条件[S].AQ1028—2006.北京:煤炭工业出版社,2007.

[3]马维绪.煤矿通风与安全技术[M].北京:煤炭工业出版社,2007.

[4]中国煤炭教育协会职业教育教材编审委员会.煤矿安全技术[M].北京:煤炭工业出版社,2014.

[5]袁亮.煤矿安全规程解读[M].北京:煤炭工业出版社,2016.

[6]杨尊献.煤矿安全技术操作规程[M].徐州:中国矿业大学出版社,2017.

[7]刘龙亭,宁尚根.煤矿调度人员[M].北京:煤炭工业出版社,2008.

[8]宁廷全.煤矿安全生产管理人员[M].北京:煤炭工业出版社,2007.

[9]王玉宝.全国煤矿安全技术培训通用教材:掘进工[M].北京:煤炭工业出版社,2004.

[10]刘泽功.煤矿安全生产基础知识[M].徐州:中国矿业大学出版社,2014.

[11]李树刚,林海飞.煤矿灾害机理[M].徐州:中国矿业大学出版社,2014.

[12]隆泗.主提升机司机[M].北京:煤炭工业出版社,2008.

[13]段绪华,等.煤矿安全技术与管理[M].北京:煤炭工业出版社,2006.

[14]中国煤矿安全技术培训中心.强化安全责任提升保障能力[M].北京:煤炭工业出版社,2011.

[15]侯三成,李增光.采煤工[M].北京:煤炭工业出版社,2004.

[16]邱阳,刘仁路.煤矿安全技术与风险预控管理[M].北京:冶金工业出版社,2016.

[17]王明新.掘进区(队)长[M].北京:煤炭工业出版社,2004.